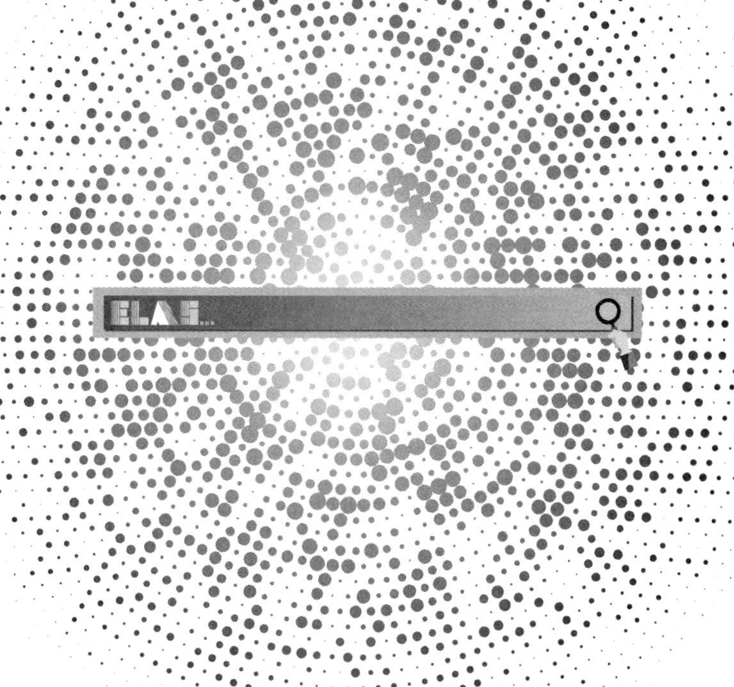

Elasticsearch 权威指南

赵建亭 编著

清華大學出版社
北 京

内 容 简 介

Elasticsearch是目前最流行的大数据存储、搜索和分析引擎。本书基于Elasticsearch 7编写，共14章，前12章全面介绍Elasticsearch的安装部署、开发应用、性能调优、集群监控、设计原理、SQL接口等核心内容。第13章介绍可视化平台Kibana。Kibana是Elastic Stack的重要成员之一，可以与Elasticsearch完美结合，实现数据的可视化。第14章介绍一个实战案例，让读者理解如何应用Elasticsearch架构进行系统设计。

本书非常适合想全面学习和应用Elasticsearch的读者。如果读者对Elasticsearch有一定的了解，本书将会是一本优秀的进阶书和参考工具书。

图书在版编目(CIP)数据

Elasticsearch权威指南/赵建亭编著. —北京：清华大学出版社，2021.1(2023.4重印)
ISBN 978-7-302-56594-9

Ⅰ.①E… Ⅱ.①赵… Ⅲ.①搜索引擎—程序设计 Ⅳ.①TP391.3

中国版本图书馆CIP数据核字(2020)第187291号

责任编辑：袁勤勇
封面设计：杨玉兰
责任校对：时翠兰
责任印制：杨 艳

出版发行：清华大学出版社
网 址：http://www.tup.com.cn，http://www.wqbook.com
地 址：北京清华大学学研大厦A座 **邮 编：**100084
社 总 机：010-83470000 **邮 购：**010-62786544
投稿与读者服务：010-62776969，c-service@tup.tsinghua.edu.cn
质量反馈：010-62772015，zhiliang@tup.tsinghua.edu.cn
课件下载：http://www.tup.com.cn，010-83470236
印 装 者：北京嘉实印刷有限公司
经 销：全国新华书店
开 本：185mm×260mm **印 张：**20.75 **字 数：**499千字
版 次：2021年1月第1版 **印 次：**2023年4月第4次印刷
定 价：79.80元

产品编号：085846-01

推荐序

我在华为工作十多年，一直从事公司核心产品和项目的研发工作，后来加入中兴，直到今日我仍然在坚持从事研发工作。我始终认为，技术是个人立身之本、公司发展之能、社会进步之源。

我与本书作者相识已久。他于2013年就以项目第一负责人身份，主持研发了江苏省省级科研项目“基于物联网的智能输液系统”，领导团队攻克技术难点，顺利通过了专家的鉴定。我深知他是一位谦虚低调，甚至可以说是淡泊名利，但技术超群，追逐技术完美和至高点的人。尤其是在大数据和商业智能领域，本书作者深耕多年，可以说是该领域难得的“扫地僧”。

当本书作者找我写推荐序时，我心情激动，受宠若惊！当拿到尚未正式出版的书稿时，本着对读者负责的态度，我花了三天时间大致通读了一遍。本书通俗易懂的讲述方式，对Elasticsearch介绍的深度与广度，超出了所有我阅读过的关于Elasticsearch的书籍。作者敬业、务实的作风令我敬服。

本书全面涵盖Elasticsearch的技术，对初学者来说是一本实战类的入门和进阶书籍，对资深技术和运维人员是一本优秀的工具书。同时，本书穿插着作者独到的技术见解，集作者十年大数据经验之大成。

我向广大读者强烈推荐本书。我相信，通过阅读本书，读者的Elasticsearch开发能力将会得到提升。

中兴高级技术专家　马士龙

2020年5月

前 言

习近平同志指出："谁掌握了数据，谁就掌握了主动权。"进入21世纪，以互联网、大数据、商业智能为代表的新一代信息技术迅猛发展，给世界经济的发展带来了新的契机。大数据被誉为未来的石油，是21世纪最为珍贵的财产。

大数据领域需要解决以下三个问题。

(1) 如何存储数据

传统的关系数据库（MySQL、Oracle和Access等）主导了20世纪的数据存储模式，但当数据量达到太字节级，甚至拍字节级时，关系数据库表现出了难以解决的瓶颈问题。为了解决海量数据存储和分布式计算问题，Google Lab提出了Map/Reduce和Google File System（GFS）解决方案，Hadoop作为其中一个优秀的实现框架迅速得到了业界的认可和广泛应用。但Hadoop的存储模式决定了其并不支持对数据的实时检索和计算。还有其他的替代方案吗？为何不尝试Elasticsearch的分布式存储功能？

(2) 如何检索数据

在互联网时代的今天，信息的价值在很大程度上取决于其是否可实时传播和获取。在庞大的数据仓库中，如何快速获取少量有用的数据是必须解决的问题。数据的实时获取能力取决于数据的存储格式。有什么简单易用的实时数据获取方案吗？为何不尝试Elasticsearch的实时搜索功能？

(3) 如何展现数据

存储数据和检索数据是最终目的吗？当然不是！数据的真正价值和最终目的是为商业决策提供有力支撑。为此，必须挖掘出数据的内在规律，并用友好的形式呈现在很可能并不懂技术的决策者面前。什么样的数据展现形式最有说服力，最容易为决策者所接受和理解？毫无疑问是图和表。正所谓千言万语不如一张图！有什么现成的数据挖掘和可视化方案吗？为何不尝试基于Elasticsearch的可视化平台Kibana？

本书目的

通过阅读本书，读者可以全面掌握Elasticsearch的相关技术，使用Elasticsearch解决上述三个问题，并掌握作者十多年积累的大数据处理经验和技巧，成为大数据高手。

本书内容

本书基于Elasticsearch 7编写，共14章，前12章全面介绍Elasticsearch的安装部署、开发应用、性能调优、集群监控、设计原理、SQL接口等核心内容。第13章介绍基于Elasticsearch的可视化平台Kibana的基础内容。第14章介绍一个实战案例。

各章具体内容如下。

第 1 章介绍 Elasticsearch 的基本概念和基础操作，主要是让读者快速体验 Elasticsearch 的功能，对 Elasticsearch 有一个直观和大体的了解。

第 2 章详细介绍 Elasticsearch 的安装、启动和参数配置。本章关于参数配置部分的内容，可以直接用于生产环境的集群性能调优，读者可仔细阅读这部分内容，并细心体会。

第 3 章介绍 Elasticsearch 所遵循的 API 规范，为后续 API 相关部分的内容介绍打下基础。

第 4～9 章详细介绍 Elasticsearch 的各种 API 功能和使用方法，几乎每种 API 都配有示例。这部分内容是本书的重点，也是读者在实际工作中应用最多的。

第 10 章介绍 Elasticsearch 的查询语言 Query DSL。Query DSL 是 Elasticsearch 特定的查询语言，所有的查询 API 都支持和遵循 Query DSL 约定的语法。

第 11 章介绍 Elasticsearch 所支持的 SQL 接口。SQL 接口是比 Query DSL 更友好、更通用的一种接口形式，是 Elasticsearch 未来重点发展的一个方向。

第 12 章介绍搜索引擎的原理和 Elasticsearch 的分布式设计原理。通过阅读本章内容读者可进一步理解 Elasticsearch 的内部机制。

第 13 章介绍 Elasticsearch 的可视化平台 Kibana 的基础内容，让读者对 Kibana 有一个基本的理解。

第 14 章介绍一个实战案例，让读者进一步理解如何应用 Elasticsearch 进行系统设计。

本书特色

- 重点介绍可直接用于工作中的 Elasticsearch 的应用开发方法和技巧。
- 通过突出的形式呈现作者多年实际使用 Elasticsearch 的心得体会。
- 对书中代码进行详细注释，降低阅读门槛。
- 通过图解的形式介绍 Elasticsearch 复杂的内部设计原理和实现机制。
- 叙述方式通俗易懂。

本书读者

- Elasticsearch 的入门人员。
- 想深入了解 Elasticsearch 的技术人员。
- 准备从事或正在从事搜索引擎技术工作的技术人员。
- 准备从事或正在从事大数据存储、搜索、分析工作的技术人员。
- Elasticsearch 集群运维人员。

勘误和支持

在互联网时代，技术日新月异。有可能你刚买的书还没阅读完，书中涉及的技术就被升级，甚至被淘汰了。加之笔者水平有限，时间仓促，书中不可避免地会存在遗漏，恳请读者将遇到的问题或建议反馈给出版社，我们对此万分期待。

作　者

2020 年 5 月于上海

目录

第1章 快速入门

Elasticsearch 是一个可高度伸缩(扩展)的开源数据存储、全文搜索和数据分析引擎。它通常被用于具有复杂搜索功能和分析需求的应用程序的底层引擎。

以下是 Elasticsearch 的几个应用场景。

- 您经营一家网上商店,允许您的客户搜索您销售的产品。在这种情况下,您可以使用 Elasticsearch 存储整个产品目录和库存,并为他们提供搜索和搜索词自动补全功能。
- 您希望收集日志或事务数据,并且希望分析这些数据以发现其中的趋势、统计特性、摘要或**反常现象**。在这种情况下,您可以使用 Logstash(Elastic Stack 的一个组件)来收集、聚合和分析您的数据,然后使用 Logstash 将经过处理的数据导入 Elasticsearch。一旦数据进入 Elasticsearch,您就可以通过搜索和聚合来挖掘您感兴趣的任何信息。
- 您运行一个价格警报平台,它允许为对价格敏感的客户制定一个规则,例如,"我有兴趣购买特定的电子小工具,如果小工具的价格在下个月内低于任何供应商的某个价格,我希望得到通知"。在这种情况下,您可以获取供应商价格,将其推送到 Elasticsearch,并使用其反向搜索(过滤,也就是范围查询)功能根据客户查询匹配价格变动,最终在找到匹配项后将警报推送给客户。
- 您有分析或商业智能需求,并且希望可以对大量数据(数百万或数十亿条记录)进行快速研究、分析、可视化并提出特定的问题。在这种情况下,您可以使用 Elasticsearch 来存储数据,然后使用 Kibana(Elastic Stack 的一部分)来构建自定义仪表盘(dashboard),以可视化对您重要的数据维度。此外,还可以使用 Elasticsearch 聚合功能对数据执行复杂的查询。

在本书的其余部分中,将全面讲解 Elasticsearch 的启动和运行过程、设计原理以及索引、搜索和更新等操作过程。在阅读完本书后,读者应该对 Elasticsearch 是什么、它如何工作有一个很好的了解,并且能够对 Elasticsearch 产生兴趣,了解如何使用它来构建复杂的搜索应用程序或对数据进行智能挖掘。

1.1 基本概念

Elasticsearch 有几个核心概念,理解这些概念将极大地简化学习过程。

1. 近实时

Elasticsearch 是一个近实时(Near Real Time,NRT)的数据搜索和分析平台。这意味着从索引文档到可搜索文档都会有一段微小的延迟(通常是 1s 以内)。

2. 集群

集群(cluster)是一个或多个节点(node)的集合,这些节点将共同拥有完整的数据,并跨节点提供联合索引、搜索和分析功能。集群由唯一的名称标识(elasticsearch.yml配置文件中对应参数cluster.name),集群的名称是elasticsearch.yml配置文件中最重要的一个配置参数,默认名称为Elasticsearch,节点只能通过集群名称加入集群。

请确保不要在不同的环境中使用相同的集群名称,否则可能会导致节点加入错误的集群。例如,可以使用loggingdev、loggingstage和loggingprod来区分开发、预发布和生产环境的集群。

注意:只有一个节点的集群是有效的,而且有特殊的用处,尤其是可以在单节点集群进行快速的开发、测试。此外,可以存在多个独立的集群,每个集群都有自己唯一的集群名称。

3. 节点

节点(node)是一个Elasticsearch的运行实例,也就是一个进程(process),多个节点组成集群,节点存储数据,并参与集群的索引、搜索和分析功能。与集群一样,节点由一个名称标识,默认情况下,该名称是在启动时分配给节点的随机通用唯一标识符(UUID)。如果不希望使用默认值,可以定义所需的任何节点名称。此名称对于集群管理很重要,因为在实际应用中需要确定网络中的哪些服务器对应于Elasticsearch集群中的哪些节点。

可以通过集群名称将节点配置为加入特定集群。默认情况下,每个节点都被设置为加入一个名为Elasticsearch的集群,这意味着,如果在网络上启动了多个节点,并且假设它们可以彼此发现,那么它们都将自动形成并加入一个名为Elasticsearch的集群。

在单个集群中,可以有任意多个节点。此外,如果当前网络上没有其他Elasticsearch节点在运行,则默认情况下,启动单个节点将形成一个名为Elasticsearch的新单节点集群。

注意:上面提到了节点实质是一个进程,因此服务器和节点可以是一对多的关系。还有一点需谨记,无论是开发环境、测试环境还是生产环境请配置有意义的节点名称。

4. 索引

索引(index)是具有某种相似特性的文档集合。例如,可以有存储客户数据的索引,存储产品目录的索引,以及存储订单数据的索引。索引由一个名称(必须全部是小写)标识,当对其中的文档执行索引、搜索、更新和删除操作时,该名称指向这个特定的索引。

在单个集群中,可以定义任意多个索引。

5. 类型

类型(type)这个概念在7.0版本以后已被彻底移除,因此不再赘述。

6. 文档

文档(document)是可以被索引的基本信息单元。例如,可以为单个客户创建一个文档,为单个产品创建另一个文档,以及为单个订单创建另一个文档。文档以JSON表示,

JSON 是一种普遍存在的 Internet 数据交换格式。在单个索引中，理论上可以存储任意多的文档。

7. 分片和副本

索引可能会存储大量数据，这些数据可能会超出单个节点的硬件限制。例如，占用 1TB 磁盘空间的 10 亿个文档的单个索引可能超出单个节点的磁盘容量，或者速度太慢，无法满足搜索请求的性能要求。

为了解决这个问题，Elasticsearch 提供了将索引水平切分为多段(称为分片，shard)的能力。创建索引时，只需定义所需的分片数量。每个分片本身就是一个具有完全功能的独立"索引"，可以分布在集群中的任何节点上。

分片很重要，主要有两个原因：

- 分片可以水平拆分数据，实现大数据存储和分析。
- 可以跨分片(可能在多个节点上)进行分发和并行操作，从而提高性能和吞吐量。

如何分配分片以及如何将其文档聚合回搜索请求的机制完全由 Elasticsearch 管理，并且对用户是透明的。

在随时可能发生故障的网络或云环境中，如果某个分片或节点以某种方式脱机或因何种原因丢失，则强烈建议用户使用故障转移机制。为此，Elasticsearch 提出了将索引分片复制一个或多个拷贝，称为副本(replica)。

副本很重要，主要有两个原因：

- 副本在分片或节点发生故障时提供高可用性。因此，需要注意的是，副本永远不会分配到复制它的原始主分片所在的节点上。也就是分片和对应的副本不可在同一节点上。这很容易理解，如果副本和分片在同一节点上，当机器发生故障时会同时丢失，起不到容错的作用。
- 通过副本机制，可以提高搜索性能和水平扩展吞吐量，因为可以在所有副本上并行执行搜索。

总之，每个索引可以分割成多个分片。每个分片可以有零个或多个副本。

可以在创建索引时为每个索引定义分片和副本的数量。创建索引后，还可以随时动态更改副本的数量。分片的数量理论上不可变更，唯一的办法重建索引，重新定义分片数量。但还是可以使用_shrink 和_split API 更改索引的分片数量，但这不是通常的做法，预先评估准确的分片数量才是最佳方法。

默认情况下，Elasticsearch 中的每个索引都分配一个主分片和一个副本，这意味着如果集群中至少有两个节点，则索引将有一个主分片和另一个副本分片(一个完整副本)，每个索引总共有两个分片。

Elasticsearch 主要的几个核心概念已经介绍完了。为了让读者加深对这些概念的理解，我们在图 1-1 中提供了一个真实的 Elasticsearch 集群。该集群是通过插件 head 生成的。head 的安装请参考附录 C。

知识点：其实每个 Elasticsearch 分片都是一个完整的 Lucene 索引。在一个 Lucene 索引中，可以有大量的文档。从 Lucene-5843 起，限制为 2 147 483 519(＝integer.max_value-128)个文档。可以使用 _cat/shards api 监视分片大小。

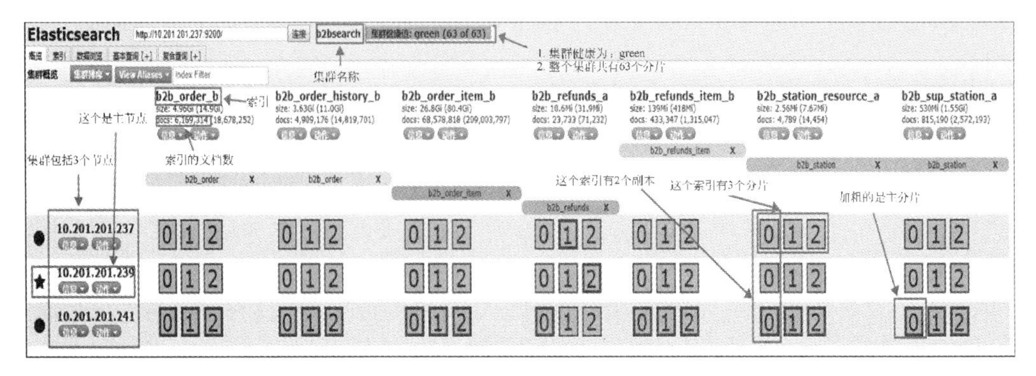

图 1-1　真实集群图

注意：分片和副本机制是 Elasticsearch 实现分布式、水平扩展、高并发、高容错功能的核心。通过分片机制实现大数据的分布式存储，通过副本机制实现了集群的容错、高性能和水平扩展。Elastic 是弹性、可伸缩的意思，Elasticsearch 的弹性、可伸缩性是建立在分片和副本的基础上的。

后续章节的学习会多次提到分片和副本的概念，为了避免读者混淆，我们在这里详细讲解这二者的区别和联系。

- 本质上分片和副本都是一个完整的 Lucenes 索引，存储的数据也是完全相同的，都可以称为分片。
- 假设一个索引定义了 3 个分片、2 个副本，那么总共就是 9 个分片，其中 3 个是主分片，每个主分片有 2 个副本。主分片就是建立索引时首先建立的分片，或者说当主分片失效时会重新选出一个副本作为主分片。
- 当索引时，数据会首先到达主分片，然后再把请求分发到其他副本。
- 当搜索时，主分片和副本都可以接受请求、搜索和分析数据，二者没有区别。

后续的章节中，除非有特别说明，我们说分片就是指主分片，副本就是非主分片。

1.2　安装部署

对于初学者，可以不必自己部署一套集群。Elasticsearch 服务可在 AWS 和 GCP 上免费试用。免费试用 Elasticsearch 服务，可进入：https://www.elastic.co/cn/cloud/elasticsearch-service/signup。

但是作者强烈建议读者自己动手安装和启动 Elasticsearch，这对后面的学习大有裨益。

用于安装的二进制文件可从 www.elastic.co/downloads 以及过去发布的所有版本中获得。对于每个版本，Windows、Linux 和 MacOS 以及 Linux 的 DEB 和 RPM 软件包，以及 Windows 的 MSI 安装软件包都提供了与平台相关的可用版本。大多数用户都是部署到 Linux 环境下的，因此本书只讲解 Linux 环境下的安装。

为了简单起见，这里使用 tar 文件。

下载 Elasticsearch 7.1.0 Linux tar 文件，如下所示（当然可以自己到官网下载对应的文件）：

```
curl -L -O https://artifacts.elastic.co/downloads/elasticsearch/elasticsearch-7.1.0-linux-x86_64.tar.gz
```

解压文件：

```
tar -xvf elasticsearch-7.1.0-linux-x86_64.tar.gz
```

解压后得到 Elasticsearch 的主目录结构，包括一组文件和文件夹，如图 1-2 所示。

```
[root@solrc01 elasticsearch-7.0.0]# ls -lh
total 500K
drwxr-xr-x  2 alien root  4.0K Apr  6 06:57 bin
drwxr-xr-x  2 alien root  4.0K Jul 19 16:09 config
drwxrwxr-x  3 alien alien 4.0K Jul 19 10:21 data
drwxr-xr-x  8 alien root  4.0K Apr  6 06:57 jdk
drwxr-xr-x  3 alien root  4.0K Apr  6 06:57 lib
-rw-r--r--  1 alien root   14K Apr  6 06:52 LICENSE.txt
drwxr-xr-x  2 alien root  4.0K Jul 19 10:21 logs
drwxr-xr-x 29 alien root  4.0K Apr  6 06:58 modules
-rw-r--r--  1 alien root  437K Apr  6 06:57 NOTICE.txt
drwxr-xr-x  2 alien root  4.0K Apr  6 06:57 plugins
-rw-r--r--  1 alien root  8.3K Apr  6 06:52 README.textile
[root@solrc01 elasticsearch-7.0.0]#
```

图 1-2 Elasticsearch 主目录结构

主要子文件夹简单介绍如下：

- bin：存放执行文件，例如启动脚本、密钥工具等。
- config：Elasticsearch 所有的配置文件都在这个目录下。
- data：默认的索引数据存储位置，实际中一般需要自行更改。
- logs：默认的日志存放位置，实际中一般需要自行更改。

现在进入 bin 目录，执行如下命令：

```
cd elasticsearch-7.1.0/bin
```

现在我们准备启动节点，成功启动后会形成单节点集群，不可以用 root 用户启动：

```
./elasticsearch
```

上述命令启动后，处于前台运行，终端关闭后即退出，可用以下命令以守护进程的形式运行：

```
./elasticsearch -d
```

如果安装一切正常，将看到输出消息，前台启动会输出到终端，后台运行输出到日志，如图 1-3 所示。

现在无须深究细节，可以看到名为 solrc01.dev1.fn 的节点（在你的例子中是一组不同的字符）已经启动并在单个集群中选择自己作为主节点（master）。现在不必考虑主节点是什么意思。这里最重要的是已经建立了一个单节点集群。

可以覆盖集群或节点名称，当启动 Elasticsearch 时，可以从命令行执行此操作（正规操作是更改 elasticsearch.yml 配置文件里的属性值，后面会详细讲解，现在无须担心），如下所示：

```
./elasticsearch -Ecluster.name=my_cluster_name -Enode.name=my_node_name
```

默认情况下，Elasticsearch 使用端口 9200 提供对其 REST API 的访问，此端口可以配置。

```
[2019-07-19T10:33:35,117][INFO ][o.e.p.PluginsService     ] [solrc01.dev1.fn] no plugins loaded
[2019-07-19T10:33:40,602][INFO ][o.e.x.s.a.s.FileRolesStore] [solrc01.dev1.fn] parsed [0] roles from file [/opt/elasticsearch-7.0.0/config/roles.y
ml]
[2019-07-19T10:33:41,346][INFO ][o.e.x.m.p.l.CppLogMessageHandler] [solrc01.dev1.fn] [controller/78856] [Main.cc@109] controller (64 bit): Version
 7.0.0 (Build cdaa022645f38d) Copyright (c) 2019 Elasticsearch BV
[2019-07-19T10:33:41,820][DEBUG][o.e.a.ActionModule       ] [solrc01.dev1.fn] Using REST wrapper from plugin org.elasticsearch.xpack.security.Secu
rity
[2019-07-19T10:33:42,191][INFO ][o.e.d.DiscoveryModule    ] [solrc01.dev1.fn] using discovery type [zen] and seed hosts providers [settings]
[2019-07-19T10:33:43,139][INFO ][o.e.n.Node               ] [solrc01.dev1.fn] initialized
[2019-07-19T10:33:43,139][INFO ][o.e.n.Node               ] [solrc01.dev1.fn] starting ...
[2019-07-19T10:33:43,349][INFO ][o.e.t.TransportService   ] [solrc01.dev1.fn] publish_address {127.0.0.1:9300}, bound_addresses {[::1]:9300}, {127
.0.0.1:9300}
[2019-07-19T10:33:43,402][WARN ][o.e.b.BootstrapChecks    ] [solrc01.dev1.fn] max file descriptors [4096] for elasticsearch process is too low, in
crease to at least [65535]
[2019-07-19T10:33:43,403][WARN ][o.e.b.BootstrapChecks    ] [solrc01.dev1.fn] the default discovery settings are unsuitable for production use; at
 least one of [discovery.seed_hosts, discovery.seed_providers, cluster.initial_master_nodes] must be configured
[2019-07-19T10:33:43,422][INFO ][o.e.c.c.ClusterBootstrapService] [solrc01.dev1.fn] no discovery configuration found, will perform best-effort clu
ster bootstrapping after [3s] unless existing master is discovered
[2019-07-19T10:33:43,602][INFO ][o.e.c.s.MasterService    ] [solrc01.dev1.fn] elected-as-master ([1] nodes joined)[{solrc01.dev1.fn}{OsL8vo1PQ4uGi
J96sx42lQ}{VjBicbj3QjyCUPw8duDtuw}{127.0.0.1}{127.0.0.1:9300}{ml.machine_memory=16641630208, xpack.installed=true, ml.max_open_jobs=20} elect lead
er, _BECOME_MASTER_TASK_, _FINISH_ELECTION_], term: 2, version: 16, reason: master node changed {previous [], current [{solrc01.dev1.fn}{OsL8vo1PQ
4uGiJ96sx42lQ}{VjBicbj3QjyCUPw8duDtuw}{127.0.0.1}{127.0.0.1:9300}{ml.machine_memory=16641630208, xpack.installed=true, ml.max_open_jobs=20}]}
[2019-07-19T10:33:43,783][INFO ][o.e.c.s.ClusterApplierService] [solrc01.dev1.fn] master node changed {previous [], current [{solrc01.dev1.fn}{OsL
8vo1PQ4uGiJ96sx42lQ}{VjBicbj3QjyCUPw8duDtuw}{127.0.0.1}{127.0.0.1:9300}{ml.machine_memory=16641630208, xpack.installed=true, ml.max_open_jobs=20}]
}, term: 2, version: 16, reason: Publication{term=2, version=16}
[2019-07-19T10:33:43,878][INFO ][o.e.h.AbstractHttpServerTransport] [solrc01.dev1.fn] publish_address {127.0.0.1:9200}, bound_addresses {[::1]:920
0}, {127.0.0.1:9200}
[2019-07-19T10:33:43,880][INFO ][o.e.n.Node               ] [solrc01.dev1.fn] started
[2019-07-19T10:33:44,251][WARN ][o.e.x.s.a.s.m.NativeRoleMappingStore] [solrc01.dev1.fn] Failed to clear cache for realms [[]]
[2019-07-19T10:33:44,370][INFO ][o.e.l.LicenseService     ] [solrc01.dev1.fn] license [72f93b56-16d5-47ca-a89d-c28ca9bcf850] mode [basic] - valid
[2019-07-19T10:33:44,392][INFO ][o.e.g.GatewayService     ] [solrc01.dev1.fn] recovered [0] indices into cluster_state
```

图 1-3 启动信息输出

1.3 开始使用集群

现在已经启动并运行了节点(和集群)，下一步就是了解如何与之通信。幸运的是，Elasticsearch 提供了一个非常全面和强大的 REST API，可以使用它与集群进行交互。使用 API 执行的操作如下：

- 检查集群、节点和索引的运行状况、状态和统计信息。
- 管理集群、节点和索引数据和元数据。
- 对索引执行 CRUD(创建、读取、更新和删除)和搜索操作。
- 执行高级搜索操作，如分页、排序、过滤、脚本、聚合和其他操作。

1.3.1 集群健康信息

健康检查 API 用来查看集群的运行情况。可以使用 Curl 来实现这一点，也可以使用任何允许进行 HTTP/REST 调用的工具。现在在启动 Elasticsearch 的节点上打开另一个命令 shell 窗口。

为了检查集群的运行状况，可以使用_cat API。

```
curl -X GET "localhost:9200/_cat/health?v"
```

得到如图 1-4 所示的信息。

通过图 1-4 所示信息，可以看到名为 elasticsearch 的集群处于绿色状态。

```
[root@solrc01 ~]# curl -X GET "localhost:9200/_cat/health?v"
epoch      timestamp cluster       status node.total node.data shards pri relo init unassign pending_tasks max_task_wait_time active_shards_percent
1563504092 02:41:32  elasticsearch green           1         1      0   0    0    0        0             0                  -                100.0%
[root@solrc01 ~]#
```

集群名称 健康状态

图 1-4 集群健康信息

集群的健康状态有绿色(green)、黄色(yellow),红色(red)三种:

- 绿色:一切正常(集群功能全部可用)。
- 黄色:所有数据都可用,但某些副本尚未分配(集群完全正常工作)。
- 红色:由于某些原因,某些数据不可用(集群只有部分功能正常工作)。

注意:当集群为红色时,可用的分片可以继续提供搜索请求,但需要尽快修复它,因为存在未分配的分片。

同样,从图 1-4 所示的响应信息中,可以看到总共只有 1 个节点,并且集群有 0 个分片,集群还没有数据。由于使用的是默认集群名称(elasticsearch),并且 Elasticsearch 在默认情况下使用单播网络发现算法查找同一台计算机上启动的其他节点,因此可能会意外启动计算机上的多个节点,并使它们都加入单个集群。在这个场景中,可能会在图 1-4 所示的响应中看到多个节点。

还可以得到集群中的节点列表,如下所示(下文中将略去 localhost:9200 部分):

```
GET /_cat/nodes?v
```

得到如图 1-5 所示的输出信息。

```
[root@solrc01 ~]# curl -X GET "localhost:9200/_cat/nodes?v"
ip        heap.percent ram.percent cpu load_1m load_5m load_15m node.role master name
127.0.0.1           32          97   0    0.00    0.01     0.05 mdi      *      solrc01.dev1.fn
[root@solrc01 ~]#
```

节点名称

图 1-5 集群节点信息

在这里,可以看到一个名为 solrc01.dev1.fn 的节点,它是当前集群中唯一的节点。

1.3.2 列出集群中的索引信息

初步窥探集群中的索引:

```
GET /_cat/indices?v
```

得到如图 1-6 所示的信息。

```
[root@solrc01 ~]# curl -X GET "localhost:9200/_cat/indices?v"
health status index uuid pri rep docs.count docs.deleted store.size pri.store.size
[root@solrc01 ~]#
```

图 1-6 集群索引信息

这意味着在集群中还没有索引。

1.3.3 创建一个索引

现在，创建一个名为 customer 的索引，然后再次列出所有索引：

```
PUT /customer?pretty
GET /_cat/indices?v
```

会得到如图 1-7 所示的输出。

```
[root@solrc01 ~]# curl -XPUT "localhost:9200/customer?pretty"
{
  "acknowledged" : true,
  "shards_acknowledged" : true,
  "index" : "customer"
}
[root@solrc01 ~]# curl -X GET "localhost:9200/_cat/indices?v"
health status index    uuid                   pri rep docs.count docs.deleted store.size pri.store.size
yellow open   customer KeCuau_jQCy3_4WQ1v1mlw   1   1          0            0       230b           230b
[root@solrc01 ~]#
```

图 1-7 集群索引信息

第一个命令使用 PUT 方法创建名为 customer 的索引。在调用的末尾附加 pretty 命令，就可以打印友好 JSON 响应。

第二个命令的结果告诉用户，现在有一个名为 customer 的索引，它有一个分片和一个副本（默认值），其中包含零个文档。

用户可能还会注意到客户索引中有一个黄色的健康标签。回想一下之前的讨论，黄色意味着一些副本尚未分配。此索引发生这种情况的原因是，默认情况下，Elasticsearch 为此索引创建了一个副本。因为目前只有一个节点在运行，所以在另一个节点加入集群之前，还不能分配一个副本（为了高可用性）。一旦该副本分配到第二个节点上，该索引的运行状况将变为绿色。

1.3.4 索引和查询文档

现在把一些数据放到 customer 索引中，在该索引中索引一个简单的文档，其 ID 为 1，示例代码如下所示（为了便于执行 POST 和 PUT 请求，后面有时会用 postman 工具，同样略去 IP 部分）。

注意：一定要把/config/elasticsearch.yml 文件中的 network.host 属性值改为本机 IP，这样才可以在其他机器上访问 Elasticsearch 服务，后面会详细讲解配置。

```
PUT /customer/_doc/1?pretty
{
    "name": "John Doe"
}
```

得到如下输出信息：

```
{
    "_index": "customer",
    "_type": "_doc",
```

```
    "_id": "1",
    "_version": 1,
    "result": "created",
    "_shards": {
        "total": 2,
        "successful": 1,
        "failed": 0
    },
    "_seq_no": 0,
    "_primary_term": 4
}
```

可以看到在customer索引中成功地创建了一个新的文档。文档还有一个内部ID是1,这是索引时指定的。

需要注意的是,Elasticsearch并不要求在索引文档之前先显式地创建索引。如果customer索引之前不存在,那么Elasticsearch将自动创建该索引。

现在检索刚才索引的文档:

```
GET /customer/_doc/1?pretty
```

得到如下信息:

```
{
    "_index": "customer",
    "_type": "_doc",
    "_id": "1",
    "_version": 1,
    "_seq_no": 0,
    "_primary_term": 4,
    "found": true,
    "_source": {
        "name": "John Doe"
    }
}
```

除了一个字段之外,这里没有发现任何异常的地方,说明找到了一个ID为1的文档和另一个字段_source,它返回了索引的完整JSON文档。

1.3.5 删除索引

现在删除刚刚创建的索引,然后再次列出所有索引:

```
DELETE /customer?pretty
GET /_cat/indices?v
```

得到如下信息:

```
health status index uuid pri rep docs.count docs.deleted store.size pri.store.size
```

这意味着索引被成功地删除了,现在又回到了开始时集群中什么都没有的情况。在继续之前，再仔细回忆下迄今为止用到的一些 API 命令：

```
PUT /customer
PUT /customer/_doc/1
{
  "name": "John Doe"
}
GET /customer/_doc/1
DELETE /customer
```

如果读者仔细研究上述命令，应该不难发现在 Elasticsearch 中如何访问数据的模式。这种模式可以概括如下：

```
<HTTP Verb>/<Index>/<Endpoint>/<ID>
```

这种 REST 访问模式在所有 API 命令中都非常普遍，如果读者能简单地记住它，那么将在掌握 Elasticsearch 方面有一个很好的开端。

1.4 修改数据

Elasticsearch 提供近实时的数据操作和搜索功能。默认情况下，从索引、更新、删除数据到在搜索结果中显示数据，会有少于 1s 的延迟（刷新间隔）。这是与其他平台（如 SQL）的一个重要区别，在 SQL 中，数据在事务完成后立即可用。

1.4.1 索引和覆盖文档

从前面章节的学习中，已经知道如何索引单个文档。这里再次回忆一下这个命令：

```
PUT /customer/_doc/1?pretty
{
  "name": "John Doe"
}
```

同样，上面示例中，将指定的文档索引到 customer 索引中，ID 为 1。如果用不同的（或相同的）文档再次执行上述命令，那么 Elasticsearch 将在现有文档的基础上替换（即重新索引）一个 ID 为 1 的新文档：

```
PUT /customer/_doc/1?pretty
{
   "name": "Jane Doe"
}
```

上面将 ID 为 1 的文档的名称从 John Doe 更改为 Jane Doe。另一方面，如果使用不同的 ID，则将为新文档编制索引，并且索引中已有的文档将保持不变。

```
PUT /customer/_doc/2?pretty
{
  "name": "Jane Doe"
}
```

可以看到，索引是一个 ID 为 2 的新文档。

索引时，ID 部分是可选的。如果没有指定，Elasticsearch 将生成一个随机 ID，然后使用它为文档编制索引。Elasticsearch 生成的实际 ID（或在前面的示例中显式指定的任何内容）作为索引 API 调用的一部分返回。

此示例演示如何索引没有显式 ID 的文档：

```
POST /customer/_doc?pretty
{
  "name": "Jane Doe"
}
```

注意：在上面的例子中，使用了 POST 动词而不是 PUT，这是因为没有指定 ID。一般情况下 POST 和 PUT 是可以互换的。

1.4.2　更新文档

Elasticsearch 除了能够索引和替换文档外，还可以更新文档。Elasticsearch 实际上并不是进行就地更新，每当进行更新时，Elasticsearch 会删除旧文档，然后索引一个新文档，但这对用户来说是一次调用。实际上 Elasticsearch 的数据存储结构决定了其不能像关系数据库那样进行字段级的更新，所有的更新都是先删除旧文档，再插入一条新文档，但这个过程对用户来说是透明的。

下面示例显示如何通过将名称字段更改为 Jane Doe 来更新以前的文档（ID 为 1）：

```
POST /customer/_update/1?pretty
{
  "doc": { "name": "Jane Doe" }
}
```

下面示例演示如何通过将名称字段更改为 Jane Doe 来更新以前的文档（ID 为 1），同时向其添加年龄字段：

```
POST /customer/_update/1?pretty
{
  "doc": { "name": "Jane Doe", "age": 20 }
}
```

也可以使用简单的脚本执行更新。下面示例使用脚本将年龄增加 5：

```
POST /customer/_update/1?pretty
{
  "script" : "ctx._source.age +=5"
}
```

在上面的示例中，ctx._source 指的是将要更新的当前源文档。

Elasticsearch 提供了在给定查询条件（如 SQL update-where 语句）下更新多个文档的功能。后面会有专门的章节讲解。

1.4.3 删除文档

删除文档相当简单。下面示例显示如何删除 ID 为 2 的客户：

```
DELETE /customer/_doc/2?pretty
```

后面会有专门的章节讲解如何删除文档。

1.4.4 批量操作

除了能够索引、更新和删除单个文档外，Elasticsearch 还提供了使用批量 API 批量执行上述任何操作的功能。此功能非常重要，因为它提供了一种非常有效的机制，可以以尽可能少的网络往返时间尽可能快速地执行多个操作。

作为一个简单示例，以下调用在一个批量操作中索引两个文档（ID 1-John Doe 和 ID 2-Jane Doe）：

```
POST /customer/_bulk?pretty
{"index":{"_id":"1"}}
{"name": "John Doe" }
{"index":{"_id":"2"}}
{"name": "Jane Doe" }
```

下面示例更新第一个文档（ID 为 1），然后在一个批量操作中删除第二个文档（ID 为 2）：

```
POST /customer/_bulk?pretty
{"update":{"_id":"1"}}
{"doc": { "name": "John Doe becomes Jane Doe" } }
{"delete":{"_id":"2"}}
```

对于删除操作，并不会立即删除对应的源文档，因为删除只需要删除文档的 ID。

注意：在 Elasticsearch 中，删除操作只是把需要删除的文档的 ID 记录到了一个列表中，当段合并时才有可能真正把源文档删除。

批量 API 不会由于其中一个操作失败而失败。如果一个操作由于某个原因失败，它将继续处理后面的其余操作。当批量 API 返回时，它将为每个操作提供一个状态（以相同的发送顺序），以便用户检查特定操作是否失败。

1.5 探索数据

既然已经大致了解了基础知识，现在试着研究一个更现实的数据集。现在准备一个包含客户银行账户信息的虚构 JSON 文档样本。每个文档都有以下结构：

```
{
    "account_number": 0,
    "balance": 16623,
    "firstname": "Bradshaw",
    "lastname": "Mckenzie",
```

```
    "age": 29,
    "gender": "F",
    "address": "244 Columbus Place",
    "employer": "Euron",
    "email": "bradshawmckenzie@euron.com",
    "city": "Hobucken",
    "state": "CO"
}
```

此数据是使用 www.json-generator.com 生成的，因此请忽略数据的实际值和语义，因为它们都是随机生成的。

1.5.1 加载数据集

可以从 https://raw.githubusercontent.com/elastic/Elasticsearch/master/docs/src/test/resources/accounts.json 下载示例数据集(accounts.json)。将其提取到当前目录，然后按如下方式将其加载到集群中：

```
curl -H "Content-Type: application/json" -XPOST "localhost:9200/bank/_bulk?pretty&refresh" --data-binary "@accounts.json"
```

使用如下命令再次查看索引：

```
curl "localhost:9200/_cat/indices?v"
```

得到如图 1-8 所示的输出信息。

1	health	status	index	uuid	pri	rep	docs.count	docs.deleted	store.size	pri.store.size
2	green	open	rollup-logstash	57fSVQF2SvmJAxk6UNv9Jg	1	1	0	0	566b	283b
3	green	open	twitter	nRK9y1loR62fH5CX5C_Eaw	1	0	2	0	7.2kb	7.2kb
4	green	open	kibana_sample_data_ecommerce	SjfPaYetSMKolSJIs7PkiQ	1	1	4675	0	9.8mb	4.9mb
5	green	open	library	LAMjhr-8SzCt697cwZWIrg	1	1	3	0	10.3kb	5.1kb
6	green	open	.kibana_1	Sv65ZlPAREaKVrYdQwRVkQ	1	1	193	59	4.1mb	2mb
7	green	open	.kibana_task_manager	AWDOLYTeStKf1NQURQEAIg	1	1	2	0	63.8kb	31.9kb
8	green	open	bank	hdHULVuESzOgroI9suWxwg	1	1	1000	0	828.7kb	414.3kb
9	green	open	kibana_sample_data_flights	48RJGZjWQb26oDejQtOy5A	1	1	13059	0	13.1mb	6.5mb
10	green	open	shakespeare	DLb5OlyNSey6Ppzc4h3Q8A	1	2	111396	0	58.9mb	19.5mb
11	green	open	test	B1XZowjkQMWjaQTea7toDw	1	1	5	0	9.5kb	4.7kb
12	green	open	logstash-2015.05.20	z34FltSUQyODnhoLLI6Aig	1	2	4750	0	43.8mb	14.6mb
13	green	open	logstash-2015.05.18	NznauVrYS1a69uq0H6ogFg	1	2	4631	0	42.7mb	14.2mb
14	green	open	logstash-2019.06.26-000001	s85wolRtTxuQtr_EA9-Odw	1	1	201	0	552.8kb	195.6kb
15	green	open	logstash-2015.05.19	eP6LNLnlS--YGuJeYShrKQ	1	2	4624	0	43.1mb	14.3mb
16	green	open	kibana_sample_data_logs	JKRvaptPS7KaypgN0JULaw	1	1	14005	0	23.6mb	11.7mb
17										

图 1-8　cat 命令执行结果

这意味着刚刚成功地将 1000 个文档批量索引到了 bank 索引中。

1.5.2 搜索 API

执行搜索有两种基本方法：一种是通过 REST 请求 URI 发送搜索参数，另一种是通过 REST 请求主体(body 形式)发送搜索参数。请求主体方法表现形式更强大，用更可读的 JSON 格式定义搜索。现在尝试一个请求 URI 方法的示例，但在本书的其余部分中，将专门使用请求主体方法。

用于搜索的 REST API 以_search URI 结束。下面示例返回 bank 索引中的所有文档：

```
GET /bank/_search?q=*&sort=account_number:asc&pretty
```

先分析一下这个搜索调用。bank 参数指明了所用的索引，_search 指示这是一个搜索请求(_search endpoint)，q= * 参数指 Elasticsearch 匹配指定索引中的所有文档。sort= account_number: asc 参数指示使用每个文档的 account_number 字段按升序对结果进行排序。pretty 参数告诉 Elasticsearch 返回漂亮打印的 JSON 结果。

响应结果(部分显示)：

```
1 {
2  "took" : 48,
3  "timed_out" : false,
4  "_shards" : {
5    "total" : 1,
6    "successful" : 1,
7    "skipped" : 0,
8    "failed" : 0
9  },
10  "hits" : {
11    "total" : {
12      "value" : 1000,
13      "relation" : "eq"
14    },
15    "max_score" : null,
16    "hits" : [
17      {
18        "_index" : "bank",
19        "_type" : "_doc",
20        "_id" : "0",
21        "_score" : null,
22        "_source" : {
23          "account_number" : 0,
24          "balance" : 16623,
25          "firstname" : "Bradshaw",
26          "lastname" : "Mckenzie",
27          "age" : 29,
28          "gender" : "F",
29          "address" : "244 Columbus Place",
30          "employer" : "Euron",
31          "email" : "bradshawmckenzie@euron.com",
32          "city" : "Hobucken",
33          "state" : "CO"
34      },
35      "sort" : [
36        0
37      ]
38    }
```

注意：本书中，行号不是代码或结果的一部分，只是为了便于对结果进行说明。

关于响应结果，关注以下重点部分：

第2行，took 表示 Elasticsearch 执行搜索所用的时间，单位是 ms。

第3行，timed_out 用来指示搜索是否超时。

第4行，_shards 指示搜索了多少分片，以及搜索成功和失败的分片的计数。

第10行，hits 用来实际搜索结果集。

第11行，hits.total 是包含与搜索条件匹配的文档总数信息的对象。

第12行，hits.total.value 表示总命中计数的值(必须在 hits.total.relation 上下文中解释)。

第13行，确切来说，默认情况下，hits.total.value 是不确切的命中计数，在这种情况下，当 hits.total.relation 的值是 eq 时，hits.total.value 的值是准确计数。当 hits.total.relation 的值是 gte 时，hits.total.value 的值是不准确的。

第16行，hits.hits 是存储搜索结果的实际数组(默认为前10个文档)。

第35行，hits.sort 表示结果排序键(如果请求中没有指定，则默认按分数排序)。

hits.total 的准确性由请求参数 track_total_hits 控制，当设置为 true 时，请求将准确跟踪总命中数("relation":"eq")。它默认为10000，这意味着总命中数精确跟踪多达10000个文档，当结果集大于10000时，hits.total.value 的值将是10000，也就是不准确的。可以通过将 track_total_hits 显式设置为 true 强制进行精确计数，但这会增大集群资源的开销。

以下是使用请求 body 方法进行的相同搜索：

```
GET /bank/_search
{
  "query": { "match_all": {} },
  "sort": [
    { "account_number": "asc" }
  ]
}
```

这里的区别在于，没有在 URI 中传递 q= *，而是向 Search API 提供一个 JSON 风格的查询请求体。我们将在1.5.3节中讨论这个 JSON 查询。

注意：重要的是要理解，一旦返回搜索结果，Elasticsearch 将完全完成请求，并且不会维护任何类型的服务器端资源或在结果中打开光标。这与许多其他平台(如 SQL)形成了鲜明的对比，在这些平台中，最初可能会提前获得查询结果的一部分子集，然后如果希望使用某种有状态的服务器端光标获取(或翻页)其余结果，则必须继续返回服务器。总之，Elasticsearch 一旦返回请求结果，将不再为该请求维护任何服务端资源，因为 Elasticsearch 是为高并发服务的，如果不这样做有可能会耗尽服务器的资源。

1.5.3 Elasticsearch 查询语言

Elasticsearch 提供了一种 JSON 风格的语言，可以使用它来执行查询。这被称为 Query DSL。查询语言功能非常全面，乍一看可能很吓人，但实际学习它的最好方法是从几个基本示例开始。

执行如下查询：

```
GET /bank/_search
{
  "query": { "match_all": {} }
}
```

仔细分析上面的内容，查询(query)部分指明了查询定义是什么，匹配(match)部分是想要运行的查询类型，match_all 查询表示搜索指定索引中的所有文档。执行上面的代码将得到如下结果(部分展示)：

```
{
  "took" : 1,
  "timed_out" : false,
  "_shards" : {
    "total" : 1,
    "successful" : 1,
    "skipped" : 0,
    "failed" : 0
  },
  "hits" : {
    "total" : {
      "value" : 1000,
      "relation" : "eq"
    },
    "max_score" : 1.0,
    "hits" : [
      {
        "_index" : "bank",
        "_type" : "account",
        "_id" : "1",
        "_score" : 1.0,
        "_source" : {
          "account_number" : 1,
          "balance" : 39225,
          "firstname" : "Amber",
          "lastname" : "Duke",
          "age" : 32,
          "gender" : "M",
          "address" : "880 Holmes Lane",
          "employer" : "Pyrami",
          "email" : "amberduke@pyrami.com",
          "city" : "Brogan",
          "state" : "IL"
        }
      },
(省略部分结果)
```

虽然现在可能还不能完全理解上述结果的具体含义，但一定可以看出，Elasticsearch 返回了索引 bank 的数据。

除了查询参数，还可以传递其他参数来影响搜索结果，这里传入 size：

```
GET /bank/_search
{
  "query": { "match_all": {} },
  "size": 1
}
```

如果未指定 size，则默认为 10。

如下示例，执行“全部匹配”并返回 ID 为 10 到 19 的文档：

```
GET /bank/_search
{
  "query": { "match_all": {} },
  "from": 10,
  "size": 10
}
```

from 和 size 参数所起的作用类似于 SQL 查询中的 limit m，n，就是起到分页的作用。

如下示例，执行“全部匹配”，并按账户余额（balance 字段）对结果进行降序排序，并返回前 10 个（默认大小）文档。

```
GET /bank/_search
{
  "query": { "match_all": {} },
  "sort": { "balance": { "order": "desc" } }
}
```

1.5.4 搜索文档

前面章节已经讲解了一些基本的搜索参数，现在开始进一步研究 Query DSL。现在开始了解返回的文档字段。默认情况下，搜索会返回完整的 JSON 文档。这被称为“源”（_source 字段）。

1. 返回特定字段

如果不希望返回整个源文档，可以只返回源中的几个字段。

```
GET /bank/_search
{
  "query": { "match_all": {} },
  "_source": ["account_number", "balance"]
}
```

得到的返回结果如下：

```
{
  "took" : 1,
  "timed_out" : false,
  "_shards" : {
    "total" : 1,
```

```
      "successful" : 1,
      "skipped" : 0,
      "failed" : 0
    },
    "hits" : {
      "total" : {
        "value" : 1000,
        "relation" : "eq"
      },
      "max_score" : 1.0,
      "hits" : [
        {
          "_index" : "bank",
          "_type" : "account",
          "_id" : "1",
          "_score" : 1.0,
          "_source" : {
            "account_number" : 1,
            "balance" : 39225
          }
        },
        {
          "_index" : "bank",
          "_type" : "account",
          "_id" : "6",
          "_score" : 1.0,
          "_source" : {
            "account_number" : 6,
            "balance" : 5686
          }
        },
(省略部分内容)
```

上面的示例返回结果可以看出，同样返回了_source 字段，但只包括 account_number 和 balance 字段。对于有 SQL 知识背景的读者，上面的内容在概念上与 SELECT 功能是一致的。

2. 匹配查询

现在介绍查询体部分。前面已经介绍了 match_all 查询如何用于匹配所有文档。现在介绍一个名为 match query 的新查询，它可以被视为基本的字段化搜索查询（即针对特定字段或一组字段进行的搜索）。

如下示例返回账号（account_number 字段）为 20 的账户信息：

```
GET /bank/_search
{
  "query": { "match": { "account_number": 20 } }
}
```

得到如下返回结果：

```
{
  "took" : 0,
  "timed_out" : false,
  "_shards" : {
    "total" : 1,
    "successful" : 1,
    "skipped" : 0,
    "failed" : 0
  },
  "hits" : {
    "total" : {
      "value" : 1,
      "relation" : "eq"
    },
    "max_score" : 1.0,
    "hits" : [
      {
        "_index" : "bank",
        "_type" : "account",
        "_id" : "20",
        "_score" : 1.0,
        "_source" : {
          "account_number" : 20,
          "balance" : 16418,
          "firstname" : "Elinor",
          "lastname" : "Ratliff",
          "age" : 36,
          "gender" : "M",
          "address" : "282 Kings Place",
          "employer" : "Scentric",
          "email" : "elinorratliff@scentric.com",
          "city" : "Ribera",
          "state" : "WA"
        }
      }
    ]
  }
}
```

很容易发现，上述结果只返回了账户为 20 的一条数据。

如下示例返回地址(address 字段)中包含词 mill 的所有账户信息：

```
GET /bank/_search
{
  "query": { "match": { "address": "mill" } }
}
```

如下示例返回地址中包含词 mill 或 lane 的所有账户信息：

```
GET /bank/_search
{
  "query": { "match": { "address": "mill lane" } }
}
```

3. 布尔查询

布尔查询是指使用布尔逻辑的方式把基本的查询组合成复杂的查询。

如下示例包含两个匹配查询，并返回地址中包含 mill 和 lane 的所有账户信息：

```
GET /bank/_search
{
  "query": {
    "bool": {
      "must": [
        { "match": { "address": "mill" } },
        { "match": { "address": "lane" } }
      ]
    }
  }
}
```

在上面的示例中，must 子句指定文档被视为匹配项时必须为真的所有查询。也就是地址中必须同时包括词 mill 和 lane。

相反，如下示例包含两个匹配查询，并返回地址中包含词 mill 或 lane 的所有账户信息：

```
GET /bank/_search
{
  "query": {
    "bool": {
      "should": [
        { "match": { "address": "mill" } },
        { "match": { "address": "lane" } }
      ]
    }
  }
}
```

在上面的示例中，should 子句指定一个查询列表，其中任何一个查询为真，文档即被视为匹配，也就是只需满足其中一个条件即可。

如下示例包含两个匹配查询，并且返回地址中既不包含词 mill 也不包含词 lane 的所有账户信息：

```
GET /bank/_search
{
  "query": {
    "bool": {
      "must_not": [
        { "match": { "address": "mill" } },
```

```
            { "match": { "address": "lane" } }
          ]
        }
      }
    }
```

在上面的示例中，must_not 子句指定一个查询列表，其中任何一个查询都不能为真，文档才能被视为匹配。

可以在 bool 查询中同时组合 must、should 和 must_not 子句。此外，还可以在这些 bool 子句中嵌套 bool 查询，以模拟任何复杂的多级布尔逻辑。

如下示例返回年龄(age 字段)是 40 岁但不在 ID(AHO)中居住(state 字段)的所有账户信息：

```
GET /bank/_search
{
  "query": {
    "bool": {
      "must": [
        { "match": { "age": "40" } }
      ],
      "must_not": [
        { "match": { "state": "ID" } }
      ]
    }
  }
}
```

1.5.5　条件过滤

在 1.5.4 节中，跳过了一个称为文档得分(搜索结果中的_score)的小细节。分数是一个数值，它是文档与指定的搜索查询匹配程度的相似性度量。得分越高，文档越相关，得分越低，文档越不相关。

但是查询并不总是需要生成分数，特别是当它们只用于过滤文档集时。Elasticsearch 自动检测这些情况，并自动优化查询执行，以避免计算无用的分数。

在 1.5.4 节中介绍的 bool 查询还支持过滤子句，使用过滤子句来限制将由其他子句匹配的文档，而不更改分数。现在首先介绍范围查询，它允许按其中一个范围值来过滤文档，这通常用于数字或日期过滤。

如下示例使用 bool 查询返回余额(balance 字段)在 20 000～30 000(包括 20 000 和 30 000)的所有账户信息。换句话说，用户希望找到余额大于或等于 20 000 且小于或等于 30 000 的账户。

```
GET /bank/_search
{
  "query": {
    "bool": {
      "must": { "match_all": {} },
```

```
        "filter": {
          "range": {
            "balance": {
              "gte": 20000,
              "lte": 30000
            }
          }
        }
      }
    }
  }
```

仔细分析以上内容，bool 查询包含一个 match_all 查询（查询部分）和一个 range 查询（过滤部分）。可以将任何其他查询替换为查询和过滤部分。在上述情况下，范围查询是完全有意义的，因为属于范围的文档都是“相等”匹配的，即没有文档比其他文档更相关。

注意：查询和过滤在功能上是相同的，只不过过滤不计算相似度得分，性能更高。

除了 match_all、match、bool 和 range 查询外，还有许多其他可用的查询类型。读者现在已经对它们的工作方式有了基本的了解，所以在学习和试验其他查询类型时应用这些知识应该不会太困难。

1.5.6 聚合查询

聚合（aggregation）提供了对数据分组和提取统计信息的能力。聚合功能可以理解为大致等同于 SQL 中的 Group By 和 SQL 聚合函数的功能。在 Elasticsearch 中，可以执行返回命中文档的搜索，同时返回与搜索结果分离的聚合结果。从某种意义上说，这是非常强大和高效的，可以同时运行和查询多个聚合，并一次性获得两个（或多个）操作的结果，避免使用单一的 API 进行多次网络往返。

如下示例按状态（state.keyword）对所有账户进行分组，然后返回按计数降序排序的前 10 个（默认值）分组结果：

```
GET /bank/_search
{
  "size": 0,
  "aggs": {
    "group_by_state": {
      "terms": {
        "field": "state.keyword"
      }
    }
  }
}
```

在 SQL 中，上述聚合的功能类似于：

```
SELECT state, COUNT(*) FROM bank GROUP BY state ORDER BY COUNT(*) DESC LIMIT 10;
```

响应结果如下：

```
{
  "took" : 9,
  "timed_out" : false,
  "_shards" : {
    "total" : 1,
    "successful" : 1,
    "skipped" : 0,
    "failed" : 0
  },
  "hits" : {
    "total" : {
      "value" : 1000,
      "relation" : "eq"
    },
    "max_score" : null,
    "hits" : [ ]
  },
  "aggregations" : {
    "group_by_state" : {
      "doc_count_error_upper_bound" : 0,
      "sum_other_doc_count" : 743,
      "buckets" : [
        {
          "key" : "TX",
          "doc_count" : 30
        },
        {
          "key" : "MD",
          "doc_count" : 28
        },
        {
          "key" : "ID",
          "doc_count" : 27
        },
        {
          "key" : "AL",
          "doc_count" : 25
        },
        {
          "key" : "ME",
          "doc_count" : 25
        },
        {
          "key" : "TN",
          "doc_count" : 25
        },
        {
          "key" : "WY",
          "doc_count" : 25
        },
```

```
        {
          "key" : "DC",
          "doc_count" : 24
        },
        {
          "key" : "MA",
          "doc_count" : 24
        },
        {
          "key" : "ND",
          "doc_count" : 24
        }
      ]
    }
  }
}
```

可以看到，TX(德克萨斯)州有 30 个账户，MD(马里兰)州有 28 个账户，以此类推。

请注意，size=0 设置，表示不显示搜索结果，因为此处只希望在响应结果中看到聚合结果。

基于前面的聚合，如下示例按状态计算账户平均余额(同样，仅返回按计数降序排序的前 10 个分组结果)：

```
GET /bank/_search
{
  "size": 0,
  "aggs": {
    "group_by_state": {
      "terms": {
        "field": "state.keyword"
      },
      "aggs": {
        "average_balance": {
          "avg": {
            "field": "balance"
          }
        }
      }
    }
  }
}
```

请仔细分析上面的示例，如何将平均余额聚合嵌套在按状态聚合之内。这是所有聚合的通用模式。可以在聚合中任意嵌套聚合，以从数据中提取所需的透视统计信息。

如下示例中，按降序对账户平均余额进行排序：

```
GET /bank/_search
{
  "size": 0,
```

```
  "aggs": {
    "group_by_state": {
      "terms": {
        "field": "state.keyword",
        "order": {
          "average_balance": "desc"
        }
      },
      "aggs": {
        "average_balance": {
          "avg": {
            "field": "balance"
          }
        }
      }
    }
  }
}
```

如下示例，演示了如何按年龄段（20～29 岁、30～39 岁和 40～49 岁）进行分组，然后再按性别（gender.keyword）分组，最后得到每个年龄段每个性别的账户平均余额：

```
GET /bank/_search
{
  "size": 0,
  "aggs": {
    "group_by_age": {
      "range": {
        "field": "age",
        "ranges": [
          {
            "from": 20,
            "to": 30
          },
          {
            "from": 30,
            "to": 40
          },
          {
            "from": 40,
            "to": 50
          }
        ]
      },
      "aggs": {
        "group_by_gender": {
          "terms": {
            "field": "gender.keyword"
          },
```

```
                "aggs": {
                  "average_balance": {
                    "avg": {
                      "field": "balance"
                    }
                  }
                }
              }
            }
          }
        }
      }
```

知识点：Elasticsearch 是一个简单而复杂的产品。之所以说它简单，是因为使用非常简单，用户甚至无须知道其内部的任何实现逻辑，就可直接用于生产环境。在对用户透明和友好的背后，Elasticsearch 实现了复杂的分布式机制，强大的索引、查询和分析功能，所以说它又是极其复杂的。

第 2 章 安装部署

本章介绍有关如何设置 Elasticsearch 并使其运行的内容，包括：

- 下载 Elasticsearch
- 安装 Elasticsearch
- 启动 Elasticsearch
- 配置 Elasticsearch

因为实际应用绝大多数都是部署在 Linux 环境下的，所以本书只讲解 Linux 环境下的安装、配置。

2.1 安装 JDK

如果读者已熟悉 JDK 安装，可直接跳过本节内容。

1. 下载 JDK

到 Oracle 官网下载对应的 JDK 压缩包(必须是 1.8 版本以上)：https://www.oracle.com/technetwork/java/javase/downloads/jdk8-downloads-2133151.html。这里下载的是 jdk-8u181-linux-x64.tar.gz 文件。

2. 解压文件

```
tar -zxvf jdk-8u181-linux-x64.tar.gz
```

3. 编辑 profile 文件

```
vi /etc/profile
```

在末尾添加如下内容，JAVA_HOME 的值改成上一步解压得到的实际目录：

```
export JAVA_HOME=/opt/java/jdk1.8.0_18
export JRE_HOME=$ {JAVA_HOME}/jre
Export CLASSPATH=.:$ {JAVA_HOME}/lib:$ {JRE_HOME}/lib:$ CLASSPATH
export JAVA_PATH=$ {JAVA_HOME}/bin:$ {JRE_HOME}/bin
export PATH=$ PATH:$ {JAVA_PATH}
```

4. 刷新配置

```
source /etc/profile
```

5. 验证结果

```
java -version
```

输出信息如图 2-1 所示。

```
[root@solrc01 ~]# java -version
java version "1.8.0_181"
Java(TM) SE Runtime Environment (build 1.8.0_181-b13)
Java HotSpot(TM) 64-Bit Server VM (build 25.181-b13, mixed mode)
[root@solrc01 ~]#
```

图 2-1 JDK 版本信息

后续内容假设读者已经安装和配置了 JDK8 以上版本。

2.2 安装 Elasticsearch

2.2.1 调整 Linux 系统的相关参数设置

① 修改最大文件数和锁内存限制，打开文件/etc/security/limits.conf，增加或修改如下选项(elastic 代表启动 Elasticsearch 集群的用户)：

```
elastic  -   hard    nproc       unlimited
Elastic  -   soft    nproc       unlimited
elastic  -   nofile 262144
elastic  -   memlock unlimited
elastic  -   fsize          unlimited
elastic  -   as        unlimited
```

② 更改一个进程能拥有的最大内存区域限制，编辑(swappiness 禁用交换区)/etc/sysctl.conf 文件，新增或修改如下内容，保存后，执行 sysctl -p。

```
vm.max_map_count =262144
vm.swappiness =1
```

③ 修改用户最大线程数，编辑/etc/security/limits.d/90-nproc.conf 文件，增加或修改如下内容：

```
* soft nproc unlimited
root soft nproc unlimited
```

2.2.2 创建用户

创建一个新的用户，因为 Elasticsearch 不支持 root 用户启动，例如创建的用户叫

elastic：

```
useradd elastic
```

2.2.3 下载 Elasticsearch

到官网 https://www.elastic.co/downloads/elasticsearch 下载对应的文件并解压，进入解压目录：/opt/Elasticsearch/Elasticsearch-7.1.0，需要配置的文件在 config 下面，有两个文件：jvm.options 和 elasticsearch.yml。

修改 jvm.options，主要修改-Xms4g 和-Xmx4g 这两个参数就可以了，这个文件就是 JVM 的配置文件。

修改 elasticsearch.yml 文件，修改后的配置如下，最主要的就是 cluster.name 参数，各台机器要设置相同，其他的参数后面会有详解，完整的 elasticsearch.yml 文件内容如下。

```
#各台必须设置成一样,Elasticsearch 就是靠这个来识别集群的
cluster.name: elasticsearch-dev
#每个节点起一个名字,也可以不设置,采用默认
node.name: es1
transport.tcp.port: 9300
http.port: 9200
#下面两行就是对应的数据和日志的目录,最好提前建好
path.data: /opt/Elasticsearch/data
path.logs: /opt/Elasticsearch/logs
node.master: true
node.data: true
http.enabled: true
bootstrap.mlockall: true
discovery.zen.ping.unicast.hosts:
  ["10.202.259.2","10.202.259.3","10.202.259.4"]
discovery.zen.minimum_master_nodes: 1
http.cors.enabled: true
http.cors.allow-origin: "*"
#以下 centos6 需设为 false,因为 Centos6 不支持 SecComp
bootstrap.memory_lock: false
bootstrap.system_call_filter: false
```

启动集群，直接运行命令：

```
./bin/elasticsearch -d
```

2.3 配置 Elasticsearch

Elasticsearch 具有良好的默认值，只需要很少的配置就可以直接启动。可以使用集群更新设置 API 在正在运行的集群上更改大多数设置。

配置文件一般包含特定于节点的设置（如 node.name 和 path）或节点为了能够加入集群而需要的设置（如 cluster.name 和 network.host）。

2.3.1　配置文件的位置

图 2-2 展示了 Elasticsearch 主目录和 config 目录的结构。

```
[root@solrc01 elasticsearch-7.0.0]# ls -lh
total 500K
drwxr-xr-x  2 alien root  4.0K Apr  6 06:57 bin
drwxr-xr-x  2 alien root  4.0K Jul 19 10:21 config
drwxrwxr-x  3 alien alien 4.0K Jul 19 10:21 data
drwxr-xr-x  8 alien root  4.0K Apr  6 06:57 jdk
drwxr-xr-x  3 alien root  4.0K Apr  6 06:57 lib
-rw-r--r--  1 alien root   14K Apr  6 06:52 LICENSE.txt
drwxr-xr-x  2 alien root  4.0K Jul 19 10:21 logs
drwxr-xr-x 29 alien root  4.0K Apr  6 06:58 modules
-rw-r--r--  1 alien root  437K Apr  6 06:57 NOTICE.txt
drwxr-xr-x  2 alien root  4.0K Apr  6 06:57 plugins
-rw-r--r--  1 alien root  8.3K Apr  6 06:52 README.textile
[root@solrc01 elasticsearch-7.0.0]# cd config/
[root@solrc01 config]# ls -lh
total 40K
-rw-rw---- 1 alien alien  207 Jul 19 10:21 elasticsearch.keystore
-rw-rw---- 1 alien root  2.8K Apr  6 06:52 elasticsearch.yml
-rw-rw---- 1 alien root  3.5K Apr  6 06:52 jvm.options
-rw-rw---- 1 alien root   17K Apr  6 06:57 log4j2.properties
-rw-rw---- 1 alien root   473 Apr  6 06:57 role_mapping.yml
-rw-rw---- 1 alien root   197 Apr  6 06:57 roles.yml
-rw-rw---- 1 alien root     0 Apr  6 06:57 users
-rw-rw---- 1 alien root     0 Apr  6 06:57 users_roles
[root@solrc01 config]#
```

主目录结构

config目录结构

图 2-2　Elasticsearch 目录结构

Elasticsearch 的配置文件都位于 config 目录中。其中有三个主要的配置文件：

- elasticsearch.yml 是用于配置 Elasticsearch 的最主要的配置文件。
- jvm.options 用于配置 Elasticsearch JVM 设置。
- log4j2.properties 用于配置 Elasticsearch 日志记录的属性。

2.3.2　配置文件的格式

配置文件的格式为 yaml。如下代码是更改数据和日志目录路径的示例：

```
path:
    data: /var/lib/Elasticsearch
    logs: /var/log/Elasticsearch
```

也可以采用如下格式(推荐使用)：

```
path.data: /var/lib/Elasticsearch
path.logs: /var/log/Elasticsearch
```

2.3.3　环境变量替换

配置文件中使用 ${…}符号引用的环境变量将替换为环境变量的值，例如：

```
node.name:      ${HOSTNAME}
network.host: ${ES_NETWORK_HOST}
```

2.3.4 设置 JVM 参数

用户一般很少需要更改 Java 虚拟机(JVM)选项，最可能的更改是设置堆栈大小。本节的其余部分详细介绍如何设置 JVM 选项。

设置 JVM 选项(包括系统属性和 JVM 标志)的首选方法是通过 jvm.options 配置文件。此文件的默认位置是 config/jvm.options。

此文件包含遵循以下特殊语法的以行分隔的 JVM 参数列表：

- 忽略由空白组成的行。
- 以 # 开头的行被视为注释并被忽略。

```
#this is a comment
```

- 以-开头的行被视为独立于 JVM 版本应用的 JVM 选项。

```
-Xmx2g
```

- n：-开始的行，这个参数依赖于数字指明的 JVM 版本。

```
8:-Xmx2g
```

- n-：开始的行，要求 JVM 版本高于最前面的数字。

```
8-:-Xmx2g
```

- n-n 开始的行，指明了要求的 JVM 版本号。

```
8-9:-Xmx2g
```

- 所有其他行都被拒绝。

可以向这个文件添加自定义的 JVM 标志，并将这个配置检查加入版本控制系统中。

设置 Java 虚拟机选项的另一种机制是通过 ES_JAVA_OPTS 环境变量。例如：

```
export ES_JAVA_OPTS="$ES_JAVA_OPTS -Djava.io.tmpdir=/path/to/temp/dir"
./bin/elasticsearch
```

JVM 有一个内置的机制来查看 JAVA_TOOL_OPTIONS 环境变量。这里故意忽略打包脚本中的这个环境变量。其主要原因是，在某些操作系统(如 Ubuntu)上，默认情况下通过此环境变量安装的代理不希望干扰 Elasticsearch。

此外，一些其他 Java 程序支持 JAVA_OPTS 环境变量，但这不是 JVM 中内置的机制，而是相关生态系统中的约定。但是，不推荐使用这个环境变量，更佳的方式是通过 jvm.options 文件或环境变量 ES_JAVA_OPTS 设置 JVM 选项。

2.3.5 安全设置

有些设置是敏感的，依赖文件系统权限来保护它们的值是不够的。Elasticsearch 提供了一个密钥库,使用 Elasticsearch 密钥库工具来管理密钥库中的设置。

注意:

- 这里的所有命令都应该以运行 Elasticsearch 的用户运行。
- 只有一些设置设计为从密钥库中读取,请参阅每个设置的文档,以查看它是否作为密钥库的一部分受到支持。
- 对密钥库的所有修改只有在重新启动 Elasticsearch 之后才会生效。
- Elasticsearch 密钥库目前只提供模糊处理,以后会增加密码保护。

安全设置就像 elasticsearch.yml 配置文件中的常规设置一样,需要在集群中的每个节点上配置,且每个节点上的配置必须相同。

2.3.6 创建密钥库

要创建 Elasticsearch.keystore 密钥库,请使用 create 命令:

```
bin/elasticsearch-keystore create
```

输出结果如图 2-3 所示。

```
[alien@solrc01 elasticsearch-7.0.0]$ ./bin/elasticsearch-keystore create
Created elasticsearch keystore in /opt/elasticsearch-7.0.0/config
[alien@solrc01 elasticsearch-7.0.0]$
```

图 2-3 创建密钥返回结果

文件 elasticsearch.keystore 将与 elasticsearch.yml 在同一个目录下,如图 2-4 所示。

```
[alien@solrc01 elasticsearch-7.0.0]$ ./bin/elasticsearch-keystore create
Created elasticsearch keystore in /opt/elasticsearch-7.0.0/config
[alien@solrc01 elasticsearch-7.0.0]$ cd config/
[alien@solrc01 config]$ ls -lh
total 40K
-rw-rw---- 1 alien alien  207 Jul 19 16:09 elasticsearch.keystore
-rw-rw---- 1 alien root  2.8K Apr  6 06:52 elasticsearch.yml
-rw-rw---- 1 alien root  3.5K Apr  6 06:52 jvm.options
-rw-rw---- 1 alien root   17K Apr  6 06:57 log4j2.properties
-rw-rw---- 1 alien root   473 Apr  6 06:57 role_mapping.yml
-rw-rw---- 1 alien root   197 Apr  6 06:57 roles.yml
-rw-rw---- 1 alien root     0 Apr  6 06:57 users
-rw-rw---- 1 alien root     0 Apr  6 06:57 users_roles
[alien@solrc01 config]$
```

刚刚创建的密钥库

图 2-4 密钥文件

2.3.7 列出密钥库中的设置项

使用 list 命令可以获得密钥库中的设置列表:

```
bin/elasticsearch-keystore list
```

2.3.8 添加字符串设置

敏感字符串设置(如云插件的身份验证凭据)可以使用 add 命令添加:

```
bin/elasticsearch-keystore add the.setting.name.to.set
```

工具将提示输入设置值,要通过 stdin 传递值,请使用--stdin 标志:

```
cat /file/containing/setting/value | bin/Elasticsearch-keystore add --stdin the.setting.
name.to.set
```

2.3.9 添加文件设置

可以使用命令 add-file 添加敏感文件,如云插件的身份验证密钥文件。请确保将文件路径作为参数包含在设置名称之后再进行添加。

```
bin/elasticsearch-keystore add-file the.setting.name.to.set /path/example-file.json
```

2.3.10 删除设置属性

要从密钥库中删除设置,请使用 remove 命令:

```
bin/elasticsearch-keystore remove the.setting.name.to.remove
```

2.3.11 可重载的安全设置

就像 elasticsearch.yml 中的设置值一样,对密钥库内容的更改不会自动应用于正在运行的 Elasticsearch 节点。重新读取设置需要重新启动节点。但是,某些安全设置标记可以重新加载,这样的设置可以在正在运行的节点上重新读取和应用。

所有安全设置的值(无论是否可重载)必须在所有集群节点上相同。更改所需的安全设置后,通过如下命令重载:

```
POST _nodes/reload_secure_settings
```

这个 API 将解密并重新读取每个集群节点上的整个密钥库,但只有可重载的安全设置才会生效。对其他设置的更改将在下次重新启动节点时生效。一旦调用返回,重新加载就完成了,这意味着依赖于这些设置的所有内部数据结构都已更改。

更改多个可重新加载的安全设置时,应该在每个集群节点上修改所有设置,然后再发出重新加载安全设置调用命令,而不是在每次修改后都重新加载。

2.3.12 日志配置

Elasticsearch 使用 log4j2 进行日志记录。可以使用 log4j2.properties 文件配置 log4j2。Elasticsearch 公开了三个属性:${sys:es.logs.base_path}、${sys:es.logs.cluster_name}和${sys:es.logs.node_name},可以在配置文件中引用这些属性来确定日志文件的位置。

属性 \$ {sys：es.logs.base_path}将解析为日志目录，\$ {sys：es.logs.cluster_name}将解析为集群名称(在默认配置中用作日志文件名的前缀)，而 \$ {sys：es.logs.node_name}将解析为节点名称(如果显式设置了节点名称)。

例如，如果日志目录(path.logs 在 elasticsearch.yml 中定义)是/var/log/elasticsearch，并且集群名称为 production，那么 \$ {sys：es.logs.base_path}将解析为/var/log/Elasticsearch，\$ {sys：es.logs.base_path} \$ {sys：file.separator} \$ {sys：es.logs.cluster_name}.log 会解析为/var/log/Elasticsearch/production.log。下面是一个具体的配置实例：

```
1  ########Server JSON ############################
2  appender.rolling.type =RollingFile
3  appender.rolling.name =rolling
4  appender.rolling.fileName =$ {sys:es.logs.base_path}\
5  $ {sys:file.separator}$ {sys:es.logs.cluster_name}_server.json
6  appender.rolling.layout.type =ESJsonLayout
7  appender.rolling.layout.type_name =server
8  appender.rolling.filePattern =$ {sys:es.logs.base_path}\
9  $ {sys:file.separator}\
10 $ {sys:es.logs.cluster_name}-%d{yyyy-MM-dd}-%i.json.gz
11 appender.rolling.policies.type =Policies
12 appender.rolling.policies.time.type =TimeBasedTriggeringPolicy
13 appender.rolling.policies.time.interval =1
14 appender.rolling.policies.time.modulate =true
15 appender.rolling.policies.size.type =SizeBasedTriggeringPolicy
16 appender.rolling.policies.size.size =256MB
17 appender.rolling.strategy.type =DefaultRolloverStrategy
18 appender.rolling.strategy.fileIndex =nomax
19 appender.rolling.strategy.action.type =Delete
20 appender.rolling.strategy.action.basepath =\
21 ${sys:es.logs.base_path}
22 appender.rolling.strategy.action.condition.type =IfFileName
23 appender.rolling.strategy.action.condition.glob =\
24  ${sys:es.logs.cluster_name}- *
25 appender.rolling.strategy.action.condition.nested_condition.type\
26  =IfAccumulatedFileSize
27 appender.rolling.strategy.action.condition.\
28 nested_condition.exceeds =2GB
29 ##############################################
```

第 2 行，配置 RollingFile appender。

第 5 行，日志输出于/var/log/elasticsearch/production.json。

第 6 行，使用 JSON 格式输出。

第 7 行，type_name 是一个标志，它可以用来在解析日志时更容易地区分不同类型的日志。

第 8～10 行，日志滚动到/var/log/elasticsearch/production-yyyy-mm-dd-i.json 文件，日志将在每个滚动上压缩，并且 i 将递增。

第 12 行，使用基于时间的回滚策略。

第 13 行，每天回滚一个日志文件。

第 14 行，在日边界上对齐（而不是每隔 24 小时滚动一次）。

第 15 行，使用基于大小的回滚策略。

第 16 行，大于 256MB 时进行回滚。

第 19 行，当回滚完成时，删除当前日志文件。

第 23～24 行，只删除匹配对应模式的文件。

第 25～26 行，使用只删除主日志文件的模式。

第 28 行，大于 2GB 时进行压缩。

注意：log4j 的配置解析会由于多余的空格导致失败，如果复制并粘贴此页上的任何 log4j 设置，或者输入任何 log4j 配置，请确保删除多余的空格。

可以在 appender.rolling.filepattern 中将.gz 替换为.zip，以使用 zip 格式压缩已卷日志。如果删除.gz 扩展名，则不会在滚动日志时对其进行压缩。

如果要将日志文件保留指定的一段时间，可以使用带有删除操作的滚动策略。下面是一个实例。

```
1  appender.rolling.strategy.type =\
2  DefaultRolloverStrategy
3  appender.rolling.strategy.action.type =Delete
4  appender.rolling.strategy.action.basepath =\
5  ${sys:es.logs.base_path}
6  appender.rolling.strategy.action.condition.type =IfFileName
7  appender.rolling.strategy.action.condition.glob =\
8  ${sys:es.logs.cluster_name}-*
9  appender.rolling.strategy.action.condition.\
10 nested_condition.type =IfLastModified
11 appender.rolling.strategy.action.condition.\
12 nested_condition.age =7D
```

第 1～2 行，使用默认的滚动策略。

第 3 行，在滚动时使用删除策略。

第 4～5 行，设置日志路径。

第 6 行，处理滚动时应用的条件。

第 7～8 行，从与 ${sys：es.logs.cluster_name}-* 匹配的基本路径中删除文件，这只删除滚动的 Elasticsearch 日志，而不必删除 deprecation 日志和慢查询日志。

第 9～10 行，要应用于与 glob 匹配的文件的嵌套条件。

第 12 行，保留 7 天的日志。

只要将多个配置文件都命名为 log4j2.properties 并将 Elasticsearch 的 config 目录作为上级目录，就可以加载多个配置文件（在这种情况下，它们将被合并）。当插件需要使用额外的日志配置时，将会非常有用。记录器部分包含 Java 包及其对应的日志级别，appender 部分包含日志的目标。有关如何自定义日志记录和所有支持的附件的详细信息，请参阅 log4j 相关文档。

2.3.13　配置日志级别

配置日志级别有 4 种方法，每种方法都有其适合使用的情况。

1. 通过命令行配置

-E <name of logging hierarchy>=<level>（例如，-E logger.org.elasticsearch.transport=trace）。当在单个节点上临时调试一个问题（例如，启动或开发过程中的问题）时，这是最合适的。

2. 通过 elasticsearch.yml 文件

<name of logging hierarchy>：<level>（例如 logger.org.elasticsearch.transport：trace）。当临时调试一个问题，但没有通过命令行启动 Elasticsearch 时，或者希望在更持久的基础上调整日志级别时，这是最合适的。

3. 通过集群更新 API 设置

API 格式如下：

```
PUT /_cluster/settings
{
  "transient": {
    "<name of logging hierarchy>": "<level>"
  }
}
```

应用示例：

```
PUT /_cluster/settings
{
  "transient": {
    "logger.org.Elasticsearch.transport": "trace"
  }
}
```

当需要动态地调整活动运行的集群上的日志级别时，这是最合适的。

4. 通过 log4j2.properties

配置格式如下：

```
logger.<unique_identifier>.name =<name of logging hierarchy>
logger.<unique_identifier>.level =<level>
```

应用示例：

```
logger.transport.name =org.elasticsearch.transport
logger.transport.level =trace
```

当需要对日志程序进行细粒度控制时（例如，希望将日志程序发送到另一个文件，或者以不同的方式管理日志），这是最合适的方法。

2.3.14　JSON 日志格式

为了使分析 Elasticsearch 日志更容易，日志可以以 JSON 格式打印。这是由 log4j 布局属性 appender.rolling.layout.type = ESJsonLayout 配置的。此布局需要设置一个 type_name 属性，用于在分析时区分日志流。配置方法如下：

```
appender.rolling.layout.type =ESJsonLayout
appender.rolling.layout.type_name =server
```

这种日志格式，每一行包含一个 JSON 文档，有关详细信息请参见此类 Javadoc。但是，如果一个 JSON 文档包含一个异常，它将被打印在多行上。第一行将包含常规属性，随后的行将包含格式化为 JSON 数组的 Stacktrace。

也可以使用自己的自定义布局。为此，请用其他布局替换行 appender.rolling.layout.type。示例如下：

```
appender.rolling.type =RollingFile
appender.rolling.name =rolling
appender.rolling.fileName =${sys:es.logs.base_path}${sys:file.separator}${sys:es.logs.
cluster_name}_server.log
appender.rolling.layout.type =PatternLayout
appender.rolling.layout.pattern =[%d{ISO8601}][%-5p][%-25c{1.}] [%node_name]%marker %.
-10000m%n
appender.rolling.filePattern =${sys:es.logs.base_path}${sys:file.separator}${sys:es.
logs.cluster_name}-%d{yyyy-MM-dd}-%i.log.gz
```

2.4　跨集群复制设置(用于多个集群间的数据恢复)

跨集群复制设置用于多个集群间的数据恢复，可以使用集群更新设置 API 在活动集群上动态更新。

2.4.1　远程恢复设置

以下设置可用于对远程恢复期间传输的数据进行速率限制：

```
ccr.indices.recovery.max_bytes_per_sec
```

限制每个节点上的入站和出站远程恢复总流量。由于此限制适用于每个节点，但可能有许多节点同时执行远程恢复，因此远程恢复字节总数可能远远高于此限制。如果将此限制设置得太高，则存在这样的风险：正在进行的远程恢复将消耗过多的带宽(或其他资源)，这可能会导致集群不稳定。此设置同时用于主集群和备用集群。例如，如果在主集群上设置为 20MB，主集群将仅向备用集群每秒发送 20MB，即使备用集群正在请求并可以每秒接受 60MB。默认为 40MB。

2.4.2　高级远程恢复设置

可以通过以下高级设置来管理远程恢复所消耗的资源：

```
1 ccr.indices.recovery.max_concurrent_file_chunks?
2 ccr.indices.recovery.chunk_size
3 ccr.indices.recovery.recovery_activity_timeout
4 ccr.indices.recovery.internal_action_timeout
```

第 1 行，用来控制每次恢复可并行发送的文件块请求数。由于多个远程恢复可能已经并行运行，因此增加此专家级设置只在单个分片的远程恢复未达到由 ccr.indexs.recovery.max_bytes_per_sec 配置的入站和出站远程恢复总流量的情况下有帮助。默认值为 5，最大允许值为 10。

第 2 行，控制跟踪程序在文件传输过程中请求的块大小，默认为 1MB。

第 3 行，控制恢复活动的超时，此超时主要应用于主集群。主集群必须在内存中打开资源，以便在恢复过程中向备用集群提供数据。如果主集群在这段时间内没有收到备用集群的恢复请求，那么它将关闭资源。默认为 60s。

第 4 行，控制远程恢复过程中单个网络请求的超时，单个动作超时可能会使恢复失败。默认为 60s。

2.4.3 索引生命周期管理设置

索引生命周期管理设置属于索引级 ILM 设置，通常是通过索引模板配置的。配置格式如下：

```
1 index.lifecycle.name
2 index.lifecycle.rollover_alias
```

第 1 行，用于管理索引的策略的名称。

第 2 行，索引滚动时要更新的索引别名。使用包含滚动操作的策略时指定。

2.4.4 序列号设置

序列号设置主要是商业版的相关设置，此处不再详解，因为绝大多数还是使用开源版。

2.4.5 监控功能设置

默认情况下，监控功能是开启的，但禁用数据收集功能。要启用数据收集功能，请使用 xpack.monitoring.collection.enabled 参数进行设置。

可以在 elasticsearch.yml 文件中配置这些监控设置，还可以使用集群更新设置 API 动态设置其中一些参数。

要调整监控用户界面中监控数据的显示方式，请在 kibana.yml 中配置 xpack.monitoring 设置。要控制如何从 logstash 收集监控数据，请在 logstash.yml 中配置 xpack.monitoring 设置。

2.4.6 一般的监控设置

```
xpack.monitoring.enabled
```

这个参数设置为 true(默认值)时，将启用 elasticsearch x-pack 监视功能。

要启用数据收集，还必须将 xpack.monitoring.collection.enabled 设置为 true，其默认值为 false。

2.4.7 监控收集设置

xpack.monitoring.collection 设置用于控制如何从 Elasticsearch 节点收集数据。可以使用集群更新设置 API 动态更改所有监控集合设置。可用参数如下：

```
1  xpack.monitoring.collection.enabled
2  xpack.monitoring.collection.interval
3  xpack.monitoring.elasticsearch.collection.enabled
4  xpack.monitoring.collection.cluster.stats.timeout
5  xpack.monitoring.collection.node.stats.timeout
6  xpack.monitoring.collection.indices
7  xpack.monitoring.collection.index.stats.timeout
8  xpack.monitoring.collection.index.recovery.active_only
9  xpack.monitoring.collection.index.recovery.timeout
10 xpack.monitoring.history.duration
11 xpack.monitoring.exporters
```

第 1 行，xpack.monitoring.collection.enabled 设置为 true 时，将启用监视数据收集。如果设置为 false（默认），则不会收集 Elasticsearch 监控数据，并且忽略来自其他源（如 Kibana、Beats 和 Logstash）的所有监控数据。从 7.0.0 版开始，不再支持将该参数设置为 −1 以禁用数据收集。

第 2 行，xpack.monitoring.collection.interval 用于控制收集数据样本的频率。默认为 10s。如果修改收集间隔，请将 kibana.yml 中的 xpack.monitoring.min_interval_seconds 选项设置为相同的值。

第 3 行，xpack.monitoring.elasticsearch.collection.enabled 用于控制是否应收集有关 Elasticsearch 集群的统计信息，默认为 true。这与 xpack.monitoring.collection.enabled 不同，后者允许启用或禁用所有监视收集。但是，此设置仅禁用 Elasticsearch 数据的收集，同时仍允许其他数据（例如，Kibana、Logstash、Beats 或 APM 服务器监控数据）传输到集群。

第 4 行，xpack.monitoring.collection.cluster.stats.timeout 用于设置收集集群统计信息的超时时间，默认为 10s。

第 5 行，xpack.monitoring.collection.node.stats.timeout 用于设置收集节点统计信息的超时时间，默认为 10s。

第 6 行，xpack.monitoring.collection.indices 定义从哪些索引中收集数据，默认为所有索引。将索引名称指定为逗号分隔的列表，例如 test1, test2, test3。名称可以包括通配符，例如 test *。可以通过前置-，显式排除索引，例如 test *，-test3，将监视名字由 test 开始的所有索引，但 test3 除外。像.security * 或.kibana * 这样的系统索引总是以 a.开头，通常应该进行监视。考虑在索引列表中添加.* 确保监视系统索引。例如.*，test *，-test3。

第 7 行，xpack.monitoring.collection.index.stats.timeout 用于设置收集索引统计信息的超时时间，默认为 10s。

第 8 行，xpack.monitoring.collection.index.recovery.active_only 用于控制是否收集所

有恢复信息,设置为 true 时,仅收集活动的恢复信息。默认为 false。

第 9 行,xpack.monitoring.collection.index.recovery.timeout 用于设置收集恢复信息的超时时间,默认为 10s。

第 10 行,xpack.monitoring.history.duration 用于设置监控数据索引的保留时间,超过此时间,监控程序创建的索引将自动删除。默认为 7d(7 天)。此设置的最小值为 1d(1 天),以确保正在监视某些内容,并且无法禁用。此设置当前仅影响本地类型导出器,使用 HTTP 导出器创建的索引不会自动删除。

第 11 行,xpack.monitoring.exporters 用于配置代理存储监视数据的位置。默认情况下,代理使用本地导出程序对安装它的集群上的监视数据进行索引。使用 HTTP 导出器将数据发送到单独的监控集群。

2.4.8 本地导出器设置

本地导出器是监控程序使用的默认导出器。顾名思义,它将数据导出到本地集群。

如果不提供任何导出器,那么监视将自动创建一个导出器。如果提供了导出器,则不会添加任何默认值。配置格式如下:

```
1 xpack.monitoring.exporters.my_local:
2 type: local
3 use_ingest
4 cluster_alerts.management.enabled
```

第 2 行,本地导出器的值必须始终是 local,并且是必需的。

第 3 行,此设置用来控制是否在每个批量请求中向集群和管道处理器提供占位符管道,默认值为 true。如果禁用,它将不使用管道,这意味着将来的版本无法自动将批量请求升级。

第 4 行,此设置控制是否为此集群创建集群警报,默认值为 true。

2.4.9 HTTP 导出器设置

下面列出了可以随 HTTP 导出器提供的设置。所有设置如下所示:

```
1 xpack.monitoring.exporters.my_remote:
2   type: http
3   host: ["host:port", ...]
4 auth.username
5 auth.password
6 connection.timeout
7 connection.read_timeout
8 ssl
9 proxy.base_path
10 headers
11 index.name.time_format
12 use_ingest
13 cluster_alerts.management.enabled
14 cluster_alerts.management.blacklist
```

第 2 行，HTTP 导出器的值必须始终为 HTTP，并且是必需的。

第 3 行，主机支持多种格式，既可以作为数组，也可以作为单个值。支持的格式包括 hostname，hostname：port，http://hostname，http://hostname：port，https://hostname 和 https://hostname：port。默认方案始终为 HTTP，如果不作为主机字符串的一部分提供，则默认端口始终为 9200。下面是主机支持的格式例子：

```
xpack.monitoring.exporters:
  example1:
    type: http
    host: "10.1.2.3"
  example2:
    type: http
    host: ["http://10.1.2.4"]
  example3:
    type: http
    host: ["10.1.2.5", "10.1.2.6"]
  example4:
    type: http
    host: ["https://10.1.2.3:9200"]
```

第 4 行，设置需要用户名。

第 5 行，auth.username 的密码。

第 6 行，时间值，HTTP 连接应该等待套接字为请求打开的时间，默认值为 6s。

第 7 行，时间值，HTTP 连接应该等待套接字发送响应的时间，默认值为 10 * connection.timeout（如果两者都没有设置，则为 60s）。

第 8 行，每个 HTTP 导出程序都可以定义自己的 TLS/SSL 设置或继承它们。

第 9 行，给任何传出请求加前缀的基路径，例如/base/path（例如，批量请求随后将作为/base/path/_bulk 发送），没有默认值。

第 10 行，添加到每个请求中的可选头部，它可以帮助通过代理路由请求。下面是个实例：

```
xpack.monitoring.exporters.my_remote:
  headers:
    X-My-Array: [abc, def, xyz]
    X-My-Header: abc123
```

基于数组的头被发送 n 次，其中 n 是数组的大小，无法设置内容类型和内容长度。由监控代理创建的任何头部都将覆盖此处定义的任何内容。

第 11 行，定义创建索引的格式，默认情况下，更改每日监视索引的默认日期后缀的机制。默认值为 yyyy.mm.dd，这就是每天创建索引的原因。

第 12 行，是否为每个批量请求向监控集群和管道处理器提供占位符管道，默认值为 true。如果禁用，它将不使用管道，这意味着将来的版本无法自动将批量请求升级。

第 13 行，控制是否为此集群创建集群警报，默认值为 true。要使用此功能，必须启用观察程序。如果您有基本许可证，则不会显示集群警报。

第 14 行，阻止创建特定集群警报，它还删除当前集群中已经存在的所有适用的监控。

可以向黑名单中添加以下任何监视标识符：

- Elasticsearch_cluster_status
- Elasticsearch_version_mismatch
- Elasticsearch_nodes
- kibana_version_mismatch
- logstash_version_mismatch
- xpack_license_expiration

例如，["Elasticsearch_version_mismatch","xpack_license_expiration"]。

2.4.10 X-Pack 监控 TLS/SSL 相关设置

可以配置以下 TLS/SSL 设置，如果未配置设置，则使用默认的 TLS/SSL 设置。

```
1 xpack.monitoring.exporters.$NAME.ssl.supported_protocols
2 xpack.monitoring.exporters.$NAME.ssl.verification_mode
3 xpack.monitoring.exporters.$NAME.ssl.cipher_suites
```

第 1 行，设置支持版本的协议，有效协议包括 sslv2hello、sslv3、tlsv1、tlsv1.1、tlsv1.2、tlsv1.3。如果 jvm 支持 tlsv1.3，则默认为 tlsv1.3、tlsv1.2、tlsv1.1，否则为 tlsv1.2、tlsv1.1。

第 2 行，控制证书的验证，有效值为 none、certificate 和 full，默认为 full。

第 3 行，支持的密码套件，可以在 Oracle 的 Java 密码体系结构文档中找到，默认为''。

2.4.11 X-Pack 监控 TLS/SSL 密钥和可信证书设置

X-Pack 可以生成密钥和可信证书，生成的密钥和可信证书用于指定在通过 SSL/TLS 连接进行通信时应使用的私钥、证书和受信任证书。私钥和证书是可选的，如果服务器需要客户端身份验证来进行 PKI 身份验证，则可以使用它。如果未指定任何设置，则使用默认的 TLS/SSL 设置。

2.4.12 PEM 编码文件

使用 PEM 编码文件时，请使用以下设置：

```
1 xpack.monitoring.exporters.$NAME.ssl.key
2 xpack.monitoring.exporters.$NAME.ssl.key_passphrase
3 xpack.monitoring.exporters.$NAME.ssl.secure_key_passphrase
4 xpack.monitoring.exporters.$NAME.ssl.certificate
5 xpack.monitoring.exporters.$NAME.ssl.certificate_authorities
```

第 1 行，设置包含私钥的 PEM 编码文件的路径。

第 2 行，设置用于解密私钥的密码短语，此值是可选的，因为密钥可能未加密。

第 3 行，设置用于解密私钥的密码短语，此值是可选的，因为密钥可能未加密。xpack.monitoring.exporters.$NAME.ssl.secure_key_passphrase 将会检查密钥库是否支持此设置，将不支持的设置添加到密钥库会导致 Elasticsearch 启动失败。而 xpack.monitoring.exporters.$NAME.ssl.key_passphrase 不会检查密钥库是否支持此设置。

第 4 行，设置包含请求时将显示的证书(或证书链)的 PEM 编码文件的路径。

第 5 行，设置应信任的 PEM 编码证书文件的路径列表。

2.5 重要的 Elasticsearch 配置

虽然 Elasticsearch 只需要很少的配置，但在投入生产环境之前有一些设置还是需要考虑的。

在开始应用于生产环境之前，必须考虑以下设置：

- 日志和索引路径设置
- 集群名称
- 节点名称
- 网络设置
- 节点发现设置
- Heap 大小
- Heap dump 路径
- GC 日志设置
- 临时文件存放路径

下面对这些重要的设置进行讲解。

2.5.1 数据和日志存放目录

如果安装文件使用的是.zip 或.tar.gz 结构的文件，那么 data 和 logs 目录是 ${es_home}的子文件夹。如果将这些重要文件夹保留在其默认位置，则在将 Elasticsearch 升级到新版本时，这些文件夹被删除的风险很高。

在生产环境使用中，几乎肯定需要更改数据和日志文件夹的位置，配置格式如下：

```
path:
  logs: /var/log/Elasticsearch
  data: /var/data/Elasticsearch
```

path.data 可以设置为多个路径，在这种情况下，所有路径都将用于存储数据(尽管属于单个 shard 的文件都将存储在同一个数据路径上)：

```
path:
  data:
    - /mnt/Elasticsearch_1
    - /mnt/Elasticsearch_2
    - /mnt/Elasticsearch_3
```

2.5.2 集群名称

节点只能在与集群中的所有其他节点共享 cluster.name 时加入集群。默认集群名称是 Elasticsearch，但应该将其更改为描述集群目的的适当名称。谨记，集群名称是组建集群的唯一标识。

```
cluster.name: logging-prod
```

注意：请确保不要在不同的环境中重用相同的集群名称，否则最终可能会导致节点加入错误的集群。

2.5.3 节点名称

Elasticsearch 使用 node.name 作为特定 Elasticsearch 实例的可读标识符，因为它可能包含在许多 API 的响应中。它默认为启动 Elasticsearch 时计算机拥有的主机名，但可以在 Elasticsearch.yml 中显式配置，如下所示：

```
node.name: prod-data-2
```

2.5.4 网络设置

默认情况下，Elasticsearch 仅绑定到环回地址-，例如 127.0.0.1 和[：：1]，这足以在服务器上运行单个开发节点。

事实上，可以从单个节点上相同的 $ES_HOME 位置启动多个节点。这对于测试 Elasticsearch 形成集群的能力很有用，但它不是推荐用于生产环境的配置。

为了与其他服务器上的节点组成集群，节点需要绑定到非环回地址。虽然有许多网络设置，但通常只需配置 network.host：

```
network.host: 192.168.1.10
```

注意：一旦为 network.host 提供自定义设置，Elasticsearch 就假定正在从开发模式切换到生产模式，并将许多系统启动检查从警告升级到异常。

2.5.5 重要节点发现和集群初始化设置

在应用于生产环境之前，有两个重要的节点发现和集群形成的属性需要设置，以便集群中的节点可以彼此发现并选出主节点。

1. 种子列表

在没有任何网络配置的情况下，Elasticsearch 将绑定到可用的环回地址，并扫描本地的端口 9300 到 9305，以尝试连接到同一服务器上运行的其他节点。这提供了一种自动组建集群的功能，而无须进行任何配置。

当要与其他主机上的节点组成集群时，必须使用 discovery.seed_hosts 设置提供集群中其他节点的列表，这些节点可以是活动的和可通信的，以便为发现过程设定种子。此设置通常应包含集群中所有候选主节点的地址。此设置也包含主机数组或逗号分隔的字符串。每个值的形式应为 host：port 或 host（其中 port 默认设置为 transport.profiles.default.port，如果未设置，则返回 transport.port）。请注意，IPv6 主机必须加括号。此设置的默认值为 127.0.0.1，[：1]。

2. 候选主节点列表

当第一次启动一个全新的 Elasticsearch 集群时，有一个集群引导过程，它确定在第一次主节点选举中计票的合格主节点集。在开发模式下，在没有配置发现设置的情况下，此步骤由节点本身自动执行。由于这种自动引导固有的不安全性，当在生产模式下启动一个全新集群时，必须明确列出合格主节点的名称或 IP 地址，这些节点的投票应在第一次主节点选举中计算。此列表是使用 cluster.initial_master_nodes 设置的。

注意：cluster.initial_master_nodes 的用途是，你准备让哪些节点参与主节点的选举。

配置示例如下：

```
1 discovery.seed_hosts:
2     -192.168.1.10:9300
3     -192.168.1.11
4     -seeds.mydomain.com
5 cluster.initial_master_nodes:
6     -master-node-a
7     -192.168.1.12
8     -192.168.1.13:9301
```

第3行，端口将默认为 transport.profiles.default.port，如果未指定，则返回 transport.port。

第4行，如果主机名解析为多个 IP 地址，则节点将尝试在所有解析的地址处发现其他节点，即可以是 vip。

第6行，初始主节点可以通过 node.name 来标识，node.name 默认为主机名。确保 cluster.initial_master_nodes 中的值与 node.name 完全匹配。如果节点名使用完全限定的域名(如 master-node-a.example.com)，则必须使用此列表中的完全限定名，反之，如果 node.name 是没有任何尾部限定符的裸主机名，则还必须省略 cluster.initial 主节点中的尾部限定符。

第7行，初始主节点也可以通过其 IP 地址进行标识。

第8行，如果多个主节点共享一个 IP 地址，则必须使用传输端口来区分它们。

2.5.6 Heap 设置

默认情况下，Elasticsearch 告诉 JVM 使用最小和最大大小为 1GB 的堆。当转移到生产环境时，需要配置堆大小以确保 Elasticsearch 具有足够的堆可用，这是很重要的。

Elasticsearch 将通过 Xms(最小堆大小)和 Xmx(最大堆大小)设置分配 jvm.options 中指定的整个堆栈。

这些设置的值取决于服务器上可用的内存大小。良好的经验法则是：

- 将最小堆大小(Xms)和最大堆大小(Xmx)设置为相等的值。
- Elasticsearch 可用的堆越大，可以用于缓存的内存就越大。但请注意，堆太大会触发长时间的垃圾回收以致服务集暂停。
- 将 Xmx 设置为不超过物理 RAM 的 50%，以确保有足够的物理内存用于内核文件系统缓存。

- 不要将 Xmx 设置为高于 Jvm 用于压缩对象指针(compressed oops)的截止值。确切的截止值有所不同,但接近 32GB。可以通过在日志中查找以下行来验证 Xmx 值是否在限制范围内:

```
heap size [1.9gb], compressed ordinary object pointers [true]
```

- 更好的是,尝试保持在零基压缩 OOP 的阈值以下。精确的截止值有所不同,但在大多数系统中 26 GB 是安全的,而在某些系统中可能高达 30 GB。通过使用 Jvm 选项-xx:+unlockdiagnosticvmoptions-xx:+printcompressedoopsmode,启动 Elasticsearch 并查找以下行,可以验证 Xmx 值是否处于限制范围内:

```
heap address: 0x000000011be00000, size: 27648 MB, zero based Compressed Oops
```

- 显示启用了基于零的压缩 OOP,而不是:**heap address:0x0000000118400000, size:28672 MB, Compressed Oops with base:0x00000001183ff000**

以下是如何通过 jvm.options 文件设置堆大小的示例:

```
-Xms2g
-Xmx2g
```

还可以通过环境变量设置堆大小。这可以通过注释 jvm.options 文件中的 Xms 和 Xmx 设置,并通过 ES-JAVA-OPTS 设置这些值来完成:

```
ES_JAVA_OPTS="-Xms2g -Xmx2g" ./bin/Elasticsearch
ES_JAVA_OPTS="-Xms4000m -Xmx4000m" ./bin/Elasticsearch
```

2.5.7 JVM heap dump 目录设置

默认情况下,Elasticsearch 将 Jvm 内存不足异常上的堆转储到默认数据目录,即 data 目录。如果此路径不适合接收堆转储,则应修改条目-xx:heapDumpPath=…,此参数在 jvm.options 中进行设置。如果指定目录,则 JVM 将根据正在运行的实例的 PID 为堆转储生成一个文件。如果指定的是文件而不是目录,则当 JVM 需要对内存不足异常执行堆转储时,该文件不能存在,否则堆转储将失败。

2.5.8 GC 日志设置

默认情况下,Elasticsearch 启用 GC 日志。它们在 jvm.options 中配置,并默认为与 Elasticsearch 日志相同的默认位置。默认配置为每 64MB 回滚一次日志,最多可占用 2GB 的磁盘空间。

2.5.9 临时文件存储目录

默认情况下,Elasticsearch 使用启动脚本直接在系统临时目录下创建专用临时目录。在一些 Linux 发行版上,如果文件和目录最近没有被访问,系统实用程序将从/tmp 中清除它们。如果长时间不使用需要临时目录的功能,这可能导致在运行 Elasticsearch 时删除私有临时目录。如果随后使用了需要临时目录的功能,则会导致问题。

如果使用.deb或.rpm包安装Elasticsearch，并在systemd下运行它，那么Elasticsearch使用的私有临时目录将从定期清理中排除。

但是，如果打算在Linux上运行.tar.gz发行版很长一段时间，应该考虑为Elasticsearch创建一个专用的临时目录，该目录不应在将清除旧文件和目录的路径下。此目录应设置权限，以便只有运行Elasticsearch的用户可以访问它。在启动Elasticsearch之前，应设置$ES_TMPDIR环境变量指向它。

2.5.10　JVM致命错误日志设置

默认情况下，Elasticsearch配置JVM将致命错误日志写入默认日志目录。这些文件会记录当JVM遇到致命错误（例如分段错误）时由JVM生成的日志信息。如果此路径不适合接收日志，则应修改条目-xx：errorfile=…，把致命错误日志存储到合适的路径下。

2.6　重要的系统参数设置

开发模式VS生产模式

默认情况下，Elasticsearch假定正在开发模式下工作。如果下述列表任何设置配置不正确，将向日志文件写入警告，但仍能够启动并运行Elasticsearch节点。

一旦配置了network.host等网络设置，Elasticsearch就会假定正在用于生产环境，并将上述警告升级为异常，这些异常将阻止Elasticsearch节点启动。这是一个重要的安全措施，可以确保Elasticsearch不会因为服务器配置错误而丢失数据。

理想情况下，Elasticsearch应该单独在服务器上运行，并使用所有可用的资源。为此，需要配置操作系统的一些参数，来允许运行Elasticsearch的用户访问更多的资源。

在开始应用于生产环境之前，必须考虑配置以下参数：

- 禁用交换区
- 增加文件描述符的数量
- 确保足够的虚拟内存
- 确保有足够的线程数上限
- JVM DNS缓存设置
- 临时目录不要挂载在noexec下

2.6.1　配置系统设置

配置系统设置的文件位置取决于安装Elasticsearch所使用的软件包以及所使用的操作系统。本书只讲解Linux系统下，.zip或.tar.gz安装包的配置方法。

使用.zip或.tar.gz包时，可以使用下面方法配置系统设置：

- ulimit命令，临时更改
- /etc/security/limits.conf，永久变更（推荐方式）

在Linux系统上，ulimit可用于临时更改资源限制。在切换到运行Elasticsearch的用户之前，通常需要以root用户执行ulimit命令。例如，要将打开的文件句柄数（ulimit -n）设置为65536，可以执行以下操作：

```
sudo su
ulimit -n 65535
su Elasticsearch
```

新限制仅在当前会话期间生效，可以执行命令：ulimit -a，查询当前用户的所有限制。

在 Linux 系统上，可以通过编辑/etc/security/limits.conf 文件为特定用户设置持久限制。要将 Elasticsearch 用户的最大打开文件数设置为 65536，请在 limits.conf 文件中添加以下行：

```
Elasticsearch -nofile 65535
```

2.6.2 禁用交换区

大多数操作系统尝试尽可能多地将内存用于文件系统缓存，因此应用程序的数据可能会被移到 swap 区，这可能导致部分 JVM 堆，甚至其可执行页面被交换到磁盘。

上述交换对性能、节点稳定性都非常不利，它可能会导致垃圾收集持续几分钟而不是几毫秒，并可能导致节点响应缓慢，甚至断开与集群的连接。因此，应不惜一切代价予以避免。在弹性分布式系统中，让操作系统杀死节点比启用交换区更有效。

禁用交换有三种方法。首选选项是完全禁用交换。如果不想这么做，那么还有最小化交换与内存锁定两种方法，采用哪种方法取决于用户的环境。

1. 完全禁用交换区

通常，Elasticsearch 是在服务器上运行的唯一服务，它的内存使用由 JVM 选项控制，不需要启用交换。

在 Linux 系统上，可以通过运行以下命令临时禁用交换：

```
sudo swapoff -a
```

这不需要重新启动 Elasticsearch，要永久禁用它，需要编辑/etc/fstab 文件并注释掉包含单词 swap 的任何行。

2. 配置 swappiness 参数

Linux 系统上可用的另一个方式是确保 sysctl 值 vm.swappiness 设置为 1。这降低了内核交换的可能性，在正常情况下不会导致交换，同时仍然允许整个系统在紧急情况下交换。

打开/etc/sysctl.conf 文件，增加或编辑以下内容：

```
vm.swappiness =1
```

执行命令：

```
sysctl -p
```

注意：作者推荐使用这种方法。

3. 内存锁定

另一种选择是在 Linux/Unix 系统上使用 mlockall，或者在 Windows 上使用 virtuallock，尝试将进程地址空间锁定到 RAM 中，防止任何 Elasticsearch 内存被交换出去。这可以通过将如下行添加到 config/elasticsearch.yml 文件来完成：

```
bootstrap.memory_lock: true
```

如果试图分配的内存超过可用内存，mlockall 可能会导致 JVM 或 shell 会话退出。

启动 Elasticsearch 后，通过检查此请求的输出中的 mlockall 值，可以查看是否成功应用了如下设置：

```
GET _nodes?filter_path=**.mlockall
```

如果看到 mlockall 为 false，则表示 mlockall 未启用，具体信息到日志中查看。

在 Linux/Unix 系统上，最常见的情形是运行 Elasticsearch 的用户没有锁定内存的权限。可操作如下：在启动 Elasticsearch 之前，以 root 权限运行 ulimit-l unlimited，或者在 /etc/security/limits.conf 中将 memlock 设置为 unlimited。

2.6.3 文件描述符

Elasticsearch 需要使用许多文件描述符或文件句柄。文件描述符用完可能是灾难性的，很可能会导致数据丢失。确保将运行 Elasticsearch 的用户的打开文件描述符的数量限制增加到 65536 或更高。

可以使用 API 查看为每个节点配置的最大文件描述符数量，方法如下：

```
GET _nodes/stats/process?filter_path=**.max_file_descriptors
```

2.6.4 虚拟内存

Elasticsearch 默认使用 mmapfs 目录存储其索引。mmap 计数的操作系统默认限制可能太低，这可能导致内存不足异常。

在 Linux 上，可以通过以 root 用户身份运行以下命令来增加限制：

```
sysctl -w vm.max_map_count=262144
```

要永久设置此值，请更新/etc/sysctl.conf 中的 vm.max_map_count 设置。增加或编辑：

```
vm.max_map_count =262144
```

执行命令：

```
sysctl vm.max_map_count
```

2.6.5 线程数量限制

Elasticsearch 为不同类型的操作使用许多线程池，重要的是，它能够在需要时创建新的线程。确保 Elasticsearch 用户可以创建的线程数至少为 4096。

这可以通过在启动 Elasticsearch 之前以 root 用户执行 ulimit-u 4096 来设置，或者通过在/etc/security/limits.conf 中将 nproc 设置为 4096 来完成，增加或编辑：

```
elastic hard nproc unlimited
elastic soft nproc unlimited
```

2.6.6 DNS 缓存设置

DNS 缓存的默认设置可以满足绝大多数情况，不建议修改，此处不再赘述。如有兴趣参阅 JVM 有关 DNS 设置的内容！

2.6.7 JNA 临时目录挂载位置

Elasticsearch 使用 Java 原生访问(JNA)库执行一些依赖于平台的本机代码。在 Linux 上，支持此库的本机代码在运行时从 JNA 中提取。默认情况下，此代码被提取到 Elasticsearch 临时目录，该目录默认为/tmp 子目录。或者可以使用 JVM 标志-djna.tmpdir＝＜path＞控制此位置。当本机库作为可执行文件映射到 JVM 虚拟地址空间时，提取此代码的位置的基础装入点不得使用 noexec 进行装入，因为这会阻止 JVM 进程将此代码映射为可执行文件。在一些强化版的 Linux 安装中，这是/tmp 的默认安装选项。如果 JNA 临时挂载于 noexec，在启动时，可能会输出 java.lang.UnsatisfiedLinkerError 异常，以及 failed to map segment from shared object 错误消息。请注意，异常消息在不同 JVM 版本之间可能有所不同。此外，也有可能得到 because JNA is not available 错误信息。如果看到此类错误消息，则必须重新装载用于 JNA 的临时目录，不得用 noexec 装载。

2.7 启动检查

很多用户有遇到意外问题的经历，因为他们没有配置重要的设置。在早期版本的 Elasticsearch 中，其中一些设置的错误配置被记录为警告，用户有时会错过或忽略这些日志消息。为了确保这些设置得到应有的关注，Elasticsearch 在启动时会进行引导检查。

这些引导程序检查各种 Elasticsearch 和系统设置，并将其与 Elasticsearch 要求的操作安全的值进行比较。如果 Elasticsearch 处于开发模式，则任何失败的引导检查都会在 Elasticsearch 日志中显示为警告。如果 Elasticsearch 处于生产模式，则任何引导检查失败都将导致 Elasticsearch 拒绝启动。

有一些引导检查总是强制执行，以防止 Elasticsearch 在不兼容的设置下运行，这些检查单独记录。

默认情况下，Elasticsearch 绑定到用于 HTTP 和 transport（本地通信的简单实现）通信的环回地址。这对于下载和使用 Elasticsearch 以及日常开发都很好，但对于生产系统来说是无用的。要加入集群，必须可以通过 transport（netty 实现）访问 Elasticsearch 节点。要通过非环回地址加入集群，节点必须将 transport 绑定到非环回地址，并且不使用单节点发现。因此，如果一个 Elasticsearch 节点不能通过非环回地址与另一台机器形成集群，则认为它处于开发模式；如果它可以通过非环回地址加入集群，则它处于生产模式。

注意：可以通过 http.host 和 transport.host 独立配置 http 和 transport，这对于在不触发生产模式的情况下将单个节点配置为可通过 http 访问以进行测试非常有用。

有些用户需要将 transport 绑定到外部接口，以测试其对 transport client 的使用情况。对于这种情况，Elasticsearch 提供发现单节点的模式（通过将 discovery.type 设置为单节点来配置它）。在这种情况下，节点将选择自己的主节点，并且不会加入其他集群。

如果在生产环境中运行单个节点，则可以避免引导检查（不将 transport 绑定到外部接口，或者将 transport 绑定到外部接口并将 discovery.type 设置为 single-node）。对于这种情况，可以通过将系统属性 es.enforce.bootstrap.checks 设置为 true 来强制执行引导检查（在设置 JVM 选项中设置此项，或者通过将-des.enforce.bootstrap.checks＝true 添加到环境变量 ES_JAVA_OPTS 中设置此项）。如果遇到这种特殊情况，作者强烈建议用户这样做，此系统属性可用于强制执行独立于节点配置的引导检查。

2.7.1 Heap 大小检查

如果启动 JVM 时，Xmx 和 Xms 不相等，则在系统使用期间，当 JVM 堆大小调整时，它可能引发服务暂停。为了避免这些 heap 大小调整所造成的暂停和不必要的系统开销，最好设置 Xmx 和 Xms 相等。此外，如果启用了 bootstrap.memory_lock，则 JVM 将在启动时锁定堆的初始大小，如果初始堆大小不等于最大堆大小，则在调整大小后，所有 JVM 堆都不会锁定在内存中。要启用堆大小检查，必须配置堆大小。

注意：当处于生产模式时（Elasticsearch 配置 network.host 参数为回环地址时识别为开发模式，network.host 配置为非回环地址时识别为生产模式）Xmx 和 Xms 必须相等，否则无法启动，会输出类似于下面的异常：

```
initial heap size [4294967296] not equal to maximum heap size [8589934592]; this can cause
resize pauses and prevents mlockall from locking the entire heap
```

2.7.2 文件描述符检查

文件描述符是用于跟踪打开的“文件”的 UNIX 构造（句柄）。不过在 UNIX 中，一切都是文件。例如，“文件”可以是物理文件、虚拟文件（例如/proc/loadavg）或网络套接字。Elasticsearch 需要大量的文件描述符（例如，每个分片由多个段和其他文件以及到其他节点的连接等组成）。文件描述符引导检查是在 OS X 和 Linux 上强制执行的。要通过文件描述符检查，可能需要配置文件描述符，配置方法上文已经讲过。生产模式下，文件描述符配置不正确会抛出异常导致启动失败，根据日志中的异常信息，调整相关参数即可。

2.7.3 内存锁定检查

当 JVM 进行大力度垃圾收集时，它会触及堆的每一页。如果这些页中的任何一页被换出到磁盘交换区，它们将来会被换回内存。这会导致大量的磁盘“抖动”，而 Elasticsearch 更愿意使用这些系统开销来服务请求。有几种方法可以将系统配置为不允许使用交换区。一种方法是通过 mlockall(unix)或 virtual lock(windows)请求 JVM 将堆锁定在内存中。这是通过 Elasticsearch 设置 bootstrap.memory_lock 完成的。在某些情况下，可以将此设置传递给 Elasticsearch，但有时 Elasticsearch 无法锁定堆，例如，Elasticsearch 用户没有无限制的 memlock。内存锁定检查验证如果启动了 bootstrap.memory_lock 设置，那么 JVM 是否能够成功地锁定堆。要通过内存锁定检查，可能需要配置 bootstrap.memory_lock。

需要说明的是，最好的方法是设置以下参数(此时不需要启用内存锁定机制)：

```
vm.swappiness =1
```

2.7.4 线程数限制核查

Elasticsearch 通过将请求分解为多个阶段，并将这些阶段传递给不同的线程池执行器来执行请求。Elasticsearch 中的各种任务会用到不同的线程池执行器，因此 Elasticsearch 需要创建大量线程的能力。最大线程数检查确保 Elasticsearch 进程有权在正常使用下创建足够的线程。此检查仅在 Linux 上强制执行。如果在 Linux 上，要通过最大线程数检查，必须将系统配置为允许 Elasticsearch 进程创建至少 4096 个线程。这可以通过更改/etc/security/limits.conf 文件来完成(设置方法上文已讲解)，如果低于 4096 会导致启动失败。

2.7.5 最大文件大小检查

Elasticsearch 段文件和 translog 可能会变得越来越大(超过 1GB)。如果 Elasticsearch 进程在可以创建的最大文件大小受到限制的系统上进行写入操作，则可能导致写入失败。因此，这里最安全的选项是最大文件大小是不受限制的，这是引导检查强制执行的最大文件大小设置。要通过最大文件大小检查，必须将系统配置为允许 Elasticsearch 进程写入不受限制大小的文件。这可以通过更改/etc/security/limits.conf 文件来实现，把 fsize 设置为 unlimited(注意，必须拥有 root 权限)。在/etc/security/limits.conf 文件中增加或编辑如下内容：

```
elastic -  fsize   unlimited
```

在生产模式下，如果不是 unlimited，会导致启动失败，并抛出异常：

```
[1]: max file size [268435456] for user [elastic] is too low, increase to [unlimited]
```

2.7.6 最大虚拟内存检查

Elasticsearch 和 Lucene 使用 mmap 机制将索引的一部分文件映射到 Elasticsearch 进程内存地址空间来提高性能。这种机制，部分索引数据将占用 heap 空间，但大部分数据会保存在系统内存中，以实现快速访问。为了使其有效，Elasticsearch 应该有不受限制的内存地址空间。最大大小的虚拟内存检查强制执行 Elasticsearch 进程具有不受限制的内存地址空间，并且仅在 Linux 上强制执行。要通过最大大小的虚拟内存检查，必须将系统配置为允许 Elasticsearch 进程具有无限地址空间的能力。可以通过更改/etc/security/limits.conf 文件，将 as 设置为 unlimited(请注意，需要 root 权限)来实现。在这个文件中，增加或编辑如下内容：

```
elastic -  as   unlimited
```

2.7.7 最大 mmap 映射区域数量检查

为了有效地使用 mmap，Elasticsearch 还需要能够创建许多内存映射区域。最大映射区域计数检查，核查内核是否允许 Elasticsearch 进程具有至少 262 144 个内存映射区域，并且仅在 Linux 上强制执行。要通过最大映射区域数检查，必须通过 sysctl 将 vm.max 映射计数配置为至少 262 144。在/etc/sysctl.conf 文件中，编辑或增加：

```
vm.max_map_count =262144
```

接着执行如下命令使更改生效：

```
sysctl  vm.max_map_count
```

2.7.8 JVM 模式检查

JVM 提供了两种不同的 JVM 模式：client 模式和 server 模式。这些 JVM 模式使用不同的编译器来从 Java 字节码中生成可执行的机器代码。client JVM 针对启动时间和内存占用进行了优化，而 server JVM 针对最大化性能进行了优化。两种虚拟机之间的性能差异可能很大。JVM 检查确保 Elasticsearch 必须以 server 模式启动。一般默认就是 server 模式，不需要特别设置这个参数。

2.7.9 JVM 垃圾收集机制检查

针对不同的工作负载，OpenJDK 派生的 JVM 有各种垃圾收集器。特别是，串行收集器最适合于单个逻辑 CPU 机器或非常小的堆，这两种机制都不适合运行 Elasticsearch。使用带有 Elasticsearch 的串行收集器可能会降低性能。确保 Elasticsearch 没有使用串行收集器。此参数不需要特别设置，默认值即可。

2.7.10 系统调用过滤器检查

Elasticsearch 根据操作系统安装各种类型的系统调用过滤器(如 Linux 上的 seccomp)。安装这些系统调用过滤器作为针对 Elasticsearch 上任意代码执行攻击的防御机制，是为了防止执行与 forking 相关的系统调用。系统调用筛选器检查目的主要是核查系统防御机制是否有漏洞，如果开启了这项功能，必须手动修复系统漏洞，否则启动失败。当然也可以禁用此项功能检查，在 elasticsearch.yml 文件中编辑或增加如下内容：

```
bootstrap.system_call_filter: false
```

2.7.11 发现功能配置检查

默认情况下，当 Elasticsearch 首次启动时，它将尝试发现运行在同一主机上的其他节点。如果在几秒钟内找不到已选定的其他主节点，那么 Elasticsearch 将形成一个包含已发现的任何其他节点的集群。在开发模式下不需要任何额外的配置就可以形成这个集群，这是很有用的，但是这不适合生产模式，因为这样可能形成多个集群并因此丢失数据。

此引导检查可确保未使用默认配置运行发现机制。可以通过设置以下至少一个属性来满足：

```
• discovery.seed_hosts
• discovery.seed_providers
• cluster.initial_master_nodes
```

2.8 启动和停止 Elasticsearch

启动 Elasticsearch 的方法因安装方式而异。在 Linux 系统下，用.tar.gz 包安装了 Elasticsearch，则可以从命令行启动 Elasticsearch：

```
./bin/Elasticsearch
```

默认情况下，Elasticsearch 在前台运行，将其日志打印到标准输出(stdout)，并可以通过按 Ctrl+C 键停止。

要将 Elasticsearch 作为守护进程运行，请在命令行上指定-d，并使用-p 选项将进程 ID 记录在文件中：

```
./bin/Elasticsearch -d -p pid
```

要关闭 Elasticsearch，请终止 PID 文件中记录的进程 ID：

```
pkill -F pid
```

Elasticsearch 只是个普通的 Java 进程，用户可以用自己的方式停止它。

2.9 集群水平扩展

启动 Elasticsearch 实例，就是启动了一个节点。Elasticsearch 集群是一组具有相同 cluster.name 属性的节点。当节点加入或离开集群时，集群会自动重新组织，以便在可用节点上均匀分布数据。

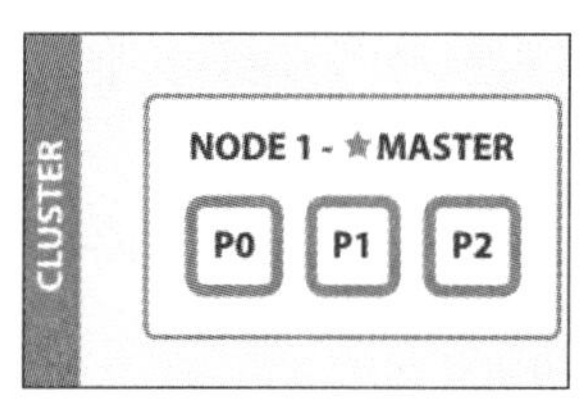

图 2-5 单节点集群示意图

如果运行的是单个 Elasticsearch 实例，就会形成一个单节点集群。所有主分片都位于单个节点上，如图 2-5 所示。无法分配任何副本，因此集群状态保持黄色。集群功能齐全，但在发生故障时有数据丢失的风险。

可以向集群添加节点，以提高其容量和可靠性。默认情况下，节点既是数据节点，也有资格被选为控制集群的主节点，还可以成为特定目的配置新节点，例如专门处理接收请求的节点。

当向集群添加更多节点时，它会自动分配分片和副本。当所有主分片和副本都处于活动状态时，集群状态变为绿色，如图2-6所示。

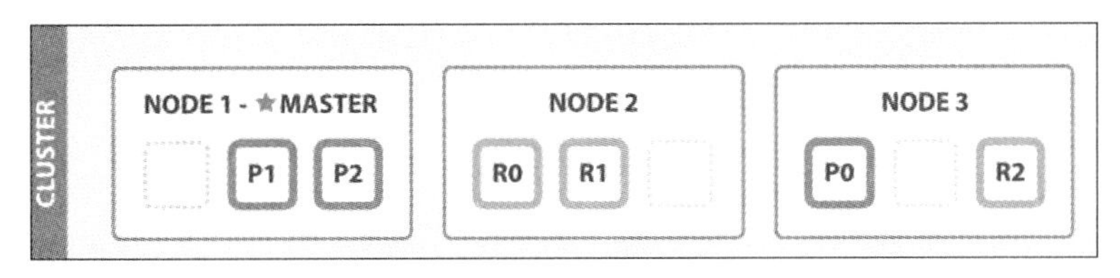

图2-6 多节点集群示意图

要将节点添加到集群，请执行以下操作：

① 安装一个Elasticsearch实例。

② 在配置cluster.name属性。

③ 启动Elasticsearch，节点自动发现并加入指定的集群。

第3章 API规范

Elasticsearch REST API 使用 HTTP 协议,采用 JOSN 格式。

3.1 多索引

大多数 API 都支持跨多个索引执行,可以使用简单的 test1、test2、test3 表示法(或对所有索引执行,用_all)。它还支持通配符,例如 test * 或 * test 或 te * t 或 * test *,以及"排除"(-)功能,例如-test3。

所有多索引 API 都支持以下 URL 查询字符串参数:

- ignore_unavailable

控制是否忽略不可用索引,包括不存在的索引或已关闭的索引。可以设置为 true 或 false。

- allow_no_indices

当通配符索引表达式结果为空时,allow_no_indices 控制请求是否失败。可以指定 true 或 false。例如,指定了通配符表达式 foo * 却没有以 foo 开头的索引可用,如果此设置为 true,请求将失败。当未指定_all、* 或无索引时,此设置也适用。此设置也适用于别名,以防别名指向关闭的索引。

- expand_wildcards

控制通配符索引表达式可以扩展到哪种具体索引。如果指定了 open,则通配符表达式将扩展为仅打开索引。如果指定了 closed,则通配符表达式仅扩展为 closed 索引。也可以指定这两个值(open,closed)以扩展到所有索引。

3.2 日期数学格式

索引名称支持日期解析,这样能够搜索一个时间范围内或某几段时间内的索引,而不是搜索所有索引再筛选结果或维护别名。限制搜索的索引数量可以减少集群上的负载并提高执行性能。例如,如果在日常日志中搜索错误信息,可以使用日期格式名称模板将搜索严格限制在过去两天内。

几乎所有具有 index 参数的 API 都支持 index 参数值中包含日期数学格式。日期数学索引名称具有以下形式:

```
<static_name{date_math_expr{date_format|time_zone}}>
```

static_name 是索引名称的静态文本部分。

date_math_expr 是动态日期数学表达式，用于动态计算日期。

date_format 用来设置日期的可选格式。默认为 yyyy.MM.dd 格式，且应该与 Java 时间兼容。请参考如下网站的资料：https://docs.oracle.com/javase/8/docs/api/java/time/format/DateTimeFormatter.html。

time_zone 用来设置时区。默认为 UTC。

日期数学表达式解析是独立于区域设置的。因此，除了公历外，不可使用任何其他形式的日历。

必须将日期数学格式索引名称表达式括在尖括号内，并且所有特殊字符都应进行 URI 编码。例如：

```
#GET /<logstash-{now/d}>/_search
GET /%3Clogstash-%7Bnow%2Fd%7D%3E/_search
{
  "query" : {
    "match": {
      "test": "data"
    }
  }
}
```

日期数学字符的百分比编码如表 3-1 所示。

表 3-1 日期数学字符百分比编码

字 符	URI 编码	字 符	URI 编码
<	%3C	|	%7C
>	%3E	+	%2B
/	%2F	:	%3A
{	%7B	,	%2C
}	%7D		

表 3-2 显示了日期数学索引名称的不同形式和解析后的最终索引名称，是在当前时间为 2024 年 3 月 22 日中午，时区为 UTC 的情况下解析的。

表 3-2 日期数学格式解析实例

日期数字索引模式	解析结果
<logstash-{now/d}>	logstash-2024.03.22
<logstash-{now/M}>	logstash-2024.03.01
<logstash-{now/M{yyyy.MM}}>	logstash-2024.03
<logstash-{now/M-1M{yyyy.MM}}>	logstash-2024.02
<logstash-{now/d{yyyy.MM.dd|+12:00}}>	logstash-2024.03.23

要在索引名称模板的静态部分中使用字符{ 和},请使用反斜杠\对它们进行转义,例如:

```
<elastic\\{ON\\}-{now/M}>
```

解析为

```
elastic{ON}-2024.03.01
```

下面的示例展示了一个搜索请求,该请求搜索过去三天内 logstash 的数据,假设索引使用默认的 logstash 索引名称格式 logstash-yyyy.MM.dd。

```
GET /<logstash-{now/d-2d}>,<logstash-{now/d-1d}>,<logstash-{now/d}>/_search
GET /%3Clogstash-%7Bnow%2Fd-2d%7D%3E%2C%3Clogstash-%7Bnow%2Fd-1d%7D%3E%2C%
3Clogstash-%7Bnow%2Fd%7D%3E/_search
{
  "query" : {
    "match": {
      "test": "data"
    }
  }
}
```

3.3 通用选项

本节所讲述的选项可以应用于所有的 REST API。

3.3.1 格式化搜索结果

当任何请求 URL 加 pretty=true 参数时,返回的 JSON 都将是格式化的(仅用于调试)。另一个选项是设置 format=yaml,结果以更可读的 yaml 格式返回。

3.3.2 可读输出

统计数据以适合人(例如"exists_time":"1h"或"size":"1KB")和计算机(例如"exists_time_in_millis":3600000 或"size_in_bytes":1024)的格式返回。可以通过添加 human=false 来关闭对人友好可读输出格式。当统计结果被监控工具使用,而不是用于人阅读时,这是有意义的。此标志的默认值为 false。

3.3.3 格式化日期值

大多数参数都可以接受格式化日期值,例如范围查询中的 gt 和 lt,或范围内聚合中的 from 和 to。

表达式以基准日期开始,可以是 now,也可以是以‖结束的日期字符串。基准日期后面可以有一个或多个日期数学表达式:

- +1h::加一个小时
- -1d::减一天

• /d:: 近似到天

支持的时间单位如表 3-3 所示。

表 3-3 时间单位

时间单位	含义	时间单位	含义
y	Years	h	Hours
M	Months	H	Hours
w	Weeks	m	Minutes
d	Days	s	Seconds

假设 now 是 2001-01-01 12:00:00,表 3-4 展示了具体的解析实例。

表 3-4 时间单位解析实例

时间表达式	解析结果
now+1h	now 加一小时,解析为: 2001-01-01 13:00:00
now-1h	now 减一小时,解析为: 2001-01-01 11:00:00
now-1h/d	now 减一小时并近似取值 UTC 00:00。解析为: 2001-01-01 00:00:00
2001.02.01||+1M/d	2001-02-01 减一个月,解析为: 2001-03-01 00:00:00

3.3.4 返回信息过滤

所有 REST API 都接受一个 filter_path 参数,该参数可用于减少 Elasticsearch 返回的响应信息。此参数采用逗号分隔的列表形式,如下示例:

```
GET /bank/_search?q= * &sort=account_number:asc&pretty&&filter_path=took,hits.hits._id,
hits.hits._score
```

返回结果:

```
{
  "took" : 5,
  "hits" : {
    "hits" : [
      {
        "_id" : "0",
        "_score" : null
      },
      {
        "_id" : "1",
        "_score" : null
      },
      {
        "_id" : "2",
        "_score" : null
```

```
        },
        {
          "_id" : "3",
          "_score" : null
        },
        {
          "_id" : "4",
          "_score" : null
        },
        {
          "_id" : "5",
          "_score" : null
        },
        {
          "_id" : "6",
          "_score" : null
        },
        {
          "_id" : "7",
          "_score" : null
        },
        {
          "_id" : "8",
          "_score" : null
        },
        {
          "_id" : "9",
          "_score" : null
        }
      ]
    }
}
```

它还支持*通配符来匹配字段：

```
GET /_cluster/state?filter_path=metadata.indices.*.stat*
```

返回结果如下：

```
{
  "metadata" : {
    "indices" : {
      "bank" : {
        "state" : "open"
      },
      ".kibana_1" : {
        "state" : "open"
      },
      "customer" : {
        "state" : "open"
      },
```

```
      ".kibana_task_manager" : {
        "state" : "open"
      }
    }
  }
}
```

并且 * * 通配符可以用于包含字段，而不需要知道字段的确切路径。例如，可以用这个请求返回每个段的 Lucene 版本：

```
GET /_cluster/state?filter_path=routing_table.indices.* * .state
```

返回结果如下：

```
{
  "routing_table" : {
    "indices" : {
      "bank" : {
        "shards" : {
          "0" : [
            {
              "state" : "STARTED"
            },
            {
              "state" : "STARTED"
            }
          ]
        }
      },
      ".kibana_1" : {
        "shards" : {
          "0" : [
            {
              "state" : "STARTED"
            },
            {
              "state" : "STARTED"
            }
          ]
        }
      },
      "customer" : {
        "shards" : {
          "0" : [
            {
              "state" : "STARTED"
            },
            {
              "state" : "STARTED"
            }
          ]
        }
```

```
        },
        ".kibana_task_manager" : {
          "shards" : {
            "0" : [
              {
                "state" : "STARTED"
              },
              {
                "state" : "STARTED"
              }
            ]
          }
        }
      }
    }
}
```

也可以通过使用字符-前缀来排除一个或多个字段：

```
GET /_count?filter_path=-_shards
```

返回结果如下：

```
{
  "count" : 1008
}
```

为了获得更多的控制，可以在同一表达式中组合包含和排除过滤器。在这种情况下，将首先应用排除过滤器，并使用包含过滤器再次过滤结果：

```
GET /_cluster/state?filter_path=metadata.indices.*.state,-metadata.indices.logstash-*
```

返回结果如下：

```
{
  "metadata" : {
    "indices" : {
      "index-1" : {"state" : "open"},
      "index-2" : {"state" : "open"},
      "index-3" : {"state" : "open"}
    }
  }
}
```

Elasticsearch 有时会直接返回字段的原始值，如_source 字段。如果要筛选_source 字段，应考虑将现有的_source 参数与 filter_path 参数组合。如下示例，先索引一部分测试数据，再执行 GE 查询：

```
POST /library/_doc?refresh
{"title": "Book #1", "rating": 200.1}
POST /library/_doc?refresh
```

```
{"title": "Book #2", "rating": 1.7}
POST /library/_doc?refresh
{"title": "Book #3", "rating": 0.1}

GET /_search?filter_path=hits.hits._source&_source=title&sort=rating:desc
```

GET 的返回结果如下：

```
{
  "hits" : {
    "hits" : [
      {
        "_source" : {
          "title" : "Book #1"
        }
      },
      {
        "_source" : {
          "title" : "Book #2"
        }
      },
      {
        "_source" : {
          "title" : "Book #3"
        }
      }
    ]
  }
}
```

说明：一般情况下，filter_path 用来过滤不必要的元数据，_source 用于过滤返回的字段，类似 SELECT 的功能。

3.3.5 展开设置

flat_settings 标志会影响设置信息列表（_settings）的呈现。如果 flat_settings 标志为 true，则以平铺格式返回设置：

```
GET bank/_settings?flat_settings=true
```

返回结果如下：

```
{
  "bank" : {
    "settings" : {
      "index.creation_date" : "1556415504278",
      "index.number_of_replicas" : "1",
      "index.number_of_shards" : "1",
      "index.provided_name" : "bank",
      "index.uuid" : "9oGUyYpYQHmwmi17uLhsxg",
      "index.version.created" : "7000099"
    }
```

```
    }
}
```

如果 flat_settings 标志为 false,会以更适合人可读的结构化格式返回:

```
GET bank/_settings?flat_settings=false
```

返回结果如下:

```
{
  "bank" : {
    "settings" : {
      "index" : {
        "creation_date" : "1556415504278",
        "number_of_shards" : "1",
        "number_of_replicas" : "1",
        "uuid" : "9oGUyYpYQHmwmi17uLhsxg",
        "version" : {
          "created" : "7000099"
        },
        "provided_name" : "bank"
      }
    }
  }
}
```

默认值,flat_settings=false。

3.3.6 布尔值

所有 REST API 参数(请求参数和 JSON 主体)都支持布尔值 false 和 true,所有其他值都将引发错误。

3.3.7 数字值

所有 REST API 都支持以字符串的形式提供数字参数。

3.3.8 时间单位

每当需要指定时间区间,例如对于超时参数时,时间区间必须指定单位,如表示 2 天的 2d。支持的单位如表 3-5 所示。

表 3-5 时间单位

时间单位	含 义	时间单位	含 义
d	Days	ms	Milliseconds
h	Hours	micros	Microseconds
m	Minutes	nanos	Nanoseconds
s	Seconds		

3.3.9 数据单位

每当需要指定数据的字节大小,例如设置缓冲区大小参数时,该值必须指定单位,如10KB表示10千字节。请注意,这些单元使用1024的幂,所以1KB表示1024字节。支持的单位如表3-6所示。

表3-6 数据大小单位

数据单位	含 义	数据单位	含 义
B	Bytes	GB	Gigabytes
KB	Kilobytes	TB	Terabytes
MB	Megabytes	PB	Petabytes

3.3.10 缩略处理

无单位意味着它们没有"单位",如"bytes""Hertz""mete"或"long tonne"。

如果这些数量中有一个很大,会把它特殊地缩略处理,10000000打印成10m,7000打印成7k。但当我们说87的时候,我们还是会打印87。支持的乘数如表3-7所示。

表3-7 缩略乘数

简 写	含 义	简 写	含 义
k	Kilo	t	Tera
m	Mega	p	Peta
g	Giga		

3.3.11 距离单位

需要指定距离(如地理距离查询中的距离参数)时,如果未指定,则默认单位为m。距离可以用其他单位指定,例如1km或2mi(2英里)。

完整的距离单位如表3-8所示。

表3-8 距离单位

距离单位	含 义	距离单位	含 义
Mile	mi 或 miles	Meter	m 或 meters
Yard	yd 或 yards	Centimeter	cm 或 centimeters
Feet	ft 或 feet	Millimeter	mm 或 millimeters
Inch	in 或 inch	Nautical mile	NM、nmi 或 nauticalmiles
Kilometer	km 或 kilometers		

3.3.12 模糊性

一些查询和 API 支持使用模糊参数(fuzziness)进行不精确的模糊匹配。

在查询 text 或 keyword 字段时,fuzziness 被解释为编辑距离,也就是一个字符串需要更改的字符数,以使其与另一个字符串相同。

fuzziness 参数可以指定为如下两种值。

① 0,1,2:允许的最大编辑距离(或编辑次数)。

② AUTO:根据 Term 的长度生成编辑距离。可以选择自动提供低距离和高距离参数:AUTO:[low],[high]。如果未指定,默认值为 3 和 6,相当于 AUTO:3,6,表示长度如下所示。

- 0..2 必须精确匹配。
- 3..5 编辑距离 1。
- >5 编辑距离 2。
- AUTO 一般应为 fuzziness 的首选值。

3.3.13 启用堆栈跟踪

默认情况下,当请求返回错误时,Elasticsearch 不包括错误的堆栈跟踪。可以通过将 error_trace 参数设置为 true 来启用堆栈跟踪。例如,默认情况下,将无效的 size 参数发送到_search API 时:

```
POST /bank/_search?size=surprise_me
```

响应如下:

```
{
  "error": {
    "root_cause": [
      {
        "type": "illegal_argument_exception",
        "reason": "Failed to parse int parameter [size] with value [surprise_me]"
      }
    ],
    "type": "illegal_argument_exception",
    "reason": "Failed to parse int parameter [size] with value [surprise_me]",
    "caused_by": {
      "type": "number_format_exception",
      "reason": "For input string: \"surprise_me\""
    }
  },
  "status": 400
}
```

如果设置了 error_trace=true:

```
POST /bank/_search?size=surprise_me&error_trace=true
```

会得到如下响应：

```
{
  "error": {
    "root_cause": [
      {
        "type": "illegal_argument_exception",
        "reason": "Failed to parse int parameter [size] with value [surprise_me]",
        "stack_trace": "[Failed to parse int parameter [size] with value [surprise_me]]; nested:
IllegalArgumentException[Failed to parse int parameter [size] with value [surprise_me]]; nested:
NumberFormatException[For input string: \"surprise_me\"]; \n\tat org.Elasticsearch.
ElasticsearchException.guessRootCauses(ElasticsearchException.java:639)\n\tat org.
Elasticsearch.ElasticsearchException.generateFailureXContent(ElasticsearchException.java:
567)\n\tat org.Elasticsearch.rest.BytesRestResponse.build(BytesRestResponse.java:138)\n\tat
org.Elasticsearch.rest.BytesRestResponse.<init>(BytesRestResponse.java:96)\n\tat org.
Elasticsearch.rest.BytesRestResponse.<init>(BytesRestResponse.java:91)\n\tat
.
.(中间省略)
.
java.lang.NumberFormatException.forInputString(NumberFormatException.java:65)\n\tat
java.lang.Integer.parseInt(Integer.java:580)\n\tat java.lang.Integer.parseInt(Integer.
java:615)\n\tat org.Elasticsearch.rest.RestRequest.paramAsInt(RestRequest.java:326)\n\
t... 60 more\n"
  },
  "status": 400
}
```

3.3.14　查询字符串中的请求正文

对于不接受非 POST 请求的请求主体的库，可以将请求主体作为 source 查询字符串参数传递。使用此方法时，还应使用指示源格式的媒体类型值(如 application/json)传递 source_content_type 参数。

3.3.15　Content-Type 要求

在请求正文中发送的内容的类型必须使用 Content-Type 头指定。此头的值必须映射到 API 支持的格式之一。大多数 API 支持 JSON、Yaml、Cbor 等常用格式。批量和多搜索 API 支持 Ndjson、JSON 和 smile，其他类型将导致错误。

此外，使用 source 参数时，必须使用 source_content_type 参数指定内容类型。

3.4　基于 URL 的访问控制

许多用户使用具有基于 URL 的访问控制的代理来安全地访问 Elasticsearch 索引。对于 multi-search、multi-get 和 bulk 请求，用户可以选择在 URL 以及请求主体中的每个请求上指定索引。这会使基于 URL 的访问控制变得具有挑战性。

要防止用户覆盖 URL 中指定的索引，请将此设置添加到 elasticsearch.yml 文件中：

```
rest.action.multi.allow_explicit_index: false
```

默认值为 true，但当设置为 false 时，Elasticsearch 将拒绝请求主体中指定了显式索引的请求。

第 4 章 操作文档

本章首先简要介绍 Elasticsearch 的数据复制模型，然后详细描述以下 CRUD API。

单文档：

- Index API
- Get API
- Delete API
- Update API

多文档：

- Multi Get API
- Bulk API
- Delete By Query API
- Update By Query API
- Reindex API

所有 CRUD API 都是单索引 API。index 参数接受一个索引名，或一个指向单个索引的别名(alias)。

4.1 读写文档

Elasticsearch 中的每个索引都分为多个分片，每个分片可以有多个副本，这些副本称为复制组，在添加或删除文档时必须保持同步。如果不这样做，将导致从一个副本中读取的数据与从另一个副本中读取的数据表现出截然不同的结果。保持主分片和副本间，两两副本间的数据同步并提供读取服务的过程，我们称之为数据复制模型。图 4-1 展示了复制组的具体含义，此复制组有三个分片，加粗的是主分片，其他两个是副本，这三个分片的数据必须保持一致。

Elasticsearch 的数据复制模型是基于主备(primary-backup)模型的，这个模型在微软研究中心的 Pacifica 论文中有很好的描述。该模型基于复制组中作为主分片的单个数据分片。意思是，假设一个索引有 3 个分片、2 个副本，那么每个子索引共有 3 个分片，其中一个是主分片，两个是副本，为了便于描述主分片，我们称主分片为 primary，称副本为 replica。primary 用作所有索引操作的主入口点，它负责验证它们并确保它们是正确的。一旦索引操作被 primary 接受，primary 还负责将该操作复制到其他 replica(分发请求到其他 replica)。另外约定，集群中有若干个节点，其中只有一个是活跃的主节点，它负载管理集群，我们把它称为 master。

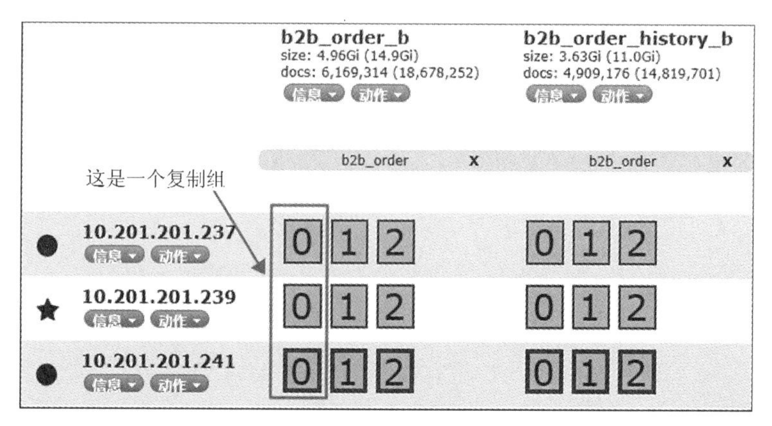

图 4-1 复制组

本节的目的是对 Elasticsearch 复制模型进行抽象的概述，并讨论它对写操作和读操作之间的各种交互的影响。

4.1.1 基本写模型

Elasticsearch 中的每个索引操作首先使用路由(通常基于文档 ID)解析到一个复制组。一旦确定了复制组，该操作将在内部转发到该组的当前 primary。primary 负责验证操作并将其转发到其他 replica。由于 replica 可以离线，因此不需要 primary 复制到所有 replica。相反，Elasticsearch 维护一个应该完成接收操作的 replica 列表，此列表称为同步副本组，由主节点维护。顾名思义，这些是一组"好"的分片拷贝，保证已经处理了所有的索引和删除操作，这些操作已经被用户确认。primary 负责维护这个不变量，因此必须将所有操作复制到这个同步副本组中的每个 replica。

primary 遵循以下基本流程：

① 验证传入操作，如果结构无效则拒绝该操作。例如，向一个数字字段传输一个对象类型。

② 在本地执行操作，即索引或删除相关文档。这还将验证字段的内容，并在需要时拒绝。例如，关键字值对于 Lucene 中的索引而言太长了。

③ 将操作转发到当前同步副本组中的每个 replica，如果有多个 replica，这是并行完成的。

④ 一旦所有 replica 都成功地执行了操作并对 primary 作出了响应，primary 就确认完成了请求并返回给用户。

4.1.2 写流程错误处理

索引数据期间可能会有多种异常情况发生，磁盘可能损坏，节点可能彼此断开，或者某些配置错误可能导致操作在 replica 失败，尽管在 primary 上成功。这种情况虽然不常见，但 primary 必须对它们作出反应。

如果 primary 本身发生故障，primary 所在的节点将向 master 节点发送相关的消息。索引操作将等待(默认情况下最多 1 分钟)master 将其中一个 replica 提升为新的 primary。

然后该操作将被转发到新的 primary 进行处理。同时，master 还监视节点的运行状况，并可能决定主动降级 primary 为 replica，当包含 primary 的节点由于网络问题与集群隔离时，通常会发生这种情况。

一旦在 primary 上成功执行了操作，primary 就必须处理在 replica 上执行时潜在的故障。这可能是由于 replica 上的实际故障或网络问题导致操作无法到达 replica（或阻止 replica 响应）。所有这些问题会造成相同的最终结果：作为同步副本组的一部分的 replica 会错过即将被确认的操作。为了避免违反不变量，primary 向 master 发送一条消息，请求从同步副本组中删除有问题的 replica。只有在 master 确认清除 replica 后，primary 才会确认该操作。同时，master 还将指示另一个节点开始构建新的副本，以便将系统恢复到健康状态。

在将操作转发到其他 replica 时，primary 将使用 replica 来验证它是否仍然是活动的 primary。如果由于网络分区（或 GC 时间过长）而隔离了 primary，则在知道到它已降级之前，它可能会继续处理传入的索引操作。来自过时 primary 的操作将被 replica 拒绝，当 primary 接收到来自拒绝其请求的 replica 的响应时，它将到达 master 并知道它已经被替换，然后将操作路由到新的 primary。

4.1.3 基本读模型

Elasticsearch 中的读取可以是非常轻量的按 ID 查找，也可以是一个具有复杂聚合的繁重搜索请求，这些聚合需要非常大的 CPU 能力。主备（primary-backup）模型的一个优点是它保持所有的分片（primary 和 replica）是等同的。因此，单个同步拷贝（称之为相关分片组）就足以满足读取请求。

当节点接收到读取请求时，该节点负责将其转发到保存相关分片的节点整理响应，并向客户机返回结果。该节点被称为该请求的协调节点。基本流程如下：

① 将读取请求解析到相关分片组。注意，由于大多数搜索将被发送到一个或多个索引，所以它们通常需要从多个分片中读取，每个分片表示数据的不同子集。

② 从同步副本组中选择一个相关 shard 的活动分片。这可以是 primary，也可以是 replica。默认情况下，Elasticsearch 只需在分片之间循环搜索。

③ 向所选分片发送读取请求。

④ 将结果整合。请注意，在按 ID 查找的情况下，只有一个分片是相关的，可以跳过此步骤。

4.1.4 读流程错误处理

当一个分片未能响应读取请求时，协调节点将请求发送到同步副本组中的另一个分片。重复失败可能导致没有可用的分片。

为了确保快速响应，如果一个或多个分片失败，以下 API 将以部分结果响应：

- Search API
- Multi Search
- Bulk
- Multi Get

包含部分结果的响应仍然提供200 OK HTTP状态代码。相关分片的失败信息记录在响应头部字段里。

4.1.5 一些简单的知识点

4.1.1节所述写基本流和4.1.3节所述读基本流，这些基本流中的每一步都决定了Elasticsearch作为一个读写系统的行为。此外，由于读写请求可以并发执行，可以说读写基本流一直在相互作用，这有一些固有的含义。

- 在正常操作下，每个相关分片组执行一次读取操作。只有在失败的情况下，同一个分片的多个副本才执行相同的搜索。
- 由于primary首先完成写操作，然后复制分发请求到其他replica，所以并发读取可能在确认之前就已经看到了更改。
- 同时只维护数据的两个分片就可以容错，也就是保留两份数据(这也是容错的最低要求)。

4.2 索引API

索引API在特定索引中添加或更新JSON文档，使其可搜索。下面的示例将ID为1文档插入到twitter索引中：

```
PUT twitter/_doc/1
{
    "user" : "kimchy",
    "post_date" : "2009-11-15T14:12:12",
    "message" : "trying out Elasticsearch"
}
```

响应如下：

```
{
  "_index" : "twitter",
  "_type" : "_doc",
  "_id" : "1",
  "_version" : 4,
  "result" : "updated",
  "_shards" : {
    "total" : 2,
    "successful" : 2,
    "failed" : 0
  },
  "_seq_no" : 3,
  "_primary_term" : 1
}
```

上面返回结果中重要的字段含义如下：

- _shards：头提供有关索引操作的复制过程的信息。

- total：指示索引操作应在多少个分片（主 primary 和 replica）上执行。
- successful：指示索引操作成功执行的分片数。
- failed：包含错误信息。

索引操作成功执行时，successful 至少是 1。

说明：默认情况下，当索引操作成功返回时，有可能一些 replica 还没有开始或完成，因为只要 primary 成功执行，就会返回，这种行为可以调整。其实这样做的目的是快速响应，一般的场景并不需要等待所有分片都完成索引操作再返回，除非对数据安全要求极高的场景。

4.2.1 自动创建索引

当索引文档时，如果索引不存在，会自动创建索引。索引操作还将创建一个动态映射（如果尚未存在）。默认情况下，如果需要，新字段和对象将自动添加到映射定义中。

自动创建索引由 action.auto_create_index 设置控制。此设置默认为 true，这意味着索引总是自动创建的。也可以设置只有匹配特定模式的索引才允许自动创建索引，方法是将此设置的值更改为这些匹配模式的逗号分隔列表。还可以通过在列表中的模式前面加上＋或－，明确地允许和禁止使用它。最后，通过将此设置更改为 false，可以完全禁用它。可以在 elasticsearch.yml 中配置，也可以通过如下 URL 配置。下面是几个示例。

如下示例，只允许自动创建名为 twitter、index10 的索引，不允许创建其他与 index1 * 匹配的索引。

```
PUT _cluster/settings
{
    "persistent": {
        "action.auto_create_index": "twitter,index10,-index1*,+ind*"
    }
}
```

如下示例，完全禁用索引的自动创建。

```
PUT _cluster/settings
{
    "persistent": {
        "action.auto_create_index": "false"
    }
}
```

如下示例，允许使用任何名称自动创建索引，这是默认设置。

```
PUT _cluster/settings
{
    "persistent": {
        "action.auto_create_index": "true"
    }
}
```

索引操作还接受一个 op_type 参数，它可以用来强制 create 操作，允许 put-if-absent 的行为。使用 create 时，如果索引中已存在具有该 ID 的文档，则索引操作将失败。

可以这样来理解，当索引文档时，如果带有 &op_type=true 参数，明确指明是创建文档，如果文档存在就报错。默认情况下，当文档存在时直接覆盖。

下面是一个示例：

```
PUT twitter/_doc/1?op_type=create
{
    "user" : "kimchy",
    "post_date" : "2009-11-15T14:12:12",
    "message" : "trying out Elasticsearch"
}
```

响应如下：

```
{
  "error": {
    "root_cause": [
      {
        "type": "version_conflict_engine_exception",
        "reason": "[1]: version conflict, document already exists (current version [4])",
        "index_uuid": "USNarLVJRzah_nEqebxLkQ",
        "shard": "0",
        "index": "twitter"
      }
    ],
    "type": "version_conflict_engine_exception",
    "reason": "[1]: version conflict, document already exists (current version [4])",
    "index_uuid": "USNarLVJRzah_nEqebxLkQ",
    "shard": "0",
    "index": "twitter"
  },
  "status": 409
}
```

指定 create 的另一个选项是使用以下 URI：

```
PUT twitter/_create/1
{
    "user" : "kimchy",
    "post_date" : "2009-11-15T14:12:12",
    "message" : "trying out Elasticsearch"
}
```

4.2.2 ID 自动生成

索引操作可以在不指定 ID 的情况下执行。在这种情况下，将自动生成一个 ID。此外，op_type 将自动设置为 create。下面是一个例子(注意使用 POST 而不是 PUT)：

```
POST twitter/_doc/
{
    "user" : "kimchy",
    "post_date" : "2009-11-15T14:12:12",
    "message" : "trying out Elasticsearch"
}
```

响应如下：

```
{
  "_index" : "twitter",
  "_type" : "_doc",
  "_id" : "cSbHlmoBgI9OPPqQEgms",
  "_version" : 1,
  "result" : "created",
  "_shards" : {
    "total" : 2,
    "successful" : 2,
    "failed" : 0
  },
  "_seq_no" : 4,
  "_primary_term" : 4
}
```

4.2.3 路由

默认情况下，数据存放到哪个分片，通过使用文档 ID 值的哈希值来控制。对于更显式的控制，可以传递哈希函数的种子值。例如：

```
POST twitter/_doc?routing=kimchy
{
    "user" : "kimchy",
    "post_date" : "2009-11-15T14:12:12",
    "message" : "trying out Elasticsearch"
}
```

在设置显式 mapping 时，可以选择使用_routing 字段从文档本身提取路由值。如果定义了 mapping 的_routing 值并将其设置为必需，则如果没有提供可提取路由值，索引操作将失败。

4.2.4 分发

索引操作根据路由定向到 primary，并在包含此分片的实际节点上执行。在 primary 完成操作后，如果需要，操作将分发到需要的其他分片。

4.2.5 等待活动分片

为了兼顾系统写入的效率和可靠性，可以将索引操作配置为在继续操作之前等待一定数量的活动分片。如果所需数量的活动分片不可用，则写入操作必须等待并重试，直到所需分片已启动或发生超时。默认情况下，写入操作仅在继续之前等待 primary 完成(即 wait_for_active_shards=1)。可以通过设置 index.write.wait_for_active_shards 来动态重写此默认值。要更改每个请求操作的此行为，可以使用 wait_for_active_shards 请求参数。

wait_for_active_shards 的有效值是任何正整数，最多为分片总数。指定负值或大于分片数的数字将引发错误。

例如，假设有一个由 3 个节点(A、B 和 C)组成的集群，并且创建了一个索引 index，其中副本数设置为 3(结果是共 4 个分片)。如果我们尝试索引操作，默认情况下，该操作将仅确保 primary 在继续操作之前可用。这意味着，即使 B 和 C 发生故障，并且 A 托管了 primary，索引操作仍然继续进行。如果在请求中将 wait_for_active_shards 设置为 3(并且所有 3 个节点都已启动)，那么索引操作将需要 3 个活动的 shard 副本才能继续。这一要求应该满足，因为集群中有 3 个活动的节点，每个节点都保存一个 shard 副本。但是，如果我们将 wait_for_active_shards 设置为 all(或设置为 4，这是相同的)，则索引操作将不会继续，因为索引中没有每个 shard 的所有 4 个副本。除非在集群中出现新节点以承载分片的第四副本，否则操作将超时。

4.2.6 detect_noop 参数

使用索引 API 更新文档时，即使文档没有更改，也会始终创建文档的新版本。如果不想这样做，可以使用 detect_noop=true 参数。这个参数的作用是在更新之前与原文档对比，如果没有字段值的变化，则不做更新操作。

4.3 GET API

GET API 允许根据其 ID 从索引中获取 JSON 文档。以下示例从 twitter 的索引中获取 ID 值为 1 的 JSON 文档：

```
GET twitter/_doc/1
```

响应如下：

```
{
  "_index" : "twitter",
  "_type" : "_doc",
  "_id" : "1",
  "_version" : 4,
  "_seq_no" : 3,
  "_primary_term" : 1,
  "found" : true,
  "_source" : {
    "user" : "kimchy",
    "post_date" : "2009-11-15T14:12:12",
    "message" : "trying out Elasticsearch"
  }
}
```

API还允许使用head检查文档是否存在，例如：

```
HEAD twitter/_doc/0
```

4.3.1　实时性

默认情况下，GET API是实时的，不受索引刷新频率的影响。如果文档已更新但尚未刷新，则GET API将在适当时机发出刷新调用，以使文档可见。这还将使上次刷新后更改的其他文档可见。如果需要禁用此特性，可以将realtime参数设置为false。

4.3.2　字段选择

默认情况下，GET API操作返回_source的内容，除非使用了stored_fields参数或禁用了_source。可以关闭_source检索，如下所示：

```
GET twitter/_doc/0?_source=false
```

如果只需要完整_source中的一个或两个字段，可以使用_source_includes和_source_excludes参数来包含或排除字段。这对于大型文档尤其有用，因为部分字段检索可以节省网络开销。两个参数都采用逗号分隔的字段列表或通配符表达式。例如：

```
GET twitter/_doc/0?_source_includes=*.id&_source_excludes=entities
```

如果只需指定include，可以使用较短的表示法：

```
GET twitter/_doc/0?_source=*.id,retweeted
```

4.3.3　存储字段

GET操作允许指定一组存储字段(store属性值为true)，这些字段将通过传递stored_fields参数返回。如果未存储请求的字段，则将忽略它们。例如，首先建立以下映射：

```
PUT twitter
{
  "mappings": {
     "properties": {
        "counter": {
          "type": "integer",
          "store": false
        },
        "tags": {
          "type": "keyword",
          "store": true
        }
     }
  }
}
```

现在添加一条数据：

```
PUT twitter/_doc/1
{
    "counter" : 1,
    "tags" : ["red"]
}
```

检索数据：

```
GET twitter/_doc/1?stored_fields=tags,counter
```

响应如下：

```
{
  "_index" : "twitter",
  "_type" : "_doc",
  "_id" : "1",
  "_version" : 1,
  "_seq_no" : 0,
  "_primary_term" : 1,
  "found" : true,
  "fields" : {
    "tags" : [
      "red"
    ]
  }
}
```

此外，只有叶字段可以通过 stored_field 选项返回，不能返回对象字段，这样的请求将失败。

4.3.4 直接获取_source

可以使用/{index}/_source/{id}仅获取文档的 source 字段，而不返回任何其他内容，用法如下：

```
GET twitter/_source/1
```

还可以使用相同的源筛选参数来控制将返回_source 的哪些部分，如下示例：

```
GET twitter/_source/1/?_source_includes=*.id&_source_excludes=entities
```

还有一个 head 变量可以使用_source 参数，以便有效地测试文档_source 的存在性。如果在映射中禁用现有文档，则该文档将没有_source。用法如下：

```
HEAD twitter/_source/1
```

4.3.5 路由

如果在索引文档时使用了路由参数，搜索时也应该加上该参数。当然搜索时不加也是可以的，这会降低性能。如下示例，指定了路由：

```
GET twitter/_doc/2?routing=user1
```

4.3.6　preference 参数

preference 参数的作用是控制优先从哪个 shard 获取数据。默认情况下是随机选择的。一般情况下可以设置为_local，这可以降低网络开销。

4.3.7　refresh 参数

可以将 refresh 参数设置为 true，以便在 GET 操作之前刷新相关的分片并使其可见。将其设置为 true 应慎重考虑，因为这可能导致系统负载过重，并减慢索引速度。

4.3.8　分发

GET 操作被散列到一个特定的分片 ID 上，然后被重定向到该分片 ID 对应的一个副本，并返回结果。副本是主分片及其在该分片 ID 上的副本。这意味着拥有的副本越多，将拥有更好的扩展能力。

4.3.9　版本支持

只有当文档的当前版本等于指定版本时，才能使用 version 参数来检索文档（当然不等于也没关系，只是检索不到数据罢了）。对于所有版本类型，此行为都相同。

在内部，Elasticsearch 将旧文档标记为已删除，并添加了一个全新的文档。旧版本的文档不会立即消失，尽管无法访问它。Elasticsearch 将采用一定的策略在后台清除被删除的文档。

4.4　删除 API

删除 API(DELETE)允许根据特定文档的 ID 从其中删除 JSON 文档。下面的示例将 ID 为 1 的 JSON 文档从 twitter 索引中删除：

```
DELETE /twitter/_doc/1
```

响应如下：

```
{
  "_index" : "twitter",
  "_type" : "_doc",
  "_id" : "1",
  "_version" : 2,
  "result" : "deleted",
  "_shards" : {
    "total" : 2,
    "successful" : 2,
    "failed" : 0
  },
```

```
  "_seq_no" : 2,
  "_primary_term" : 1
}
```

4.5 查询删除

查询删除 API(_delete_by_query)是对每个与查询匹配的文档执行删除操作。例如：

```
POST twitter/_delete_by_query
{
  "query": {
    "match": {
      "message": "some message"
    }
  }
}
```

响应如下：

```
{
  "took" : 25,
  "timed_out" : false,
  "total" : 1,
  "deleted" : 1,
  "batches" : 1,
  "version_conflicts" : 0,
  "noops" : 0,
  "retries" : {
    "bulk" : 0,
    "search" : 0
  },
  "throttled_millis" : 0,
  "requests_per_second" : -1.0,
  "throttled_until_millis" : 0,
  "failures" : [ ]
}
```

_delete_by_query 操作在启动时会获取索引的一个快照,并使用内部版本控制删除找到的内容。这意味着,如果文档在获取快照的时间和处理删除请求的时间之间发生更改,则会出现版本冲突,如图 4-2 所示。当版本匹配时,文档将被删除。

在_delete_by_query 执行期间,将按顺序执行多个搜索请求,以查找所有要删除的匹配文档。每当找到一批文档时,都会执行相应的批量请求来删除所有这些文档。如果搜索或批量请求被拒绝,_delete_by_query 按照默认策略重试被拒绝的请求(最多 10 次,指数下降)。达到最大重试次数限制会导致_delete_by_query 中止,并在响应的 failures 中返回所有失败信息。已执行的删除操作仍然保持不变。换句话说,操作不会回滚,只会中止。当第一个失败导致中止时,由失败的批量请求返回的所有失败信息都会在 failures 元素中返回,因此,可能会有相当多失败的实体。

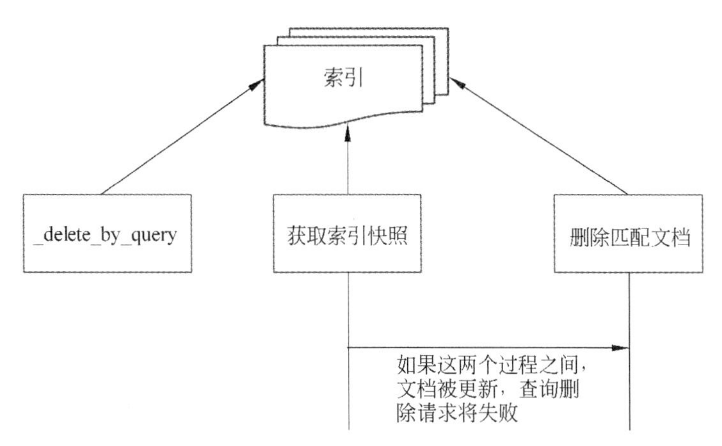

图 4-2　查询删除异常示意图

如果不想因版本冲突而让它们中止，那么在 URL 上设置 conflicts=proceed 或在请求正文中设置 conflicts: proceed。

如下实例，将从 twitter 索引中删除 tweet：

```
POST twitter/_delete_by_query?conflicts=proceed
{
  "query": {
    "match_all": {}
  }
}
```

也可以一次删除多个索引的文档，就像搜索 API 一样：

```
POST twitter,blog/_delete_by_query
{
  "query": {
    "match_all": {}
  }
}
```

如果提供了 routing，则路由将复制到滚动(scroll)查询中，并将操作限制在与该路由值匹配的分片上，如下示例：

```
POST twitter/_delete_by_query?routing=1
{
  "query": {
    "range" : {
        "age" : {
          "gte" : 10
        }
    }
  }
}
```

默认情况下，_delete_by_query 查询使用的滚动批次大小为 1000。可以使用 scroll_size

参数更改批次大小：

```
POST twitter/_delete_by_query?scroll_size=5000
{
  "query": {
    "term": {
      "user": "kimchy"
    }
  }
}
```

4.5.1 URL 参数

除了标准参数（如 pretty）外，_delete_by_query API 还支持 refresh、wait_for_completion、wait_for_active_shards、timeout 和 scroll。

发送带有 refresh 参数的请求，将在请求完成后刷新涉及的所有分片。这与 DELETE API 的 refresh 参数不同，后者只会刷新接收到删除请求的分片。同时，它不支持 wait_for 参数。

如果请求包含 wait_for_completion＝false 设置，那么 Elasticsearch 将执行一些预检查。启动请求，然后返回一个 Task 以取消或获取任务的状态。Elasticsearch 还将在.tasks/task/ $ {taskId}索引中创建此任务的记录文档，用户可以根据需要保留或删除创建的文档，完成后删除它。这样 Elasticsearch 可以回收它使用的空间。

wait_for_active_shards 参数用来控制在继续执行请求之前必须激活多少个分片或副本。timeout 参数用来控制每个写请求等待不可用分片变为可用的时间。这两个参数在批量 API 中的工作方式完全相同。由于_delete_by_query 使用 scroll 搜索，还可以指定 scroll 参数来控制“搜索上下文”保持活动的时间，例如 scroll＝10m。默认为 5 分钟。

requests_per_second 参数可以设置为任何正十进制数（1.4、6、1000 等），并通过用等待时间填充每个批来限制通过查询发出删除操作批的速率。通过将 requests_per_second 设置为－1，可以禁用限制。此限制是通过在批之间等待来完成的，这样就可以为_delete_by_query 内部使用的滚动指定一个超时时间。这个时间是批处理大小除以 requests_per_second 与写入时间之差。默认情况下，批处理大小为 1000，因此如果 requests_per_second 设置为 500，计算方式如下：

```
target_time =1000 / 500 per second =2 seconds
wait_time =target_time -write_time =2 seconds -.5 seconds =1.5 seconds
```

由于该操作是作为单个_bulk 请求发出的，因此较大的批大小将导致 Elasticsearch 创建多个请求，并在启动下一个操作之前等待一段时间，这是不平稳的。默认值为－1。

4.5.2 返回体

JSON 响应如下：

```
{
  "took" : 147,
```

```
  "timed_out": false,
  "total": 119,
  "deleted": 119,
  "batches": 1,
  "version_conflicts": 0,
  "noops": 0,
  "retries": {
    "bulk": 0,
    "search": 0
  },
  "throttled_millis": 0,
  "requests_per_second": -1.0,
  "throttled_until_millis": 0,
  "failures" : [ ]
}
```

各个返回值的含义如下：

- took：整个操作从开始到结束的毫秒数。
- timed_out：如果在执行_delete_by_query 期间执行的任何请求超时，则此标志为 true。
- total：成功处理的文档数。
- deleted：成功删除的文档数。
- batches：分了多少批次执行。
- version_conflicts：版本冲突的文档数。
- noops：对于_delete_by_query，此字段始终等于零。
- retries：操作尝试的重试次数。bulk 是重试的批量操作数，search 是重试的搜索操作数。
- throttled_millis：请求休眠以符合 requests_per_second 参数设置的毫秒数。
- requests_per_second：每秒有效执行的请求数。
- throttled_until_millis：在_delete_by_query 响应中，此字段应始终等于零。它只有在使用_tasks API 时才有意义，在该 API 中，它指示下一次将再次执行请求的等待时间（从 epoch 开始以毫秒为单位）。
- failures：如果请求处理中有任何不可恢复的错误，则记录到这个失败数组中。如果不为空，那么请求会因为这些失败而中止。_delete_by_query 是使用批处理实现的，任何失败都会导致整个过程中止，但当前批处理中的所有失败都会收集到此数组中。可以使用 conflicts 选项防止覆盖写入在版本冲突时中止。

4.5.3　任务 API

可以使用任务 API（_tasks）获取任何正在运行的_delete_by_query 的状态：

```
GET _tasks?detailed=true&actions=*/delete/byquery
```

响应如下：

```
{
  "nodes" : {
    "r1A2WoRbTwKZ516z6NEs5A" : {
      "name" : "r1A2WoR",
      "transport_address" : "127.0.0.1:9300",
      "host" : "127.0.0.1",
      "ip" : "127.0.0.1:9300",
      "attributes" : {
        "testattr" : "test",
        "portsfile" : "true"
      },
      "tasks" : {
        "r1A2WoRbTwKZ516z6NEs5A:36619" : {
          "node" : "r1A2WoRbTwKZ516z6NEs5A",
          "id" : 36619,
          "type" : "transport",
          "action" : "indices:data/write/delete/byquery",
          "status" : {
            "total" : 6154,
            "updated" : 0,
            "created" : 0,
            "deleted" : 3500,
            "batches" : 36,
            "version_conflicts" : 0,
            "noops" : 0,
            "retries": 0,
            "throttled_millis": 0
          },
          "description" : ""
        }
      }
    }
  }
}
```

上述返回结果中的 status 字段，包含任务的实际状态。total 字段是重新索引预期执行的操作总数。可以通过 updated、created 和 deleted 的字段的加总值来估计进度。当它们的总和等于合计字段时，请求将完成。

使用任务 ID，可以直接查找任务：

```
GET /_tasks/r1A2WoRbTwKZ516z6NEs5A: 36619
```

此 API 的优点是，它可以与 wait_for_completion=false 一起使用，以透明地返回已完成任务的状态。如果任务已完成，并且在其上设置了 wait_for_completion=false，那么它将返回 results 或 error 字段。此功能的成本是创建的新的文档，需要手动来删除创建的文档。

4.5.4 取消任务 API

可以使用取消任务 API(_cancel)取消_delete_by_query 进程：

```
POST _tasks/r1A2WoRbTwKZ516z6NEs5A: 36619/_cancel
```

可以使用任务 API 找到任务 ID。

取消应该很快发生,但可能需要几秒钟。上面的任务状态 API 将继续列出相应的任务,直到该任务检查它是否已被取消并自行终止。

4.5.5 动态调整 API

requests_per_second 的值可以在运行时使用动态调整 API(_rethrottle)进行更改:

```
POST _delete_by_query/r1A2WoRbTwKZ516z6NEs5A:36619/_rethrottle?requests_per_second=-1
```

可以使用任务 API 找到任务 ID。

就像在_delete_by_query API 上设置它一样,requests_per_second 可以置为-1 以禁用限制,也可以是任何十进制数(如 1.7 或 12)以限制到该级别。加快查询速度的重新标记将立即生效,但减慢查询速度的重新标记将在完成当前批处理后生效。这样可以防止滚动超时。

4.5.6 切片

_delete_by_query API 支持切片滚动,使删除过程并行。这种并行化可以提高效率,并提供一种方便的方法将请求分解为较小的部分。

1. 人工切片

通过为每个请求提供一个切片 ID 和切片总数,进行人工切片:

```
POST twitter/_delete_by_query
{
  "slice": {
    "id": 0,
    "max": 2
  },
  "query": {
    "range": {
      "likes": {
        "lt": 10
      }
    }
  }
}
POST twitter/_delete_by_query
{
  "slice": {
    "id": 1,
    "max": 2
  },
  "query": {
```

```
    "range": {
      "likes": {
        "lt": 10
      }
    }
  }
}
```

可以通过如下 URL 验证其是否生效：

```
GET _refresh
POST twitter/_search?size=0&filter_path=hits.total
{
  "query": {
    "range": {
      "likes": {
        "lt": 10
      }
    }
  }
}
```

响应如下：

```
{
  "hits": {
    "total" : {
          "value": 0,
          "relation": "eq"
    }
  }
}
```

2. 自动切片

可以让_delete_by_query 过程自动并行化，方法是使用"切片滚动"机制对_id 进行切片。使用 slices 指定要使用的切片数：

```
POST twitter/_delete_by_query?refresh&slices=5
{
  "query": {
    "range": {
      "likes": {
        "lt": 10
      }
    }
  }
}
```

可以通过如下 URL 验证是否生效：

```
POST twitter/_search?size=0&filter_path=hits.total
{
  "query": {
    "range": {
      "likes": {
        "lt": 10
      }
    }
  }
}
```

响应如下：

```
{
  "hits" : {
    "total" : {
      "value" : 0,
      "relation" : "eq"
    }
  }
}
```

把 slices 设置为 auto 将允许 Elasticsearch 选择要使用的切片数。此设置将会为每个分片使用一个切片，直至达到某个限制。如果存在多个源索引，它将根据具有最小分片数的索引选择切片数。

通过在_delete_by_query API 中添加 slices 会自动执行切片过程。

3. 切片数量选择

如果使用自动切片机制，将为大多数索引选择一个合理的切片数字。如果要手动切片或调整自动切片，请遵循以下准则：

- 当切片数等于索引中的分片数时，查询性能最佳。如果该数字很大(例如 500)，请选择一个较小的数字，因为太多的切片会影响性能。设置高于分片数量的切片通常不会提高效率并增加开销。
- 删除性能随可用资源的切片数线性扩展。
- 查询或删除性能是否支配运行时间取决于重新索引的文档和集群资源。

4.6 更新 API

更新 API(_update)允许根据提供的脚本更新文档。该操作从索引中获取文档，运行脚本(使用可选的脚本语言和参数)，并对结果进行索引(还允许删除或忽略该操作)。它使用版本控制来确保在 Get 和 Reindex 操作期间没有发生任何更新。

此操作仍然意味着文档的完全重新索引，它只是减少了一些网络往返，并减少 Get 和 Reindex 操作之间版本冲突的可能性。需要启用_source 才能使用此功能。

现在创建一个简单的索引，本节后续小节将使用此索引：

```
PUT test/_doc/1
{
    "counter" : 1,
    "tags" : ["red"]
}
```

4.6.1 使用 script 更新

可以执行一个脚本来增加计数器(counter)字段的值：

```
POST test/_update/1
{
    "script" : {
        "source": "ctx._source.counter +=params.count",
        "lang": "painless",
        "params" : {
            "count" : 4
        }
    }
}
```

可以向标签列表(tags)字段中添加标签(如果标签存在,它仍然会被添加,因为这是一个列表)：

```
POST test/_update/1
{
    "script" : {
        "source": "ctx._source.tags.add(params.tag)",
        "lang": "painless",
        "params" : {
            "tag" : "blue"
        }
    }
}
```

可以从标签列表中删除一个标签。删除标记的 painless 函数将要移除的元素的数组索引作为其参数,因此在避免运行时错误的同时,需要更多的逻辑来定位它。如果标记在列表中出现多次,则只会删除其中一次：

```
POST test/_update/1
{
    "script" : {
        "source": "if (ctx._source.tags.contains(params.tag)) { ctx._source.tags.remove
        (ctx._source.tags.indexOf(params.tag)) }",
        "lang": "painless",
        "params" : {
            "tag" : "blue"
        }
    }
}
```

除了_source 外，还可以通过 ctx 映射获得以下变量：_index、_type、_id、_version、_routing 和_now(当前时间戳)。

还可以在文档中添加一个新字段：

```
POST test/_update/1
{
    "script" : "ctx._source.new_field = 'value_of_new_field'"
}
```

或从文档中删除字段：

```
POST test/_update/1
{
    "script" : "ctx._source.remove('new_field')"
}
```

而且，甚至可以动态地执行更改操作。如果标记字段包含 green，则此示例将删除文档，否则将不执行任何操作(noop)：

```
POST test/_update/1
{
    "script" : {
        "source": "if (ctx._source.tags.contains(params.tag)) { ctx.op = 'delete' } else { ctx.op
        = 'none' }",
        "lang": "painless",
        "params" : {
            "tag" : "green"
        }
    }
}
```

4.6.2 部分字段更新

更新 API 还支持传递部分文档字段进行更新，在内部完成合并(简单的递归合并、对象的内部合并、替换核心“键值”和数组)。要完全替换现有文档，应使用索引 API。以下实例，通过部分更新机制将现有文档添加新字段：

```
POST test/_update/1
{
    "doc" : {
        "name" : "new_name"
    }
}
```

如果同时指定了 doc 和 script，则忽略 doc。最好是将部分文档的字段放在脚本本身中。

4.6.3 避免无效更新

如果指定了 doc，则其值将与现有的_source 合并。默认情况下，不更改任何内容的更

新并不会真正执行并返回"result":"noop",实例如下:

```
POST test/_update/1
{
    "doc" : {
        "name" : "new_name"
    }
}
```

因为传入的 name 值和 source 中的一样,则忽略整个更新请求。如果请求被忽略,响应中的 result 元素将返回 noop。

```
{
  "_index" : "test",
  "_type" : "_doc",
  "_id" : "1",
  "_version" : 7,
  "result" : "noop",
  "_shards" : {
    "total" : 0,
    "successful" : 0,
    "failed" : 0
  }
}
```

可以通过设置"detect_noop": false 来禁用此行为。如下所示:

```
POST test/_update/1
{
    "doc" : {
        "name" : "new_name"
    },
    "detect_noop": false
}
```

4.6.4 upsert 元素

如果文档不存在,则 upsert 元素的内容将作为新文档插入。如果文档确实存在,则将执行 script:

```
POST test/_update/2
{
    "script" : {
        "source": "ctx._source.counter +=params.count",
        "lang": "painless",
        "params" : {
            "count" : 4
        }
    },
```

```
    "upsert" : {
        "counter" : 1
    }
}
```

响应结果如下：

```
1  {
2    "_index" : "test",
3    "_type" : "_doc",
4    "_id" : "2",
5    "_version" : 1,
6    "result" : "created",
7    "_shards" : {
8      "total" : 2,
9      "successful" : 2,
10     "failed" : 0
11   },
12   "_seq_no" : 9,
13   "_primary_term" : 1
14 }
```

第 6 行，因为 ID 为 2 的文档不存在，可以看出执行了创建操作（"result" ："created"）。

再执行一次得到如下结果，分析第 6 行，因为文档已经存在，执行的是更新操作（"result" ："updated"）。

```
1  {
2    "_index" : "test",
3    "_type" : "_doc",
4    "_id" : "2",
5    "_version" : 2,
6    "result" : "updated",
7    "_shards" : {
8      "total" : 2,
9      "successful" : 2,
10     "failed" : 0
11   },
12   "_seq_no" : 10,
13   "_primary_term" : 1
14 }
```

4.6.5　scripted_upsert 参数

如果不管文档是否存在都希望运行脚本，即脚本处理初始化文档，而不是 upsert 元素，可以将脚本 scripted_upsert 设置为 true：

```
POST sessions/_update/dh3sgudg8gsrgl
{
    "scripted_upsert":true,
    "script" : {
```

```
        "id": "my_web_session_summariser",
        "params" : {
            "pageViewEvent" : {
                "url":"foo.com/bar",
                "response":404,
                "time":"2014-01-01 12:32"
            }
        }
    },
    "upsert" : {}
}
```

4.6.6　doc_as_upsert 参数

将 doc_as_upsert 设为 true，会使用 doc 的内容作为 upsert 值，而不是发送部分 doc 加上 upsert，示例如下：

```
POST test/_update/1
{
    "doc" : {
        "name" : "new_name"
    },
    "doc_as_upsert" : true
}
```

4.7　查询更新

查询更新 API(_update_by_query)的功能是在不更改源的情况下对索引中的每个文档执行更新。这对于获取新属性或其他联机映射更改很有用。示例如下：

```
POST twitter/_update_by_query?conflicts=proceed
```

响应如下：

```
{
  "took" : 147,
  "timed_out": false,
  "updated": 120,
  "deleted": 0,
  "batches": 1,
  "version_conflicts": 0,
  "noops": 0,
  "retries": {
    "bulk": 0,
    "search": 0
  },
  "throttled_millis": 0,
```

```
  "requests_per_second": -1.0,
  "throttled_until_millis": 0,
  "total": 120,
  "failures" : [ ]
}
```

_update_by_query API在开始时获取该索引的快照,并使用内部版本控制对找到的内容进行索引。这意味着,如果文档在获取到快照和处理索引请求的时间之间发生更改,则会出现版本冲突。当版本匹配时,将更新文档并增加版本号。

所有更新和查询失败都会导致_update_by_query中止,并在响应failures元素中返回相关错误信息。已经执行的更新仍然保持不变,即进程不会回滚,只会中止。当第一个失败导致中止时,由失败的批量请求返回的所有失败信息都会在failures元素中返回。因此,可能会有相当多失败的实体。

如果只想统计版本冲突,而不想让_update_by_query操作中止,可以在URL上设置conflicts=proceed或在请求正文中设置"conflicts":"proceed"。上面的例子就是这样做的,因为它只是在尝试获取一个在线映射更改,而版本冲突仅仅意味着冲突文档在_update_by_query的开始和试图更新文档的时间之间被更新。这种机制用于获取联机映射更新非常有用。

下面分析此API的格式,如下示例,将更新twitter索引中的tweet文档:

```
POST twitter/_update_by_query?conflicts=proceed
```

此API还可以用于DSL查询中(后面的章节会专门讲解)。这将更新用户Kimchy的twitter索引中的所有文档:

```
POST twitter/_update_by_query?conflicts=proceed
{
  "query": {
    "term": {
      "user": "kimchy"
    }
  }
}
```

上述示例中,必须传递一个JSON串给query,方式与搜索API相同。也可以使用q参数,方法与搜索API相同。

到目前为止,都是只更新文档而不更改其源字段,这对获取新属性或映射这类的信息真的很有用,但只是其中一半的功能。_update_by_query API支持脚本更新文档。下面的例子,将增加kimchy所有tweet上的likes字段:

```
POST twitter/_update_by_query
{
  "script": {
    "source": "ctx._source.likes++",
    "lang": "painless"
  },
```

```
    "query": {
      "term": {
        "user": "kimchy"
      }
    }
  }
```

正如在更新 API 中一样，可以设置 ctx.op 来控制执行的操作：

- noop：如果脚本决定不需要进行任何更改，则设置 ctx.op = noop。这将导致 _update_by_query 操作从其更新中忽略该文档，此操作将在响应主体的 noop 计数器中报告。
- delete：如果脚本决定必须删除文档，则设置 ctx.op = delete，删除将在响应正文中的 deleted 计数器中报告。
- 将 ctx.op 设置为其他值是错误的。在 ctx 中设置任何其他字段都是错误的。

在没有指定 conflicts=proceed 的情况下，版本冲突会中止进程，这样可以让用户来处理失败。

这个 API 不允许移动文档，只须修改它们的源字段即可。这是有意义的，我们没有能力将文件从原始位置移走(这是由 Lucene 的存储结构决定的)。

也可以一次对多个索引执行整个操作，就像搜索 API 一样：

```
POST twitter,blog/_update_by_query
```

如果提供路由 routing 字段，则路由将复制到滚动查询中，并将处理过程限制为与该路由值匹配的分片，如下示例指定了路由参数：

```
POST twitter/_update_by_query?routing=1
```

默认情况下，_update_by_query API 使用 1000 滚动批次大小(操作是分批进行的，每批 1000 个文档)。可以使用 URL 参数 scroll_size 更改批次大小：

```
POST twitter/_update_by_query?scroll_size=100
```

_update_by_queryAPI 还可以通过如下方式指定管道来使用“索引预处理节点”(预处理的一个功能)功能：

```
PUT _ingest/pipeline/set-foo
{
  "description" : "sets foo",
  "processors" : [ {
      "set" : {
        "field": "foo",
        "value": "bar"
      }
  } ]
}
POST twitter/_update_by_query?pipeline=set-foo
```

4.7.1 URL 参数

除了标准参数如 pretty 外，_update_by_query API 还支持 refresh、wait_for_completion、wait_for_active_shards、timeout 和 scroll 参数。

发送 refresh 参数将在请求完成时刷新索引中的所有分片。这与更新 API 的 refresh 参数不同，后者只会导致接收到新数据的分片被刷新。还有一点，它不支持 wait_for 参数。

如果请求包含 wait_for_completion=false，那么 Elasticsearch 将执行一些预检查，启动请求，然后返回一个 Task，以取消或获取任务的状态。Elasticsearch 还将在.tasks/task/${taskId}.索引中创建此任务的记录文档，可以根据需要保留或删除创建的文档。完成后删除它，这样 Elasticsearch 可以回收它使用的空间。

wait_for_active_shards 控制在继续执行请求之前必须激活多少个 shard 副本。timeout 控制每个写请求等待不可用分片变为可用分片的时间。这两个参数在 Bulk API 中的工作方式完全相同。由于_update_by_query 操作使用滚动搜索，还可以指定 scroll 参数来控制“搜索上下文”保持活动的时间，例如 scroll=10m。默认为 5 分钟。

requests_per_second 可以设置为任何正十进制数(1.4、6、1000 等)，并通过用等待时间填充每个批来限制_update_by_query 发出索引操作批的速率。通过将 requests_per_second 设置为-1，可以禁用限制。限制是通过在批之间等待来完成的，这样就可以为_update_by_query 操作在内部使用的滚动指定一个填充的超时。填充时间是批处理大小除以 requests_per_second 与写入时间之差。默认情况下，批处理大小为 1000，因此如果 requests_per_second 设置为 500，计算方法如下：

```
target_time =1000 / 500 per second =2 seconds
wait_time =target_time -write_time =2 seconds - .5 seconds =1.5 seconds
```

由于该批是作为_bulk 请求发出的，因此大小较大的批将导致 Elasticsearch 创建多个请求，然后在启动下一个集合之前等待一段时间，这是不平稳的。默认值为-1。

4.7.2 请求体

JSON 响应如下：

```
{
  "took" : 147,
  "timed_out": false,
  "total": 5,
  "updated": 5,
  "deleted": 0,
  "batches": 1,
  "version_conflicts": 0,
  "noops": 0,
  "retries": {
    "bulk": 0,
    "search": 0
```

```
  },
  "throttled_millis": 0,
  "requests_per_second": -1.0,
  "throttled_until_millis": 0,
  "failures" : [ ]
}
```

各个返回值的含义如下：

- took：整个操作从开始到结束的毫秒数。
- timed_out：如果在操作执行期间的任何请求超时，则此标志设置为 true。
- total：成功处理的文档数。
- updated：成功更新的文档数。
- deleted：成功删除的文档数。
- batches：分了多少批次执行。
- version_conflicts：版本冲突的文档数。
- noops：当设置了 ctx.op = "noop"时被忽略的文档数。
- retries：尝试的重试次数。bulk 是重试的批量操作数，search 是重试的搜索操作数。
- throttled_millis：请求休眠以符合 requests_per_second 的毫秒数。
- requests_per_second：每秒有效执行的请求数。
- throttled_until_millis：在_update_by_query 响应中，此字段应始终等于零。它只有在使用 TASK API 时才有意义，在该 API 中，它指示下一次将再次执行请求的等待时间(从 epoch 开始以毫秒为单位)，以符合 requests_per_second 参数的限制要求。
- failures：如果请求处理中有任何不可恢复的错误，则记录到这个失败数组中。如果这不是空的，那么请求会因为这些失败而中止。_update_by_query 是使用批处理实现的，任何失败都会导致整个过程中止，但当前批处理中的所有失败信息都会收集到数组中。可以使用 conflicts 选项防止操作在版本冲突时中止。

4.7.3 任务 API

此部分的功能与使用方法和 4.5.3 节所述内容相同。

4.7.4 取消任务 API

此部分的功能与使用方法和 4.5.4 节所述内容相同。

4.7.5 动态调整 API

此部分的功能与使用方法和 4.5.5 节所述内容相同。

4.7.6 切片

此部分的功能与使用方法和 4.5.6 节所述内容相同。

4.7.7 获取新属性

假设创建了一个没有动态映射的索引，用数据填充它，然后添加了一个映射值以从数据中提取更多字段，如下示例，"dynamic"：false设置意味着新字段不会被索引，只会存储在_source中。

```
PUT test
{
  "mappings": {
    "dynamic": false,
    "properties": {
      "text": {"type": "text"}
    }
  }
}
```

如下示例，更新映射以添加新flag字段。要提取新字段，必须用它重新索引所有文档。

```
PUT test/_mapping
{
  "properties": {
    "text": {"type": "text"},
    "flag": {"type": "text", "analyzer": "keyword"}
  }
}
```

现在，添加两条文档，示例如下：

```
POST test/_doc?refresh
{
  "text": "words words",
  "flag": "bar"
}
POST test/_doc?refresh
{
  "text": "words words",
  "flag": "foo"
}
```

如下示例，搜索数据找不到任何内容：

```
POST test/_search?filter_path=hits.total
{
  "query": {
    "match": {
      "flag": "foo"
    }
  }
}
```

响应如下：

```
{
  "hits" : {
    "total": {
```

```
            "value": 0,
            "relation": "eq"
        }
    }
}
```

但可以通过_update_by_query 发出更新请求来获取新映射：

```
POST test/_update_by_query?refresh&conflicts=proceed
POST test/_search?filter_path=hits.total
{
  "query": {
    "match": {
      "flag": "foo"
    }
  }
}
```

响应如下：

```
{
  "hits" : {
    "total": {
        "value": 1,
        "relation": "eq"
    }
  }
}
```

将字段添加到多值字段时，可以执行完全相同的操作。

4.8 MGet API

MGet API(_mget)基于单个索引、类型(可选)和 ID(可能还有路由)返回多个文档。响应包括一个 docs 数组，其中包含与原始_mget 请求相对应的所有已提取文档(如果特定 Get 失败，则在响应中包含此错误的对象)。成功的 Get 的结构与 Get API 提供的文档在结构上类似。示例如下：

```
GET /_mget
{
    "docs" : [
        {
            "_index" : "test",
            "_id" : "1"
        },
        {
            "_index" : "test",
            "_id" : "2"
```

```
        }
    ]
}
```

_mget 请求也可以用于指定索引(在这种情况下,主体中不需要它):

```
GET /test/_doc/_mget
{
    "docs" : [
        {
            "_id" : "1"
        },
        {
            "_id" : "2"
        }
    ]
}
```

在这种情况下,可以直接使用 ids 元素来简化请求:

```
GET /test/_mget
{
    "ids" : ["1", "2"]
}
```

4.8.1　_source 过滤

默认情况下,将为每个文档返回_source 字段(如果已存储)。与 Get API 类似,可以使用_source 参数仅检索_source 的部分内容(或者根本不检索),还可以使用 URL 参数_source、_source_includes 和_source_excludes 指定默认值。示例如下:

```
GET /_mget
{
    "docs" : [
        {
            "_index" : "test",
            "_id" : "1",
            "_source" : false
        },
        {
            "_index" : "test",
            "_id" : "2",
            "_source" : ["field3", "field4"]
        },
        {
            "_index" : "test",
            "_id" : "3",
            "_source" : {
                "include": ["user"],
```

```
                "exclude": ["user.location"]
            }
        }
    ]
}
```

4.8.2 存储字段

可以为每个要获取的文档指定检索特定存储字段(store 属性为 true),类似于 Get API 的 stored_fields 参数。例如:

```
GET /_mget
{
    "docs" : [
        {
            "_index" : "test",
            "_id" : "1",
            "stored_fields" : ["field1", "field2"]
        },
        {
            "_index" : "test",
            "_id" : "2",
            "stored_fields" : ["field3", "field4"]
        }
    ]
}
```

或者,可以在查询字符串中指定 stored_fields 参数作为默认值,应用于所有文档:

```
GET /test/_mget?stored_fields=field1,field2
{
    "docs" : [
        {
            "_id" : "1"
        },
        {
            "_id" : "2",
            "stored_fields" : ["field3", "field4"]
        }
    ]
}
```

4.8.3 路由

可以将路由值作为参数:

```
GET /_mget?routing=key1
{
    "docs" : [
        {
```

```
            "_index" : "test",
            "_id" : "1",
            "routing" : "key2"
        },
        {
            "_index" : "test",
            "_id" : "2"
        }
    ]
}
```

在上面的例子中，文档 test/_doc/2 将从路由键 key1 对应的分片中获取，而文档 test/_doc/1 将从路由键 key2 对应的分片中提取，因为 test/_doc/2 没有单独指定路由。

4.8.4　重新索引

就像_update_by_query 操作一样，重新索引(_reindex)操作会获取源索引的快照，但其目标必须是不同的索引，因此不太可能发生版本冲突。可以像索引 API 一样配置 dest 元素来使用乐观并发控制。不带 version_type 或将其设置为 internal，将导致 Elasticsearch 把源集群中的所有数据全部原样 dump 到目标集群，并覆盖目标集群中具有相同 ID 的文档，示例如下：

```
POST _reindex
{
  "source": {
    "index": "twitter"
  },
  "dest": {
    "index": "new_twitter",
    "version_type": "internal"
  }
}
```

将 version_type 设置为 external 将导致 Elasticsearch 保留源中的 version，创建目标集群中没有的任何文档，并更新目标索引中版本比源索引中旧的文档，示例如下：

```
POST _reindex
{
  "source": {
    "index": "twitter"
  },
  "dest": {
    "index": "new_twitter",
    "version_type": "external"
  }
}
```

把 op_type 设置为 create 将导致_reindex 仅在目标索引中创建不存在的文档。所有目标集群中存在的文档都将导致版本冲突，示例如下：

```
POST _reindex
{
  "source": {
    "index": "twitter"
  },
  "dest": {
    "index": "new_twitter",
    "op_type": "create"
  }
}
```

默认情况下，版本冲突会中止_reindex进程。请求主体参数conflicts可用于控制_reindex操作以继续处理下一个有关版本冲突的文档。需要注意的是，其他错误类型的处理不受conflicts参数的影响。当请求主体中设置了"conflicts"："proceed"时，_reindex进程将在版本冲突时继续，并返回遇到的版本冲突数，示例如下：

```
POST _reindex
{
  "conflicts": "proceed",
  "source": {
    "index": "twitter"
  },
  "dest": {
    "index": "new_twitter",
    "op_type": "create"
  }
}
```

可以通过向source添加查询条件来限制文档。如下示例，只会将kimchy的文档复制到新的索引new_twitter中：

```
POST _reindex
{
  "source": {
    "index": "twitter",
    "query": {
      "term": {
        "user": "Kimchy"
      }
    }
  },
  "dest": {
    "index": "new_twitter"
  }
}
```

source中的index可以是一个列表，允许在一个请求中从许多源中进行复制。如下实例将从twitter和blog中复制文档：

```
POST _reindex
{
  "source": {
    "index": ["twitter", "blog"]
  },
  "dest": {
    "index": "all_together"
  }
}
```

_reindex API 可以轻易地处理 ID 冲突问题，因此最后写入的文档将被真正地写入，但顺序通常不可预测，因此依赖此行为不是一个好主意。相反，建议使用脚本确保 ID 是唯一的。如果请求中 ID 不唯一，写入顺序是无法保证和请求中的顺序是一致的，这很好理解，因为有太多的不可控因素，如网络延迟、CPU 停顿、IO 问题等，因此最好的方式是在一个批量请求中保证 ID 唯一。

也可以通过设置 size 来限制处理文档的数量。如下例子只会将单个文档从 twitter 复制到新的索引 new_twitter 中：

```
POST _reindex
{
  "size": 1,
  "source": {
    "index": "twitter"
  },
  "dest": {
    "index": "new_twitter"
  }
}
```

如果想从 twitter 索引中得到一组特定顺序的文档，需要使用 sort 参数。排序会降低滚动的效率，但在某些情况下，它是值得的。如果可能，最好选择更具选择性的查询，而不是进行 size 和 sort 操作。如下例子将把 10000 个文档从索引 twitter 复制到新的索引 new_twitter 中：

```
POST _reindex
{
  "size": 10000,
  "source": {
    "index": "twitter",
    "sort": { "date": "desc" }
  },
  "dest": {
    "index": "new_twitter"
  }
}
```

source 部分支持搜索 API 请求中支持的所有元素。例如，只需要原始文档中的一部分字段，可以使用 source 过滤出需要的字段，重新建立索引，如下示例所示：

```
POST _reindex
{
  "source": {
    "index": "twitter",
    "_source": ["user", "_doc"]
  },
  "dest": {
    "index": "new_twitter"
  }
}
```

与_update_by_query 类似，_reindex 支持修改文档的脚本。与_update_by_query 不同的是，脚本允许修改文档的元数据，如下示例将变更源文档的版本：

```
POST _reindex
{
  "source": {
    "index": "twitter"
  },
  "dest": {
    "index": "new_twitter",
    "version_type": "external"
  },
  "script": {
    "source": "if (ctx._source.foo == 'bar') {ctx._version++; ctx._source.remove('foo')}",
    "lang": "painless"
  }
}
```

正如在_update_by_query 中一样，可以设置 ctx.op 以更改对目标索引执行的操作：

- noop：如果脚本决定不必在目标索引中索引文档，请设置 ctx.op = "noop"。此操作将结果在响应主体的 noop 计数器中报告。
- delete：如果脚本决定必须从目标索引中删除文档，则设置 ctx.op = "delete"。删除数量将在响应正文中的 deleted 计数器中报告。
- 将 ctx.op 设置为任何其他项都将返回错误，在 ctx 中设置任何其他字段也将返回错误。

可以改变如下元数据字段值：

- _id
- _index
- _version
- _routing

将_version 设置为 null 或从 ctx 映射中清除它，就像不在索引请求中发送版本一样。它将导致在目标索引中覆盖文档，而不管目标上的版本或在_reindex 请求中使用的版本类型如何。

默认情况下，如果对带有路由的文档进行_reindex 操作，那么路由将被保留，除非脚本更改了它。可以在 dest 请求上设置 routing 参数：

- keep：默认情况下，使用原有的路由，也就是目标索引中路由值使用的是源索引的。
- discard：将匹配的文档路由设置为空，也就是目标索引的路由值都为空。
- =<some text>：将匹配的文档路由值设置为<some text>所表示的值。

例如，可以使用以下请求将公司名称为 cat 的 source 索引中的所有文档复制到 dest 索引中，并把路由置为 cat。

```
POST _reindex
{
  "source": {
    "index": "source",
    "query": {
      "match": {
        "company": "cat"
      }
    }
  },
  "dest": {
    "index": "dest",
    "routing": "=cat"
  }
}
```

默认情况下，_reindex 使用的滚动批数为 1000。可以使用 source 元素中的 size 字段更改批次大小：

```
POST _reindex
{
  "source": {
    "index": "source",
    "size": 100
  },
  "dest": {
    "index": "dest",
    "routing": "=cat"
  }
}
```

_reindex 还可以通过如下方式指定管道 pipeline 来使用索引预处理节点功能（预处理相关的功能）：

```
POST _reindex
{
  "source": {
    "index": "source"
  },
  "dest": {
    "index": "dest",
    "pipeline": "some_ingest_pipeline"
  }
}
```

4.9 跨集群索引

Reindex API 支持从远程 Elasticsearch 集群重新索引：

```
POST _reindex
{
  "source": {
    "remote": {
      "host": "http://otherhost:9200",
      "username": "user",
      "password": "pass"
    },
    "index": "source",
    "query": {
      "match": {
        "test": "data"
      }
    }
  },
  "dest": {
    "index": "dest"
  }
}
```

主机参数 host 必须包括通信协议、主机、端口（例如 https://otherhost：9200）和可选路径（例如 https://otherhost：9200/proxy）。用户名（username）和密码（password）参数是可选的，当它们存在时，_reindex 将使用 basic auth 连接到远程 Elasticsearch 节点。在使用基本 AUTH 时一定要使用 HTTPS，否则密码将以纯文本发送。有一系列设置可用于配置 HTTPS 连接的行为。

远程主机必须使用 reindex.remote.whitelist 属性在 elasticsearch.yml 中显式配置白名单。白名单可以设置为以逗号分隔的允许远程主机和端口组合列表（例如，otherhost：9200，another：9200，127.0.10.*：9200，localhost：*）。通信协议被白名单忽略，只使用主机和端口，例如：

```
reindex.remote.whitelist: "otherhost:9200, another:9200, 127.0.10.*:9200, localhost:*"
```

必须在所有协调重新索引的节点（接受 reindex 请求的节点）上配置白名单。

注意：跨集群索引功能可以与任何版本的 Elasticsearch 的远程集群一起使用。这将允许通过从旧版本的集群重新索引来升级到当前版本。也就是说可以通过重新索引功能来完成集群的升级。

要启用发送到旧版本的 Elasticsearch 的查询，查询参数 query 将直接发送到远程主机，而不进行验证或修改。

从远程服务器重新索引使用堆内缓冲区，其默认最大大小为 100MB。如果远程索引包含非常大的文档，则需要使用较小的批处理大小。下面的示例将批次大小设置为 10，这非常小。

```
{
  "source": {
    "remote": {
      "host": "http://otherhost:9200"
    },
    "index": "source",
    "size": 10,
    "query": {
      "match": {
        "test": "data"
      }
    }
  },
  "dest": {
    "index": "dest"
  }
}
```

也可以使用 socket_timeout 字段在远程连接上设置读超时时间，使用 connect_timeout 字段设置连接超时时间，默认均为 30s。如下示例将套接字读取超时设置为 1m，将连接超时设置为 10s：

```
POST _reindex
{
  "source": {
    "remote": {
      "host": "http://otherhost:9200",
      "socket_timeout": "1m",
      "connect_timeout": "10s"
    },
    "index": "source",
    "query": {
      "match": {
        "test": "data"
      }
    }
  },
  "dest": {
    "index": "dest"
  }
}
```

4.10　批量操作 API

批量操作 API(_bulk)可以在单个 API 调用中执行多个索引和删除操作。这可以大大提高索引速度。

REST API 结点是/_bulk，它需要以下以新行分隔的 JSON(ndjson)结构：

```
action_and_meta_data\n
optional_source\n
action_and_meta_data\n
optional_source\n
....
action_and_meta_data\n
optional_source\n
```

注意：最后一行数据必须以换行符(\n)结尾。每个换行符前面都可以有一个回车符\r。向此结点发送请求时，Content-Type 应设置为 application/x-ndjson。

可能的操作包括 Index、Create、Delete 和 Update。Index 和 Create 需要下一行有一个源，并且与标准索引 API 的 op_type 参数具有相同的语义(即，如果已经存在具有相同索引的文档，则 Create 操作将失败，而 Index 操作将根据需要添加或替换文档)。但 Delete 操作不需要在下面的行中有一个源，它与标准的 Delete API 具有相同的语义。Update 要求在下一行指定分部文档、upsert 和脚本及其选项。

如果要为 Curl 提供文本文件输入，则必须使用--data-binary 标志而不是 -d，后者不保留换行符。如下示例：

```
curl -s -H "Content-Type: application/x-ndjson" -XPOST localhost:9200/_bulk --data-
binary "@requests"
```

以下是正确的批量命令序列示例：

```
POST _bulk
{ "index" : { "_index" : "test", "_id" : "1" } }
{ "field1" : "value1" }
{ "delete" : { "_index" : "test", "_id" : "2" } }
{ "create" : { "_index" : "test", "_id" : "3" } }
{ "field1" : "value3" }
{ "update" : {"_id" : "1", "_index" : "test"} }
{ "doc" : {"field2" : "value2"} }
```

注意：Content-Type 要设置为 application/x-ndjson。

响应如下：

```
{
  "took" : 7,
  "errors" : false,
  "items" : [
    {
      "index" : {
        "_index" : "test",
        "_type" : "_doc",
        "_id" : "1",
        "_version" : 3,
        "result" : "updated",
```

```
      "_shards" : {
        "total" : 2,
        "successful" : 2,
        "failed" : 0
      },
      "_seq_no" : 6,
      "_primary_term" : 1,
      "status" : 200
    }
  },
  {
    "delete" : {
      "_index" : "test",
      "_type" : "_doc",
      "_id" : "2",
      "_version" : 2,
      "result" : "not_found",
      "_shards" : {
        "total" : 2,
        "successful" : 2,
        "failed" : 0
      },
      "_seq_no" : 7,
      "_primary_term" : 1,
      "status" : 404
    }
  },
  {
    "create" : {
      "_index" : "test",
      "_type" : "_doc",
      "_id" : "4",
      "_version" : 1,
      "result" : "created",
      "_shards" : {
        "total" : 2,
        "successful" : 2,
        "failed" : 0
      },
      "_seq_no" : 8,
      "_primary_term" : 1,
      "status" : 201
    }
  },
  {
    "update" : {
      "_index" : "test",
      "_type" : "_doc",
      "_id" : "1",
      "_version" : 4,
```

```
        "result" : "updated",
        "_shards" : {
          "total" : 2,
          "successful" : 2,
          "failed" : 0
        },
        "_seq_no" : 9,
        "_primary_term" : 1,
        "status" : 200
      }
    }
  ]
}
```

节点是/_bulk，它和/{index}/_bulk 的区别是，提供索引 index 后，默认情况下，它将用于未显式提供索引的批量项目。

格式在这里说明，这里的想法是让处理过程尽可能快。由于某些操作将被重定向到其他节点上的其他分片，因此只有 action_meta_data 是确定在接受节点处理的。

对批量操作的响应是一个大型 JSON 结构，每个操作的单独结果按照与请求中显示的操作相同的顺序执行。单个操作的失败不会影响其余操作。

在单个批量调用中没有一个绝对合适的批操作大小数字，应该使用不同的设置进行试验，以找到适合特定工作负载的最佳大小。

如果使用 HTTP API，请确保客户端不发送 HTTP 块，因为这样会减慢速度。

4.10.1 路由

每个批量项目都可以使用 routing 字段传递路由值。它会根据_routing 映射自动跟踪索引和删除操作的行为。

4.10.2 更新

当使用更新操作时，retry_on_conflict 可以用作操作本身（不在额外的有效负载行中）中的字段，以指定在发生版本冲突时应重试更新的次数。

Update 操作支持以下选项：doc（部分文档）、upsert、doc_as_upsert、script、params（用于脚本）、lang（用于脚本）和_source。更新操作示例如下：

```
POST _bulk
{ "update" : {"_id" : "1", "_index" : "index1", "retry_on_conflict" : 3} }
{ "doc" : {"field" : "value"} }
{ "update" : { "_id" : "0", "_index" : "index1", "retry_on_conflict" : 3} }
{ "script" : { "source": "ctx._source.counter += params.param1", "lang" : "painless",
"params" : {"param1" : 1}}, "upsert" : {"counter" : 1}}
{ "update" : {"_id" : "2", "_index" : "index1", "retry_on_conflict" : 3} }
{ "doc" : {"field" : "value"}, "doc_as_upsert" : true }
{ "update" : {"_id" : "3", "_index" : "index1", "_source" : true} }
{ "doc" : {"field" : "value"} }
```

```
{ "update" : {"_id" : "4", "_index" : "index1"} }
{ "doc" : {"field" : "value"}, "_source": true}
```

4.11 Term 向量

Term 向量(Term Vectors)用来存储文档字段的 Term 信息(字段文本分词得到的词条)和统计信息。文档可以存储在索引中,也可以由用户人工提供。Term 向量在默认情况下是实时的。这可以通过将 realtime 参数设置为 false 来更改。

```
GET /twitter/_termvectors/1
```

或者可以使用 URL 中的参数指定字段,返回指定字段的信息:

```
GET /twitter/_termvectors/1?fields=message
```

或者通过在请求主体中添加请求的字段。也可以用通配符指定字段,方法与多匹配查询类似。

4.11.1 返回值

可以请求三种类型的值:Term 信息、Term 统计信息和字段统计信息。默认情况下,返回所有字段的所有 Term 信息和字段统计信息,但不返回 Term 统计信息。

1. Term 信息

- Term 的频率(在对应字段中),这部分信息是始终返回的。
- Term 的位置,需要设置 positions : true。
- Term 开始和结束的偏移量,需要设置 offsets : true。
- Term Payloads(有效载荷,请参考 Lucene 相关文档),需要设置 payloads : true。

Term 信息在 Elasticsearch 中的具体存储格式如图 4-3 所示。

如果请求的信息没有存储在索引中,可能的话,它将被动态计算。此外,还可以为索引中不存在但由用户提供的文档计算 Term 向量。

开始和结束偏移量假定使用了 UTF-16 编码。如果要使用这些偏移量来获取原始文本,应确保子字符串也使用 UTF-16 编码。

2. Term 统计信息

需要将 term_statistics 设置为 true,其默认值为 false。Term 统计信息包括如下两方面的信息:

- Term 的总词频,即在所有文档中 Term 出现的总次数。
- 文档频率,包含这个 Term 的文档数量。

默认情况下,不会返回这些信息,因为 Term 统计信息可能会对性能产生严重影响。

3. 字段统计信息

字段统计信息默认是返回的,可以将 field_statistics 设为 false 来禁止返回。字段统计信息包括如下三方面的内容：

- 文档计数，即多少个文档存在这个字段值。
- 文档频率总和，即此字段中所有 Term 的文档频率总和。
- Term 频率总和，即该字段中每个 Term 的总项频率之和。

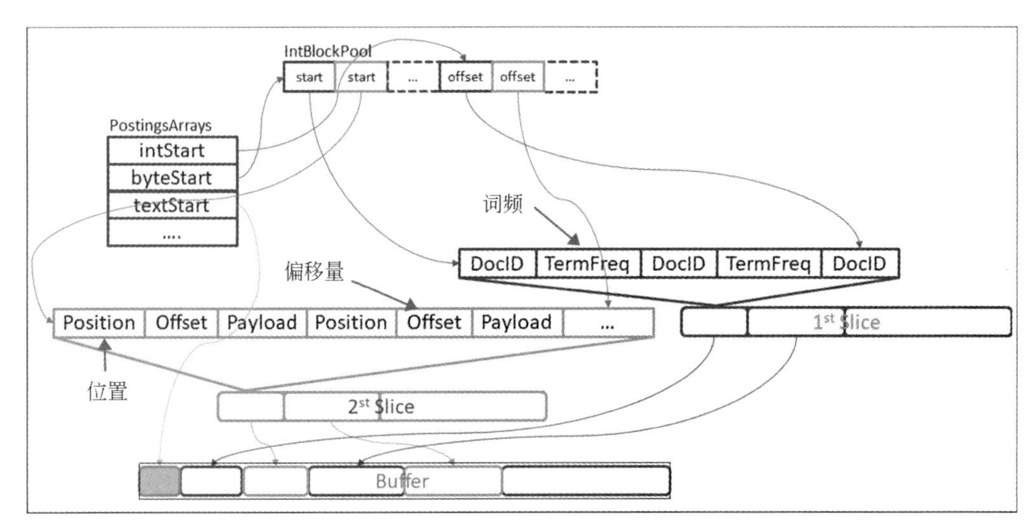

图 4-3　Term 向量存储结果

4.11.2　Term 过滤

使用参数 filter，还可以根据 tf-idf 分数过滤返回的 Term。这有助于找出文档的特征向量。此功能的工作方式更类似于此查询的第二阶段。

在下面的示例中，从具有给定 plot 字段值的文档中获得三个用户“最感兴趣”的关键字。请注意，关键字 Tony 或任何停止词都不是响应的一部分，因为它们的 tf-idf 太低。

```
GET /imdb/_termvectors
{
    "doc": {
      "plot": "When wealthy industrialist Tony Stark is forced to build an armored suit after
      a life-threatening incident, he ultimately decides to use its technology to fight
      against evil."
    },
    "term_statistics" : true,
    "field_statistics" : true,
    "positions": false,
    "offsets": false,
    "filter" : {
      "max_num_terms" : 3,
      "min_term_freq" : 1,
      "min_doc_freq" : 1
    }
}
```

响应如下：

```
{
    "_index": "imdb",
    "_type": "_doc",
    "_version": 0,
    "found": true,
    "term_vectors": {
      "plot": {
          "field_statistics": {
              "sum_doc_freq": 3384269,
              "doc_count": 176214,
              "sum_ttf": 3753460
          },
          "terms": {
            "armored": {
                "doc_freq": 27,
                "ttf": 27,
                "term_freq": 1,
                "score": 9.74725
            },
            "industrialist": {
                "doc_freq": 88,
                "ttf": 88,
                "term_freq": 1,
                "score": 8.590818
            },
            "stark": {
                "doc_freq": 44,
                "ttf": 47,
                "term_freq": 1,
                "score": 9.272792
            }
        }
      }
    }
}
```

可以在请求中传递以下子参数：

- max_num_terms：每个字段返回的最大 Term 数。默认值为 25。也就是只有一个字段最多 25 个 Term。
- min_term_freq：忽略源文档中低于此频率的单词。默认值为 1。
- max_term_freq：忽略源文档中超过此频率的单词。默认为无限大。
- min_doc_freq：忽略文档频率低于这个值的 Term。默认值为 1。
- max_doc_freq：忽略文档频率高于这个值的 Term。默认值为 1。
- min_word_length：忽略低于此值的 Term。默认值为 0。
- max_word_length：忽略高于此值的 Term。默认值为无穷大。

4.11.3 行为分析

Term 和 Field 统计信息是不准确的，仅检索请求文档所在的分片的信息，而删除的文档不考虑在内。因此，Term 和 Field 统计信息仅用作相对测量，而绝对数值在此上下文中没有意义。默认情况下，当请求人工文档的 Term 向量时，将随机选择一个分片来获取统计信息。使用 routing 只命中特定的分片。

1. 返回存储 Term 向量

首先，创建一个索引来存储 Term 向量、有效载荷等：

```
PUT /twitter
{ "mappings": {
    "properties": {
      "text": {
        "type": "text",
        "term_vector": "with_positions_offsets_payloads",
        "store" : true,
        "analyzer" : "fulltext_analyzer"
       },
       "fullname": {
        "type": "text",
        "term_vector": "with_positions_offsets_payloads",
        "analyzer" : "fulltext_analyzer"
      }
    }
  },
  "settings" : {
    "index" : {
      "number_of_shards" : 1,
      "number_of_replicas" : 0
    },
    "analysis": {
      "analyzer": {
        "fulltext_analyzer": {
          "type": "custom",
          "tokenizer": "whitespace",
          "filter": [
            "lowercase",
            "type_as_payload"
          ]
        }
      }
    }
  }
}
```

现在添加一些文档：

```
PUT /twitter/_doc/1
{
  "fullname" : "John Doe",
  "text" : "twitter test test test "
}

PUT /twitter/_doc/2
{
  "fullname" : "Jane Doe",
  "text" : "Another twitter test ..."
}
```

以下请求返回 ID 为 1 的文档(john doe)中字段 text 的所有信息和统计信息：

```
GET /twitter/_termvectors/1
{
  "fields" : ["text"],
  "offsets" : true,
  "payloads" : true,
  "positions" : true,
  "term_statistics" : true,
  "field_statistics" : true
}
```

响应如下：

```
{
  "_index" : "twitter",
  "_type" : "_doc",
  "_id" : "1",
  "_version" : 1,
  "found" : true,
  "took" : 25,
  "term_vectors" : {
    "text" : {
      "field_statistics" : {
        "sum_doc_freq" : 6,
        "doc_count" : 2,
        "sum_ttf" : 8
      },
      "terms" : {
        "test" : {
          "doc_freq" : 2,
          "ttf" : 4,
          "term_freq" : 3,
          "tokens" : [
            {
              "position" : 1,
              "start_offset" : 8,
```

```
              "end_offset" : 12,
              "payload" : "d29yZA=="
            },
            {
              "position" : 2,
              "start_offset" : 13,
              "end_offset" : 17,
              "payload" : "d29yZA=="
            },
            {
              "position" : 3,
              "start_offset" : 18,
              "end_offset" : 22,
              "payload" : "d29yZA=="
            }
          ]
        },
        "twitter" : {
          "doc_freq" : 2,
          "ttf" : 2,
          "term_freq" : 1,
          "tokens" : [
            {
              "position" : 0,
              "start_offset" : 0,
              "end_offset" : 7,
              "payload" : "d29yZA=="
            }
          ]
        }
      }
    }
  }
}
```

2. 动态生成 Term 向量

未存储在索引中的字段的 Term 向量将自动动态计算。以下请求返回 ID 为 1 的文档中字段的所有信息和统计信息,即使这些 Term 尚未显式存储在索引中。请注意,对于字段 text,不会重新生成 Term 向量。

```
GET /twitter/_termvectors/1
{
  "fields" : ["text", "some_field_without_term_vectors"],
  "offsets" : true,
  "positions" : true,
  "term_statistics" : true,
  "field_statistics" : true
}
```

3. 人工文档

可以为人工文档生成 Term 向量，即索引中不存在的文档。示例如下：

```
GET /twitter/_termvectors
{
  "doc" : {
    "fullname" : "John Doe",
    "text" : "twitter test test test"
  }
}
```

4. 字段分析器

此外，可以使用 per_field_analyzer 参数为不同的字段提供不同的分析器，这对于以任何方式生成 Term 向量都很有用，特别是在使用人工文档时。当为已经存储 Term 向量的字段提供分析器时，将重新生成 Term 向量。示例如下：

```
GET /twitter/_termvectors
{
  "doc" : {
    "fullname" : "John Doe",
    "text" : "twitter test test test"
  },
  "fields": ["fullname"],
  "per_field_analyzer" : {
    "fullname": "keyword"
  }
}
```

响应如下：

```
{
  "_index" : "twitter",
  "_type" : "_doc",
  "_version" : 0,
  "found" : true,
  "took" : 1,
  "term_vectors" : {
    "fullname" : {
      "field_statistics" : {
        "sum_doc_freq" : 4,
        "doc_count" : 2,
        "sum_ttf" : 4
      },
      "terms" : {
        "John Doe" : {
```

```
          "term_freq" : 1,
          "tokens" : [
            {
              "position" : 0,
              "start_offset" : 0,
              "end_offset" : 8
            }
          ]
        }
      }
    }
  }
}
```

4.11.4 获取多个文档的 Term 向量

_mtermvectors API 允许一次获取多个文档的 Term 向量。由索引_index 和_id 参数指定多个文档,从指定的文档中检索出 Term 向量。但是文档也可以在请求本身中人工提供。

响应包括一个 docs 数组,此数组包含所有获取的 Term 向量。下面是一个具体实例:

```
POST /_mtermvectors
{
    "docs":[
      {
          "_index": "twitter",
          "_id": "2",
          "term_statistics": true
      },
      {
          "_index": "twitter",
          "_id": "1",
          "fields":[
            "message"
          ]
      }
   ]
}
```

当然可以指定索引:

```
POST /twitter/_mtermvectors
{
    "docs":[
      {
          "_id": "2",
          "fields":[
              "message"
```

```
            ],
            "term_statistics": true
        },
        {
            "_id": "1"
        }
    ]
}
```

如果所有请求的文档都在同一索引上，并且参数相同，则可以简化请求：

```
POST /twitter/_mtermvectors
{
    "ids" : ["1", "2"],
    "parameters": {
        "fields": [
                "message"
        ],
        "term_statistics": true
    }
}
```

此外，可以为用户提供的文档生成Term向量。使用的映射由索引_index确定。下面是具体的实例：

```
POST /_mtermvectors
{
    "docs": [
      {
          "_index": "twitter",
          "doc" : {
            "user" : "John Doe",
            "message" : "twitter test test test"
          }
      },
      {
          "_index": "twitter",
          "doc" : {
            "user" : "Jane Doe",
            "message" : "Another twitter test ..."
          }
      }
    ]
}
```

4.12 refresh参数

索引、更新、删除和批量API支持用refresh参数来控制请求所做的更改何时对搜索可见。允许的值如下。

- true

操作发生后立即刷新相关的主分片和副本分片(不是整个索引),以便更新的文档立即显示在搜索结果中。这个设置需要仔细考虑和验证,因为会导致性能下降(从索引和搜索的角度来看)。

- wait_for

在返回结果之前,将等待刷新使请求所做的更改可见,这不会强制立即刷新,而是等待刷新发生。Elasticsearch 自动刷新,刷新频率是 index.refresh_interval,默认是 1s。这个设置是动态的。调用 refresh API,或在响应的 API 上设置 refresh 为 true 都将导致刷新,请求将返回。

- false(默认值)

不执行与刷新相关的操作。此请求所做的更改将在请求返回后的某个时间点可见。

4.12.1　如何选择 refresh 的值

除非有充分的理由等待更改变为可见,否则始终使用 refresh=false。

如果必须使请求所做的更改与请求同步可见,当设置 refresh 为 true 时,Elasticsearch 将增加更多负载,设置为 wait_for 时,将等待更长时间,这需要结合实际情况决定。

4.12.2　强制刷新

如果当已经有 index.max_refresh_listeners 值定义数量(默认为 1000 个)的请求在该分片上等待刷新时,该请求的行为将如同 refresh 设置为 true 一样:它将强制刷新。这保证了当该请求返回时,其更改对搜索可见,同时防止对被阻塞的请求使用未经检查的资源。如果请求由于监听器槽(本书不做展开论述)用完而强制刷新,则其响应将包含"forced_refresh":true 信息。

批量请求只占用它们接触的每个分片上的一个槽,不管它们修改分片多少次。

例如,如下将请求创建文档并立即刷新索引,使其可见:

```
PUT /test/_doc/1?refresh
{"test": "test"}
PUT /test/_doc/2?refresh=true
{"test": "test"}
```

如下操作都将创建一个文档,但文档不会立即可见,请求立即返回不会等待文档可见:

```
PUT /test/_doc/3
{"test": "test"}
PUT /test/_doc/4?refresh=false
{"test": "test"}
```

如下操作将创建一个文档,并等待其在搜索时变为可见:

```
PUT /test/_doc/4?refresh=wait_for
{"test": "test"}
```

4.13 乐观并发控制

Elasticsearch 是分布式的，创建、更新或删除文档时，必须将文档的新版本复制到集群中的其他节点。Elasticsearch 也是异步和并发的，这意味着这些复制请求是并行发送的，并且可能不按顺序到达目的地。Elasticsearch 需要一种方法来确保旧版本的文档永远不会覆盖新版本的文档。

为了确保旧版本的文档不会覆盖新版本文档，对文档执行的每个操作都由主分片分配一个序列号，序列号随着每个操作的增加而增加，因此新操作的序列号肯定比旧操作的序列号更高。然后，Elasticsearch 可以使用这个序列号来确保新的文档版本不会被分配了较小序列号的更改覆盖。

例如，以下索引命令将创建一个文档并为其分配初始序列号_seq_no 和_primary_term（_primary_term 和_seq_no 都是整数），每当主分片发生重新分配时，比如重启、Primary 选举等，_primary_term 会递增 1：

```
PUT products/_doc/1567
{
    "product" : "r2d2",
    "details" : "A resourceful astromech droid"
}
```

在响应中包括分配的_seq_no 和_primary_term：

```
{
  "_index" : "products",
  "_type" : "_doc",
  "_id" : "1567",
  "_version" : 4,
  "result" : "updated",
  "_shards" : {
    "total" : 2,
    "successful" : 2,
    "failed" : 0
  },
  "_seq_no" : 3,
  "_primary_term" : 1
}
```

Elasticsearch 跟踪上次操作的_seq_no 和_primary_term，以更改其存储的每个文档。在 GET API 的响应中，会在_seq_no 和_primary_term 字段中返回：

```
GET products/_doc/1567
```

响应如下：

```
{
  "_index" : "products",
  "_type" : "_doc",
```

```
  "_id" : "1567",
  "_version" : 4,
  "_seq_no" : 3,
  "_primary_term" : 1,
  "found" : true,
  "_source" : {
    "product" : "r2d2",
    "details" : "A resourceful astromech droid"
  }
}
```

搜索 API 可以通过设置 seq_no_primary_term 参数返回每个命中文档的_seq_no 和_primary_term：

```
GET /_search
{
    "seq_no_primary_term": true,
    "query" : {
        "term" : { "user" : "Kimchy" }
    }
}
```

_seq_no 和_primary_term 唯一地标识一个变更。通过记下返回的这两个值，可以确保仅在检索文档后没有对其进行其他更改的情况下更改文档。这是通过设置索引 API 或删除 API 的 if_seq_no 和 if_primary_term 参数来完成的。

例如，以下调用将确保向文档中添加标记 tag，而不会丢失对描述的任何潜在更改或由其他 API 添加其他标记：

```
PUT products/_doc/1567?if_seq_no=362&if_primary_term=2
{
    "product" : "r2d2",
    "details" : "A resourceful astromech droid",
    "tags": ["droid"]
}
```

第5章 搜索数据

本章将详细介绍 Elasticsearch 提供的数据搜索功能。搜索 API 的格式有 URI 和 body 两种形式。大多数搜索 API 都是支持多索引的,Explain API 除外(用于调试性能)。

5.1 基本概念和机制

执行搜索时,Elasticsearch 将根据内部的选择公式选择数据的“最佳”副本。也可以通过提供路由参数 routing 来控制要搜索的分片。例如,索引 twitter 时,路由值可以是用户名:

```
POST /twitter/_doc?routing=kimchy
{
    "user" : "kimchy",
    "postDate" : "2009-11-15T14:12:12",
    "message" : "trying out Elasticsearch"
}
```

在这种情况下,如果只需要在 twitter 上搜索特定用户,可以将其指定为路由,从而使搜索只命中相关的分片,具体实例如下:

```
POST /twitter/_search?routing=kimchy
{
    "query": {
        "bool" : {
            "must" : {
                "query_string" : {
                  "query" : "some query string here"
                }
            },
            "filter" : {
                "term" : { "user" : "kimchy" }
            }
        }
    }
}
```

路由参数可以是多值的,用逗号分隔的字符串表示,这将会命中路由值匹配的相关分片。

默认情况下，Elasticsearch 将使用所谓的“自适应副本选择”机制。这样，协调节点（接受请求的节点）可以根据多个条件将请求发送到被视为“最佳”的副本，主要考虑的因素如下：

- 协调节点和包含数据副本的节点之间传送请求的响应时间。
- 在包含数据的节点上执行过去的搜索请求所用的时间。
- 包含数据的节点上的搜索线程池的队列大小。

这可以通过更改动态集群设置 cluster.routing.use_adaptive_replica_selection 为 false 来关闭这种分片选择机制：

```
PUT /_cluster/settings
{
    "transient": {
        "cluster.routing.use_adaptive_replica_selection": false
    }
}
```

如果关闭“自适应副本选择”机制，则在所有数据副本（主分片和副本）之间以循环方式将搜索发送到相关分片。

搜索可以与 STATS 组相关联，STATS 组维护每个组的统计聚合信息。后面有章节来讲解使用索引统计 API 来检索它。例如，下面的实例是一个将请求与两个不同组关联的搜索正文请求：

```
POST /_search
{
    "query" : {
        "match_all" : {}
    },
    "stats" : ["group1", "group2"]
}
```

作为请求正文搜索的一部分，单个搜索可以有一个超时。由于搜索请求可以来自多个源，因此 Elasticsearch 具有全局搜索超时的动态集群级别设置。该设置适用于所有未在请求正文中设置超时的搜索请求，这些请求将在指定的时间后取消，因此同样的超时响应警告也适用。

default_search_timeout 可以动态设置，默认值为无全局超时。把此值设置为－1 将全局搜索超时重置为无超时。

可以使用标准的任务取消 API 终止搜索请求的执行。默认情况下，正在运行的搜索进程只检查它是否被取消或不在段边界上，因此取消可能有较大延迟。当在大段上执行请求时，通过将 search.low_level_cancellation 动态设置为 true，可以提高搜索取消操作的响应能力。然而，它带来了额外的开销，引发更频繁的取消检查，在高并发场景下可能会导致性能问题。同时，更改此设置只影响更改后开始的搜索。

默认情况下，Elasticsearch 不会因为命中分片数量多而拒绝任何搜索请求。虽然 Elasticsearch 将优化协调节点上的搜索执行，但大量分片会对 CPU 和内存产生重大影响。更好地组织数据的方法是分片数量少，单个分片数据量大。如果要配置软限制，可以更新

action.search.shard_count.limit 集群设置,以拒绝命中过多分片的搜索请求。

请求参数 max_concurrent_shard_requests,用于控制每个节点的最大并发分片请求数(每个节点上同时执行请求的分片的数量)。此参数应用于保护单个请求不会造成集群负载过高(例如,默认请求将命中集群中的所有索引,如果每个节点的分片数较高,则可能导致分片请求拒绝)。其默认值是所有群集中数据节点的数量,但最多为 256。

5.2　搜索 API

搜索 API(_search)允许用来执行搜索查询并返回匹配的结果。可以使用简单查询字符串作为参数提供查询(URI 形式),也可以使用请求正文(body 形式)。

所有搜索 API 都支持跨索引机制,并支持多索引语法。例如,搜索 twitter 索引中的所有文档:

```
GET /twitter/_search?q=user:kimchy
```

还可以在多个索引中搜索具有特定标记的所有文档,例如当每个用户有一个索引时:

```
GET /kimchy,Elasticsearch/_search?q=tag:wow
```

或者使用_all 搜索所有可用索引:

```
GET /_all/_search?q=tag:wow
```

为了确保快速响应,如果一个或多个分片失败,搜索 API 将以部分结果响应。

5.3　URI 模式

通过提供请求参数,可以纯粹使用 URI 执行搜索请求。在使用此模式执行搜索时,并非所有搜索选项都可用,但对于快速的“测试”来说,它非常方便。下面是一个例子:

```
GET twitter/_search?q=user:kimchy
```

URI 搜索模式支持的参数如表 5-1 所示。

表 5-1　URI 参数

参数名称	含义及用法
q	查询字符串(映射到 query_string 查询,有关详细信息,请参阅相关章节 DSL 内容)
df	在查询中未定义字段前缀时使用的默认字段
analyzer	分析查询字符串时使用的分析器名称
analyze_wildcard	是否应分析通配符和前缀查询,默认为 false
batched_reduce_size	应在协调节点上一次减少的分片结果数。如果请求中潜在的分片数量很大,则应将此值用作保护机制,以减少每个搜索请求的内存开销

续表

参数名称	含义及用法
default_operator	要使用的默认运算符，可以是 AND 或 OR，默认为 OR
lenient	如果设置为 true 将导致忽略基于格式的失败（如为数字字段提供文本），默认为 false
explain	对于每个命中结果，包含如何计算命中得分的解释信息
_source	设置为 false 禁用 _source 字段检索。可以使用 _source_include& _source_exclude 检索文档的部分字段
stored_fields	要返回的文档的存储字段，用逗号分隔，不指定任何值将导致没有字段返回
sort	排序，可以是 fieldName 或 fieldName：asc/fieldName：desc。fieldName 可以是文档中的实际字段，也可以是特殊_score 字段，表示基于分数的排序，可以有几个 sort 参数（顺序很重要）
track_scores	当为 true 时会始终计算相关性分数；当为 false 时，相关性计算开销巨大。如果不用相关性排序，则不会计算，_score 和 max_score 字段都是 null。如果用到了相关性排序，还是会计算相关性分数的

track_total_hits	值可以是 false 或正整数。当为 false 时，不再返回 total 计数，total 始终为 1；当为正整数时，表示精确的命中文档计数，例如为 1000 时，返回如下结构：
	`"total" : {`
	`"value" : 1,`
	`"relation" : "gte"`
	`}`
	此时如果命中结果小于或等于 1000 时，value 是精确的计数，relation 是 eq；如果命中的结果数大于 1000 时，此时 value 等于 1000，relation 是 gte。如果需要精确统计结果数，这个值要设置得很大，这个参数的设置更多地出于性能考虑

timeout	搜索超时，将搜索请求限制在指定的时间内执行。如果超过这个时间没有执行完毕，则请求返回。默认为无超时，一般无须更改这个值
terminate_after	每个分片可以收集的最大文档数，在达到这个值时查询将提前终止。如果设置了这个参数，响应将具有一个布尔字段 terminated_early，以指示查询执行是否实际上已终止，默认为无限制
from	结果的偏移量，默认为 0
size	要返回的结果的数量，默认为 10
search_type	要执行的搜索操作的类型，可以是 dfs_query_then_fetch 或 query_then_fetch，默认为 query_then_fetch
allow_partial_search_results	为 false 时，如果请求将产生部分结果，则设置为返回整体请求失败；默认为 true，这将允许在超时或部分失败的情况下获得部分结果。可以通过 search.default_allow_partial_results 动态设置

5.4 Body 模式

搜索请求可以在请求正文中使用 Query DSL（后面会有章节讲解）。下面是一个例子：

```
GET /twitter/_search
{
    "query" : {
        "term" : { "user" : "kimchy" }
    }
}
```

Body 搜索模式支持的参数如表 5-2 所示。

表 5-2　Body 支持的参数

参数名称	含义及用法
batched_reduce_size	此参数用来限制协调节点一次(批)处理的分片数量,如果命中的分片数量大于此参数值,则会分批执行,默认值为 512。如果请求中潜在的分片数量很大,则应将此值用作保护机制,以减少每个搜索请求的内存开销
timeout	搜索超时,将搜索请求限制在指定的时间内执行,如果超过这个时间没有执行完毕,则请求返回。默认为无超时,一般无须更改这个值
terminate_after	每个分片可以收集的最大文档数,在达到这个值时查询将提前终止。如果设置了这个参数,响应将具有一个布尔字段 terminated_early,指示查询执行是否实际上已终止。默认为无限制
from	结果的偏移量,默认为 0
size	要返回的结果的数量,默认为 10
search_type	要执行的搜索操作的类型,可以是 dfs_query_then_fetch 或 query_then_fetch,默认为 query_then_fetch
allow _ partial _ search _results	为 false 时,如果请求将产生部分结果,则设置为返回整体请求失败;默认为 true,这将允许在超时或部分失败的情况下获得部分结果。可以通过 search.default_allow_partial_results 动态设置
result_cache	设置为 true 或 false 以启用或禁用对 size 为 0 的请求(即 aggregations 和 suggestions)的搜索结果缓存
ccs _ minimize _roundtrips	默认为 true,设置为 false 以禁用在执行跨集群搜索请求时最小化协调节点和远程集群之间的网络往返

注意:search_type、request_cache 和 allow_partial_search_results 必须作为查询字符串参数传递(不能放在 body 里面,要放在 URL 里面)。搜索请求的其余部分应该在主体内部传递。正文内容也可以作为名为 source 的 REST 参数传递。HTTP GET 和 HTTP POST 都可以用于执行带 Body 的搜索。

terminate_after 始终在 post_filter 之后应用,并在分片上收集到足够的命中结果后停止查询和聚合。聚合上的文档计数可能不会反映响应中的 hits.total,因为聚合是在 post_filter 之前应用的。

如果只需要知道是否有任何文档匹配特定的查询,可以将 size 设置为 0,以表示对搜索结果不感兴趣。此外,还可以将 terminate_after 设置为 1,以指示只要找到第一个匹配的文档(每个分片),就可以终止查询执行。示例如下:

```
GET /_search?q=message:number&size=0&terminate_after=1
```

响应如下：

```
{
  "took": 3,
  "timed_out": false,
  "terminated_early": true,
  "_shards": {
    "total": 1,
    "successful": 1,
    "skipped" : 0,
    "failed": 0
  },
  "hits": {
    "total" : {
        "value": 1,
        "relation": "eq"
    },
    "max_score": null,
    "hits": []
  }
}
```

可以看到，响应结果中不包含任何文档，因为 size 设置为 0。hits.total 将等于 0，表示没有匹配的文档，或者大于 0，表示在提前终止查询时，至少有多个文档匹配此查询。此外，如果查询提前终止，则在响应中将 terminated_early 标志设置为 true。

响应中所用的时间 took 是处理此请求所用的毫秒数，从节点收到查询后快速开始，直到完成所有与搜索相关的工作，然后再将上述 JSON 返回到客户机。这意味着它包括在线程池中等待、在整个集群中执行分布式搜索以及收集所有结果所花费的时间。

5.4.1 Explain 参数

Explain 参数是 Elasticsearch 提供的辅助 API，经常不为人所知和所用。Explain 参数用来帮助分析文档的相关性分数是如何计算出来的。

下面例子使用此参数查看分数的详细信息：

```
GET /_search
{
    "explain": true,
    "query" : {
        "term" : { "user" : "kimchy" }
    }
}
```

响应如下：

```
1  {
2  "took" : 6,
3  "timed_out" : false,
4  "_shards" : {
```

```
5     "total" : 11,
6     "successful" : 11,
7     "skipped" : 0,
8     "failed" : 0
9   },
10  "hits" : {
11    "total" : {
12      "value" : 1,
13      "relation" : "eq"
14    },
15    "max_score" : 0.2876821,
16    "hits" : [
17      {
18        "_shard" : "[twitter][0]",
19        "_node" : "1Mn0uhCRTRGvnE9VVzVK3w",
20        "_index" : "twitter",
21        "_type" : "_doc",
22        "_id" : "G2T6r2oBZFnCR_TIsu5i",
23        "_score" : 0.2876821,
24        "_routing" : "kimchy",
25        "_source" : {
26          "user" : "kimchy",
27          "postDate" : "2009-11-15T14:12:12",
28          "message" : "trying out Elasticsearch"
29        },
30        "_explanation" : {
31          "value" : 0.2876821,
32          "description" : "weight(user:kimchy in 0) [PerFieldSimilarity], result of:",
33          "details" : [
34            {
35              "value" : 0.2876821,
36              "description" : "score(freq=1.0), product of:",
37              "details" : [
38                {
39                  "value" : 2.2,
40                  "description" : "boost",
41                  "details" : [ ]
42                },
43                {
44                  "value" : 0.2876821,
45                  "description" : "idf, computed as log(1 + (N - n + 0.5) / (n + 0.5)) from:",
46                  "details" : [
47                    {
48                      "value" : 1,
49                      "description" : "n, number of documents containing term",
50                      "details" : [ ]
51                    },
52                    {
53                      "value" : 1,
54                      "description" : "N, total number of documents with field",
```

```
55                      "details" : [ ]
56                    }
57                  ]
58                },
59                {
60                  "value" : 0.45454544,
61                  "description" : "tf, computed as freq / (freq + k1 * (1 - b + b * dl / avgdl))
                    from:",
62                  "details" : [
63                    {
64                      "value" : 1.0,
65                        "description" : "freq, occurrences of term within document",
66                      "details" : [ ]
67                    },
68                    {
69                      "value" : 1.2,
70                        "description" : "k1, term saturation parameter",
71                    "details" : [ ]
72                  },
73                  {
74                    "value" : 0.75,
75                    "description" : "b, length normalization parameter",
76                    "details" : [ ]
77                  },
78                  {
79                    "value" : 1.0,
80                    "description" : "dl, length of field",
81                    "details" : [ ]
82                  },
83                  {
84                    "value" : 1.0,
85                    "description" : "avgdl, average length of field",
86                    "details" : [ ]
87                  }
88                ]
89              }
90            ]
91          }
92        ]
93      }
94    }
95  ]
96 }
97 }
```

结果形式上比较复杂，里面最重要的内容就是对文档计算得到的总分以及总分的计算过程。如果总分等于 0，则该文档将不能匹配给定的查询。另一个重要内容是关于不同打分项的描述信息，根据查询类型的不同，打分项会以不同方式对最后得分产生影响。

其中，最重要的两个因子，词频和文档频率：

第 49 行，整个索引中出现 kimchy 的文档数量为 1，即文档频率是 1。

第 65 行，kimchy 在字段 user 只出现了一次。词频是 1。

5.4.2 折叠结果

允许基于字段值折叠(collapse)搜索结果。折叠是通过每个折叠键仅选择顶部排序的文档来完成的。其实就是按照某个字段分组，每个分组只取一条结果。例如，下面的查询示例为每个用户检索最好的 tweet，并按喜欢的次数(likes 字段)对其进行排序。

```
1  GET /twitter/_search
2  {
3      "query": {
4          "match": {
5              "message": "Elasticsearch"
6          }
7      },
8      "collapse" : {
9        "field" : "user"
10     },
11     "sort": ["likes"],
12     "from": 10
13 }
```

第 9 行，使用 user 字段折叠结果集。

第 11 行，按 likes 字段对文档进行排序。

第 12 行，返回结果的偏移量。

注意：响应中的命中 total 指示匹配文档的数量，是非折叠的结果。非重复组(折叠后的数量)的总数是未知的。

用于折叠的字段必须是单值 keyword 或数字 numeric 字段，而且 doc_values 属性开启。

1. 展开折叠结果

可以使用 inner_hits 选项展开每个折叠的顶部结果。示例如下：

```
1  GET /twitter/_search
2  {
3      "query": {
4        "match": {
5              "message": "Elasticsearch"
6        }
7      },
8      "collapse" : {
9          "field" : "user",
10         "inner_hits": {
11             "name": "last_tweet",
12             "size": 5,
13             "sort": [{ "date": "asc" }]
```

```
14          },
15          "max_concurrent_group_searches": 4
16      },
17      "sort": ["likes"]
18  }
```

第9行，使用use字段折叠结果集。

第11行，响应中每个组内部展开结果使用的名称。

第12行，每个折叠键要检索的结果数，也就是每组返回多少个结果。

第13行，如何对每组中的文档进行排序。

第15行，允许每个组检索内部结果的并发请求数。

还可以为每个折叠组定义不同的展开请求参数。当希望获得折叠的多个表示形式时，这很有用。示例如下：

```
1   GET /twitter/_search
2   {
3       "query": {
4           "match": {
5               "message": "Elasticsearch"
6           }
7       },
8       "collapse" : {
9           "field" : "user",
10          "inner_hits": [
11              {
12                  "name": "most_liked",
13                  "size": 3,
14                  "sort": ["likes"]
15          —   },
16              {
17                  "name": "most_recent",
18                  "size": 3,
19                  "sort": [{ "date": "asc" }]
20              }
21          ]
22      },
23      "sort": ["likes"]
24  }
```

第9行，使用user字段折叠结果集。

第11～15行，为此用户返回三条最喜欢的tweet。

第17～19行，为用户返回最近的三条tweet。

2. 二级折叠

二级折叠也是支持的，并可应用于inner_hits。例如，下面的请求为每个国家（country字段）查找得分最高的tweet，在每个国家内为每个用户查找得分最高的tweet。

```
GET /twitter/_search
{
    "query": {
        "match": {
            "message": "Elasticsearch"
        }
    },
    "collapse" : {
        "field" : "country",
        "inner_hits" : {
            "name": "by_location",
            "collapse" : {"field" : "user"},
            "size": 3
        }
    }
}
```

第二级折叠不允许再展开。

5.4.3 对结果分页

可以使用 from 和 size 参数对结果进行分页。from 参数定义要获取的第一个结果的偏移量，size 参数表示要返回的最大结果的数量。

尽管可以将 from 和 size 设置为请求参数，但它们也可以在 body 中设置。from 默认值为 0，size 默认值为 10，示例如下。

```
GET /_search
{
    "from" : 0, "size" : 10,
    "query" : {
        "term" : { "user" : "kimchy" }
    }
}
```

注意：from+size 不能超过 index.max_result_window 参数设置的值，后者的默认值为 10000。增大此参数，会导致系统开销线性增大。

5.4.4 高亮结果

高亮器(Highlighter)用来标识出搜索结果中的一个或多个字段中需要突出显示的代码段，以便向用户显示查询匹配的位置，实际应用如图 5-1 所示。

当请求中包括高亮的参数设置时，响应结果包含每个搜索命中的高亮元素，其中包括突出显示的字段和突出显示的片段。

高亮器在提取要突出显示的项时不反映查询的布尔逻辑。因此，对于某些复杂的布尔查询(例如嵌套布尔查询、minimum_should_match 等)，可能会突出显示与查询匹配不对应的部分文档。

高亮需要字段有实际内容(索引时将 store 设置为 true)。如果未存储字段(映射未将

store 设置为 true)，则加载实际的_source，并从_source 提取相关字段。

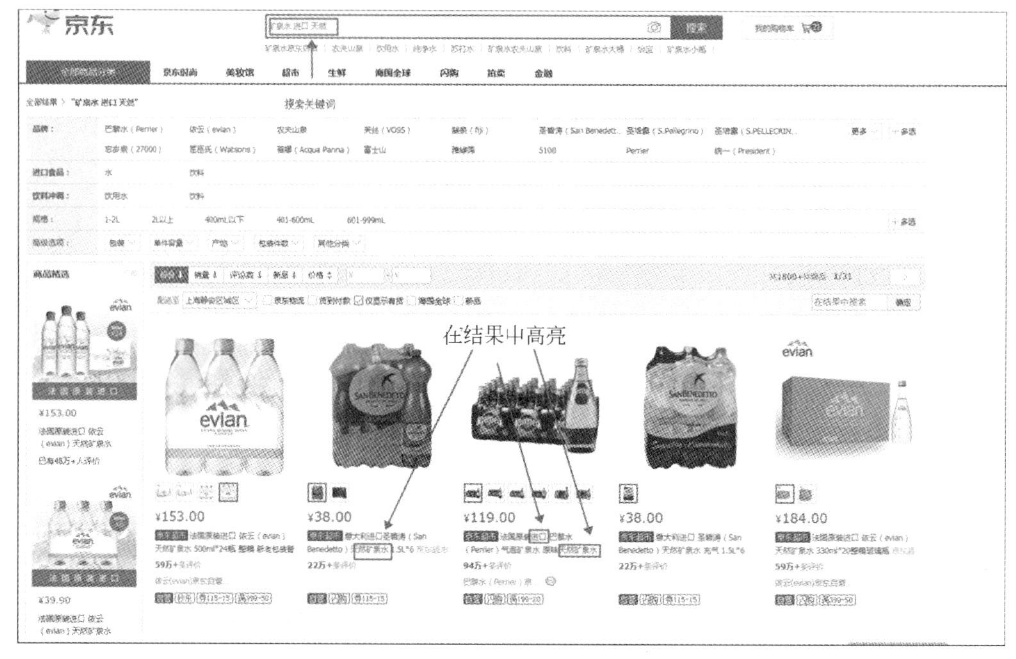

图 5-1 高亮结果

例如，使用默认高亮器对每条搜索结果中的 content 字段突出显示，请在请求正文中包含一个 highlight 对象，该对象指定 content 字段：

```
GET /_search
{
    "query" : {
        "match": { "firstname": "Amber" }
    },
    "highlight" : {
        "fields" : {
            "firstname" : {}
        }
    }
}
```

响应结果：

```
{
  "took" : 99,
  "timed_out" : false,
  "_shards" : {
    "total" : 11,
    "successful" : 11,
    "skipped" : 0,
    "failed" : 0
```

```
  },
  "hits" : {
    "total" : {
      "value" : 1,
      "relation" : "eq"
    },
    "max_score" : 6.5032897,
    "hits" : [
      {
        "_index" : "bank",
        "_type" : "_doc",
        "_id" : "1",
        "_score" : 6.5032897,
        "_source" : {
          "account_number" : 1,
          "balance" : 39225,
          "firstname" : "Amber",
          "lastname" : "Duke",
          "age" : 32,
          "gender" : "M",
          "address" : "880 Holmes Lane",
          "employer" : "Pyrami",
          "email" : "amberduke@pyrami.com",
          "city" : "Brogan",
          "state" : "IL"
        },
        "highlight" : {
          "firstname" : [
            "<em>Amber</em>"
          ]
        }
      }
    ]
  }
}
```

可以看到响应结果的最后的 highlight 元素包裹了需要高亮的结果。

Elasticsearch 支持三种高亮器：unified（基于 BM25 算法的高亮器）、plain（Lucene 标准高亮器）和 fvh（快速矢量高亮器）。实际应用中，可以为每个字段指定不同的高亮。

1. unified 高亮器

unified 高亮器使用的是 Lucene Unified Highlighter。这个高亮器将文本分成句子，并使用 BM25 算法对单个句子进行评分，就如同它们是语料库中的文档。这是默认的高亮器。

2. plain 高亮器

plain 高亮器使用标准 Lucene 高亮器。它试图从词的重要性和短语查询中的任何词定位条件来反映查询匹配逻辑。

plain高亮器最适合在单个字段中突出显示简单查询匹配项。为了准确反映查询逻辑，它会创建一个很小的内存中的索引，并通过Lucene的查询执行计划器重新运行原始查询条件，以访问当前文档的低级匹配信息。对于需要突出显示的每个字段和每个文档，重复此操作。如果想突出显示许多文档中的许多字段，进行较为复杂的查询，作者建议在postings或term_vector字段上使用unified高亮器。

3. fvh高亮器

fvh高亮器使用Lucene快速矢量高亮器。此高亮器可用于在映射中将term_vector设置为with_positions_offsets的字段。此高亮器特点如下：

- 可以通过boundary_scanner参数进行自定义设置。
- 需要设置term_vector为with_positions_offsets，以增加索引的大小。
- 可以将多个字段中的匹配项组合为一个结果。
- 可以为不同位置的匹配分配不同的权重，将短语匹配排序在Term匹配前面，主要应用于boost查询（对某个字段加权）。

4. 应用实例

本节通过示例的形式，讲解高亮器的具体使用。

（1）为字段设置高亮器

如下示例中，对每个字段进行单独设置，覆盖全局高亮设置。

```
GET /_search
{
    "query" : {
        "match": { "user": "kimchy" }
    },
    "highlight" : {
        "number_of_fragments" : 3,
        "fragment_size" : 150,
        "fields" : {
            "body" : { "pre_tags" : ["<em>"], "post_tags" : ["</em>"] },
            "blog.title" : { "number_of_fragments" : 0 },
            "blog.author" : { "number_of_fragments" : 0 },
            "blog.comment" : { "number_of_fragments" : 5, "order" : "score" }
        }
    }
}
```

（2）highlight_query查询

可以指定highlight_query查询（重评分查询），以便在突出显示时考虑其他信息。例如，下面的查询同时包含搜索查询和重新评分查询，如果用了highlight_query查询，突出显示将只考虑搜索查询。

```
GET /_search
{
    "stored_fields": [ "_id" ],
```

```
    "query" : {
        "match": {
            "comment": {
                "query": "foo bar"
            }
        }
    },
    "rescore": {
        "window_size": 50,
        "query": {
            "rescore_query" : {
                "match_phrase": {
                  "comment": {
                      "query": "foo bar",
                      "slop": 1
                  }
                }
            },
            "rescore_query_weight" : 10
        }
    },
    "highlight" : {
        "order" : "score",
        "fields" : {
            "comment" : {
                "fragment_size" : 150,
                "number_of_fragments" : 3,
                "highlight_query": {
                  "bool": {
                      "must": {
                          "match": {
                              "comment": {
                                  "query": "foo bar"
                              }
                          }
                      },
                      "should": {
                          "match_phrase": {
                              "comment": {
                                  "query": "foo bar",
                                  "slop": 1,
                                  "boost": 10.0
                              }
                          }
                      },
                      "minimum_should_match": 0
                  }
                }
            }
        }
    }
}
```

(3) 高亮器类型选择

类型字段 type 允许强制使用特定的高亮器类型。允许值为 unified、plain 和 fvh。以下是强制使用 plain 高亮器的示例：

```
GET /_search
{
    "query" : {
        "match": { "user": "kimchy" }
    },
    "highlight" : {
        "fields" : {
            "comment" : {"type" : "plain"}
        }
    }
}
```

(4) 配置高亮器标签

默认情况下，高亮显示的文本包裹在<em>和</em>中。这可以通过设置 pre_tags 标记和 post_tags 标记来控制，例如：

```
GET /_search
{
    "query" : {
        "match": { "user": "kimchy" }
    },
    "highlight" : {
        "pre_tags" : ["<tag1>"],
        "post_tags" : ["</tag1>"],
        "fields" : {
            "body" : {}
        }
    }
}
```

当使用快速矢量高亮器时，可以指定其他标签，并按重要性进行排序，示例如下。

```
GET /_search
{
    "query" : {
        "match": { "user": "kimchy" }
    },
    "highlight" : {
        "pre_tags" : ["<tag1>", "<tag2>"],
        "post_tags" : ["</tag1>", "</tag2>"],
        "fields" : {
            "body" : {}
        }
    }
}
```

还可以使用内置样式的 styled 模式：

```
GET /_search
{
    "query" : {
        "match": { "user": "kimchy" }
    },
    "highlight" : {
        "tags_schema" : "styled",
        "fields" : {
            "comment" : {}
        }
    }
}
```

（5）_source 字段高亮显示

可以强制高亮显示_source 中的字段，即使字段是单独存储的，示例如下：

```
GET /_search
{
    "query" : {
        "match": { "user": "kimchy" }
    },
    "highlight" : {
        "fields" : {
            "comment" : {"force_source" : true}
        }
    }
}
```

（6）高亮显示所有字段

默认情况下，只高亮显示包含查询匹配的字段。设置 require_field_match 为 false 可以高亮显示所有字段，示例如下。

```
GET /_search
{
    "query" : {
        "match": { "user": "kimchy" }
    },
    "highlight" : {
        "require_field_match": false,
        "fields": {
                "body" : { "pre_tags" : ["<em>"], "post_tags" : ["</em>"] }
        }
    }
}
```

（7）组合字段高亮显示

只有 fvh 高亮器支持这个特性。快速矢量高亮器可以把多个字段的匹配结果组合成单个字段来高亮显示。对于以不同方式分析同一字符串的多字段来说，这是最直观的。所有匹配的 matched_fields 字段都必须将 term_vector 设置为 with_positions_offsets，但只有匹配项组合到的字段才会被加载，因此最好将该字段的 store 属性设置为 true（加速查询，无须加载_source）。

在下面的示例中，comment 由英语分析器分析，comment.plain 由标准分析器分析。

```
GET /_search
{
    "query": {
        "query_string": {
            "query": "comment.plain:running scissors",
            "fields": ["comment"]
        }
    },
    "highlight": {
        "order": "score",
        "fields": {
            "comment": {
                "matched_fields": ["comment", "comment.plain"],
                "type" : "fvh"
            }
        }
    }
}
```

以上两种匹配查询既会匹配 run with scissors，又会匹配 running with scissors。但只会高亮 running 和 scissors，而不会高亮 run。如果这两个短语都出现在一个大文档中，那么 running with scissors 对应的文档将排在 run with scissors 对应的文档上方，因为该片段中有更多的匹配项。用 running scissors 查询时，默认是 OR 的关系，所以只要文档中出现其一就会匹配到，但只会高亮查询词 run 和 scissors，排序是同时命中两个词的文档会排在只命中一个词的前面。示例如下。

```
GET /_search
{
    "query": {
        "query_string": {
            "query": "running scissors",
            "fields": ["comment", "comment.plain^10"]
        }
    },
    "highlight": {
        "order": "score",
        "fields": {
            "comment": {
                "matched_fields": ["comment", "comment.plain"],
                "type" : "fvh"
            }
        }
    }
}
```

上面高亮显示了 run 以及 running 和 scissors，但仍然将 running with scissors 匹配的文档排序在 run with scissors 匹配文档的前面，因为 plain 匹配(running)被加权了。

(8) 高亮字段排序

Elasticsearch 按发送顺序显示高亮字段，但根据 JSON 规范，对象是无序的。如果需要明确高亮字的显示顺序，请将高亮字段 fields 指定为数组，用法如下。

```
GET /_search
{
    "highlight": {
        "fields": [
            { "title": {} },
            { "text": {} }
        ]
    }
}
```

(9) 高亮片段的控制

高亮的每个字段可以控制高亮显示片段的大小(以字符为单位，默认值为 100)，以及要返回的最大片段数(默认值为 5)，示例如下。

```
GET /_search
{
    "query" : {
        "match": { "user": "kimchy" }
    },
    "highlight" : {
        "fields" : {
            "comment" : {"fragment_size" : 150, "number_of_fragments" : 3}
        }
    }
}
```

除此之外，还可以指定高亮显示的片段按分数排序：

```
GET /_search
{
    "query" : {
        "match": { "user": "kimchy" }
    },
    "highlight" : {
        "order" : "score",
        "fields" : {
            "comment" : {"fragment_size" : 150, "number_of_fragments" : 3}
        }
    }
}
```

如果 number_of_fragments 值设置为 0，则不会生成片段，而是高亮返回字段的全部内容。如果需要高亮显示短文本(如文档标题或地址)，但不需要片段，操作非常方便。注意，在这种情况下 fragment_size 被忽略。示例如下。

```
GET /_search
{
    "query" : {
        "match": { "user": "kimchy" }
    },
    "highlight" : {
        "fields" : {
            "body" : {},
            "blog.title" : {"number_of_fragments" : 0}
        }
    }
}
```

使用 fvh 时，可以使用 fragment_offset 参数控制要从中开始高亮显示的边距。如果没有匹配的片段要高亮显示，则默认情况下不返回任何内容。相反，可以通过将 no_match_size(默认值为 0)设置为要返回的文本的长度，从字段开头返回一段文本。实际长度可能比指定的短或长，因为它试图在单词边界上中断(不会把一个词截断)。

```
GET /_search
{
    "query" : {
        "match": { "user": "kimchy" }
    },
    "highlight" : {
        "fields" : {
            "comment" : {
                "fragment_size" : 150,
                "number_of_fragments" : 3,
                "no_match_size": 150
            }
        }
    }
}
```

(10) Posting List 的应用

Posting List 就是一个整型数组，存储了所有符合某个 Term 的文档 ID。

以下示例在索引映射中设置 comment 字段以允许使用 Posting List 高亮显示结果。

```
PUT /example
{
  "mappings": {
    "properties": {
      "comment" : {
        "type": "text",
        "index_options" : "offsets"
      }
    }
```

```
    }
}
```

下面是设置 comment 字段以允许使用 term_vectors 向量(这将导致索引更大)的示例：

```
PUT /example
{
  "mappings": {
    "properties": {
      "comment" : {
        "type": "text",
        "term_vector" : "with_positions_offsets"
      }
    }
  }
}
```

(11) 为 Plain 高亮器指定片段

使用 Plain 高亮器时，可以在 simple 片段和 span 片段之间进行选择：

```
GET twitter/_search
{
    "query" : {
        "match_phrase": { "message": "number 1" }
    },
    "highlight" : {
        "fields" : {
            "message" : {
                "type": "plain",
                "fragment_size" : 15,
                "number_of_fragments" : 3,
                "fragmenter": "simple"
            }
        }
    }
}
```

5. 高亮器的内部工作原理

给定查询和文本(文档字段的内容)，高亮器的目标是找到查询的最佳文本片段，并在找到的片段中高亮显示查询词。为此，高亮器需要解决如下的几个问题：

(1) 怎样切割文档成片段

相关设置参数有 fragment_siz、fragmenter、type、boundary_chars、boundary_max_scan、boundary_scanner、boundary_scanner_locale。

plain 的高亮器首先使用给定的分析器分析文本，然后从中创建一个 token 流。plain 高亮器使用一个非常简单的算法将 token 流分解为片段。它循环遍历 token 流中的 Term，每当当前 Term 的结束偏移量超过片段大小 fragment_size 和创建的片段数的乘积时，就会创建一个新片段，期间会使用 span 分段器进行更多的计算，以避免在高亮显示的 Term 之间中断文本。但总的来说，由于片段大小 fragment_size 是决定分段的唯一因素，因此有些片段可能非常奇怪，例如以标点符号开头。

unified 或 fvh 的高亮器可以更好地利用 Java 的 BreakIterator 将文本分解成片段。这可以确保片段是一个有效的句子，只要片段大小 fragment_size 允许。

(2) 如何找到最佳片段

相关设置参数：number_of_fragments。

为了找到最好的、最相关的片段，高亮器需要对给定查询的每个片段进行评分，目标是只为那些参与生成命中文档的 Term 打分。

plain 高亮器从当前 token 流创建基于内存的索引，并通过 Lucene 的查询执行规划器重新运行原始查询条件，以访问当前文本的低层匹配信息。对于更复杂的查询，可以将原始查询转换为 span 查询，因为 span 查询可以更准确地处理短语。然后利用得到的低层匹配信息对每个片段进行评分。plain 高亮器的评分方法相当简单，每个片段都由该片段中找到的查询 Term 的数量进行评分，单个术语的得分等于其权重，默认值为 1。因此，默认情况下，包含一个查询 Term 的片段得分为 1，包含两个查询 Term 的片段得分为 2，依此类推。然后根据分数对片段进行排序，将首先输出得分最高的片段。

fvh 高亮器不需要分析文本并构建内存中的索引，因为它使用预先索引的文档 Term 向量，并在其中查找与查询相对应的 Term。fvh 根据在这个片段中找到的查询词的数量对每个片段进行评分。与 plain 高亮器类似，单项得分等于其权重值。与 plain 高亮器相比，所有的查询词都要计算，而不仅仅是唯一的词(不去重)。

unified 高亮器可以使用预索引 Term 向量或预索引 Term 偏移(如果可用)。否则，与 plain 高亮器类似，它必须从文本创建内存中的索引。unified 高亮器使用 BM25 评分模型对片段进行评分。

(3) 如何高亮片段中的查询词

相关设置参数：pre-tags、post-tags。

高亮器的目标是只高亮显示那些参与生成命中文档的 Term。对于一些复杂的布尔查询，这仍然在进行开发中，因为高亮器不反映查询的布尔逻辑，只提取叶(Term、Phrases 和 Prefix 等)查询。

plain 高亮器(给定 token 流和原始文本)，重新编译原始文本以仅高亮显示上一步骤的低层匹配信息结构中包含的 token 流中的术语。

fvh 和 unified 高亮器使用中间数据结构以某种原始形式表示片段，然后用实际文本填充它们。

高亮器使用 pre-tags，post-tags 对高亮显示的 Term 进行编码。

下面通过具体的实例，更详细地介绍 unified 高亮器的工作原理。

首先，创建一个带有文本字段 content 的索引，它将使用英语分析器进行索引，并且索引时不带有偏移量或 Term 向量。

```
PUT test_index
{
    "mappings": {
        "properties": {
```

```
            "content" : {
                "type" : "text",
                "analyzer" : "english"
            }
        }
    }
}
```

索引文档：

```
PUT test_index/_doc/doc1
{
  "content" : "For you I'm only a fox like a hundred thousand other foxes. But if you tame me, we'll need each other. You'll be the only boy in the world for me. I'll be the only fox in the world for you."
}
```

运行如下高亮查询：

```
GET test_index/_search
{
    "query": {
        "match_phrase" : {"content" : "only fox"}
    },
    "highlight": {
        "type" : "unified",
        "number_of_fragments" : 3,
        "fields": {
            "content": {}
        }
    }
}
```

在找到 doc1 文档后，此文档将传递给 unified 高亮器，以高亮显示文档的字段 content。由于字段内容没有使用偏移量或 Term 向量进行索引，因此将分析其原始字段值，并根据与查询匹配的 Term 构建内存中索引：

```
{"token":"onli","start_offset":12,"end_offset":16,"position":3},
{"token":"fox","start_offset":19,"end_offset":22,"position":5},
{"token":"fox","start_offset":53,"end_offset":58,"position":11},
{"token":"onli","start_offset":117,"end_offset":121,"position":24},
{"token":"onli","start_offset":159,"end_offset":163,"position":34},
{"token":"fox","start_offset":164,"end_offset":167,"position":35}
```

复杂短语查询将转换为 spanNear([text：onli，text：fox]，0，true)，这意味着按给定顺序查找 onli 和 fox，编辑距离为零即准确查找。span 查询将针对在内存中创建的索引运行，以查找以下匹配项：

```
{"term":"onli", "start_offset":159, "end_offset":163}, {"term":"fox", "start_offset":164, "end_offset":167}
```

在上面的示例中只有一个匹配项,也可能有多个匹配项。给定匹配项,unified 高亮器将字段的文本拆分为所谓的"段落"。每个"段落"必须至少包含一个匹配项。unified 高亮器使用 Java 的 BreakIterator 确保每个段落都代表一个完整的句子,只要它不超过片段大小 fragment_size。对于这个示例,得到了一个具有以下属性的单独段落(此处仅显示属性的一个子集):

```
Passage:
startOffset: 147
endOffset: 189
score: 3.7158387
matchStarts: [159, 164]
matchEnds: [163, 167]
numMatches: 2
```

注意:一个"段落"如何计算分数,使用适合段落的 BM25 评分公式计算。通过分数选择最好的段落,如果有更多的段落可用,例如,多于 number_of_fragments,还可以按顺序对段落进行排序。如果用户要求,则按 order: "score"排序。

作为最后一步,unified 高亮器将从字段文本中提取与每个段落对应的字符串:

```
"I'll be the only fox in the world for you."
```

并将使用段落的 matchstarts 和 matchends 信息格式化此字符串中的所有匹配项,使用<em>和</em>标记:

```
I'll be the <em>only</em><em>fox</em>in the world for you.
```

这种格式化字符串是返回给用户的高亮的最终结果。

5.4.5 索引加权

在搜索多个索引时,可以为每个索引配置不同的权重。当来自一个索引的命中文档比来自另一个索引的更重要时,这非常方便。

```
GET /_search
{
    "indices_boost" : [
        { "alias1" : 1.4 },
        { "index*" : 1.3 }
    ]
}
```

这在使用别名或通配符表达式时很重要。如果找到多个匹配项,将使用第一个匹配项。例如,如果一个索引同时包含在 alias1 和 index* 中,则将应用 1.4 的 boost 值。

5.4.6 命中文档嵌套

父联接(parent-join)和嵌套(nested)功能允许返回在不同范围内具有匹配项的文档。在父/子案例中,父文档基于子文档中的匹配项返回,或者子文档基于父文档中的匹配项返回。在嵌套的情况下,基于嵌套内部对象中的匹配项返回文档。

在这两种情况下,导致返回文档的不同范围中的实际匹配都是隐藏的。在许多情况下,了解哪些内部嵌套对象(对于嵌套对象)或子/父文档(对于父/子文档)导致返回某些信息是非常必要的。此功能在搜索响应中返回每次搜索命中的其他嵌套命中,这些嵌套命中导致搜索命中在不同范围内匹配。

使用方法是通过在 nested、has_child 或 has_parent 查询和筛选上定义内部定义 inner_hits。结构如下:

```
"<query>" : {
    "inner_hits" : {
        <inner_hits_options>
    }
}
```

如果在查询上定义了 inner_hits,那么每个搜索命中都将包含一个具有以下结构的 inner_hits JSON 对象:

```
"hits": [
     {
        "_index": ...,
        "_type": ...,
        "_id": ...,
        "inner_hits": {
            "<inner_hits_name>": {
              "hits": {
                  "total": ...,
                  "hits": [
                   {
                     "_type": ...,
                     "_id": ...,
                     ...
                   },
                   ...
                  ]
              }
            }
        },
        ...
     },
     ...
]
```

1. 嵌套的 inner_hits

嵌套的 inner_hits 可用于将嵌套的内部对象包含为搜索命中的内部命中。示例如下:

```
PUT test
{
  "mappings": {
```

```
    "properties": {
      "comments": {
        "type": "nested"
      }
    }
  }
}

PUT test/_doc/1?refresh
{
  "title": "Test title",
  "comments": [
    {
      "author": "kimchy",
      "number": 1
    },
    {
      "author": "nik9000",
      "number": 2
    }
  ]
}

POST test/_search
{
  "query": {
    "nested": {
      "path": "comments",
      "query": {
        "match": {"comments.number" : 2}
      },
      "inner_hits": {}
    }
  }
}
```

响应如下：

```
{
  ...,
  "hits": {
    "total" : {
        "value": 1,
        "relation": "eq"
    },
    "max_score": 1.0,
    "hits": [
      {
        "_index": "test",
        "_type": "_doc",
```

```
        "_id": "1",
        "_score": 1.0,
        "_source": ...,
        "inner_hits": {
          "comments": {
            "hits": {
              "total" : {
                  "value": 1,
                  "relation": "eq"
              },
              "max_score": 1.0,
              "hits": [
                {
                  "_index": "test",
                  "_type": "_doc",
                  "_id": "1",
                  "_nested": {
                    "field": "comments",
                    "offset": 1
                  },
                  "_score": 1.0,
                  "_source": {
                    "author": "nik9000",
                    "number": 2
                  }
                }
              ]
            }
          }
        }
      }
    ]
  }
}
```

在上面的例子中，嵌套元数据_nested 是至关重要的，因为它定义了这个内部命中来自哪个内部嵌套对象。Field 定义嵌套命中来自的对象数组字段，以及相对于其在_source 中位置的偏移量 offset。由于排序和评分，inner_hits 中命中对象的实际位置通常与定义嵌套内部对象的位置不同。

默认情况下，也会为 inner_hits 中的命中对象返回_source，但这可以更改。通过_source 过滤功能可以返回部分字段。如果在嵌套级别上定义了存储字段，也可以通过 fields 功能返回这些字段。

一个重要的默认行为是，在返回结果中，inner_hits 元素中的 hits 元素的_source 字段只包含定义为_nested 类型的字段。因此在上面的示例中，每次嵌套命中只返回注释部分，而不是包含注释的顶级文档的整个源。

2. 嵌套内部名字和_source

嵌套文档没有_source 字段，因为整个文档_source 是与根文档一起存储在其_source 字段下。为了仅包含嵌套文档的源，将解析根文档的源，并且只将嵌套文档的相关 bit 作为源包含在内部命中中。为每个匹配的嵌套文档执行此操作会影响执行整个搜索请求所需的时间，特别是当 size 和内部命中数的 size 设置高于默认值时，会付出相对昂贵的代价。为了避免为获取嵌套内部命中的_source 而解析整个根文档的_source，可以禁用返回_source 的功能("source":false)，并且只依赖于 doc values 字段。示例如下：

```
PUT test
{
  "mappings": {
    "properties": {
      "comments": {
        "type": "nested"
      }
    }
  }
}

PUT test/_doc/1?refresh
{
  "title": "Test title",
  "comments": [
    {
      "author": "kimchy",
      "text": "comment text"
    },
    {
      "author": "nik9000",
      "text": "words words words"
    }
  ]
}

POST test/_search
{
  "query": {
    "nested": {
      "path": "comments",
      "query": {
        "match": {"comments.text" : "words"}
      },
      "inner_hits": {
        "_source" : false,
        "docvalue_fields" : [
          "comments.text.keyword"
```

```
        ]
      }
    }
  }
}
```

3. 嵌套对象字段和内部命中的层次级别

如果映射具有多层次嵌套对象字段,则可以通过点标记访问每个级别。例如,如果有一个包含 votes 嵌套字段的 comments 嵌套字段,并且 votes 应直接与根一起返回,则可以定义以下路径:

```
PUT test
{
  "mappings": {
    "properties": {
      "comments": {
        "type": "nested",
        "properties": {
          "votes": {
            "type": "nested"
          }
        }
      }
    }
  }
}

PUT test/_doc/1?refresh
{
  "title": "Test title",
  "comments": [
    {
      "author": "kimchy",
      "text": "comment text",
      "votes": []
    },
    {
      "author": "nik9000",
      "text": "words words words",
      "votes": [
        {"value": 1 , "voter": "kimchy"},
        {"value": -1, "voter": "other"}
      ]
    }
  ]
}

POST test/_search
```

```
{
  "query": {
    "nested": {
      "path": "comments.votes",
        "query": {
          "match": {
            "comments.votes.voter": "kimchy"
          }
        },
        "inner_hits" : {}
    }
  }
}
```

4. 父子嵌套

父/子 inner_hits 可用于包括父或子对象，示例如下：

```
PUT test
{
  "mappings": {
    "properties": {
      "my_join_field": {
        "type": "join",
        "relations": {
          "my_parent": "my_child"
        }
      }
    }
  }
}

PUT test/_doc/1?refresh
{
  "number": 1,
  "my_join_field": "my_parent"
}

PUT test/_doc/2?routing=1&refresh
{
  "number": 1,
  "my_join_field": {
    "name": "my_child",
    "parent": "1"
  }
}

POST test/_search
```

```
{
  "query": {
    "has_child": {
      "type": "my_child",
      "query": {
        "match": {
          "number": 1
        }
      },
      "inner_hits": {}
    }
  }
}
```

响应形式如下：

```
{
    ...,
    "hits": {
        "total" : {
            "value": 1,
            "relation": "eq"
        },
        "max_score": 1.0,
        "hits": [
            {
                "_index": "test",
                "_type": "_doc",
                "_id": "1",
                "_score": 1.0,
                "_source": {
                  "number": 1,
                  "my_join_field": "my_parent"
                },
                "inner_hits": {
                  "my_child": {
                      "hits": {
                          "total" : {
                              "value": 1,
                              "relation": "eq"
                          },
                          "max_score": 1.0,
                          "hits": [
                              {
                                  "_index": "test",
                                  "_type": "_doc",
                                  "_id": "2",
                                  "_score": 1.0,
```

```
                            "_routing": "1",
                            "_source": {
                                "number": 1,
                                "my_join_field": {
                                    "name": "my_child",
                                    "parent": "1"
                                }
                            }
                        }
                    ]
                }
            }
        }
    }
]
}
}
```

嵌套功能非常消耗性能，建议通过字段冗余来实现类似的需求。

5.4.7 分数值过滤

如下实例中，排除得分_score 低于设定的 min_score 的文档：

```
GET /_search
{
    "min_score": 0.5,
    "query" : {
        "term" : { "user" : "kimchy" }
    }
}
```

注意：大多数情况下，这没有多大意义，但它是为高级用例提供的。

5.4.8 查询命名

可以为每个查询或过滤起个名字：

```
GET /_search
{
    "query": {
        "bool" : {
            "should" : [
                {"match" : { "name.first" : {"query" : "shay", "_name" : "first"} }},
                {"match" : { "name.last" : {"query" : "banon", "_name" : "last"} }}
            ],
            "filter" : {
                "terms" : {
                    "name.last" : ["banon", "kimchy"],
```

```
                    "_name" : "test"
                }
            }
        }
    }
}
```

搜索响应将包括 matched_queries。查询和过滤器的命名只对 bool 查询有意义。

5.4.9　post_filter 过滤

在计算聚合之后，post_filter 用来对搜索结果进行二次过滤。其目的通过如下示例来解释：

```
PUT /shirts
{
    "mappings": {
        "properties": {
            "brand": { "type": "keyword"},
            "color": { "type": "keyword"},
            "model": { "type": "keyword"}
        }
    }
}

PUT /shirts/_doc/1?refresh
{
    "brand": "gucci",
    "color": "red",
    "model": "slim"
}
```

假设用户指定了两个过滤器：color：red 和 brand：gucci。通常情况下，也可以使用 bool 查询进行此操作：

```
GET /shirts/_search
{
  "query": {
    "bool": {
      "filter": [
        { "term": { "color": "red" }},
        { "term": { "brand": "gucci" }}
      ]
    }
  }
}
```

但是，用户可能还需要使用 faceted 切面导航来显示用户可以单击的其他选项的列表。也许有一个 model 字段，允许用户将搜索结果限制为 t-shirts 或 dress-shirts。如图 5-2 展示了这个应用场景。

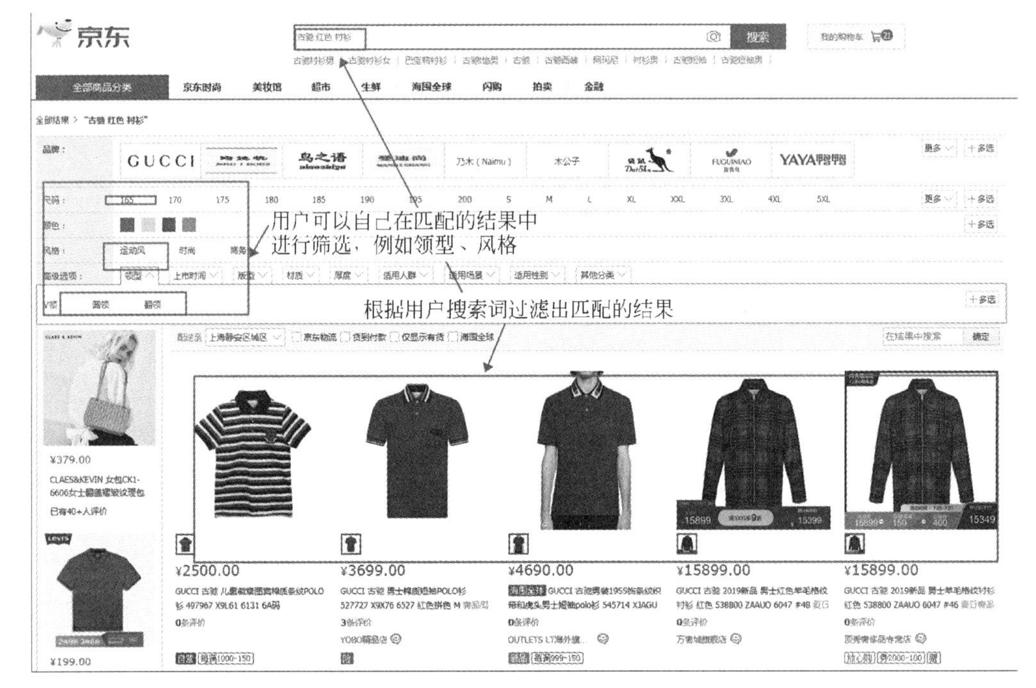

图 5-2 聚合功能应用

可以使用如下聚合查询，实现上述功能：

```
GET /shirts/_search
{
  "query": {
    "bool": {
      "filter": [
        { "term": { "color": "red" }},
        { "term": { "brand": "gucci" }}
      ]
    }
  },
  "aggs": {
    "models": {
      "terms": { "field": "model" }
    }
  }
}
```

同时，用户可能需要知道有多少其他颜色的 Gucci 衬衫。如果只是在颜色字段 color 上添加一个 Term 聚合，那么将只返回 red 对应的结果，因为查询只返回 Gucci 的红色衬衫。

相反，用户希望在聚合期间包含所有颜色的衬衫，然后只将 colors 过滤器应用于搜索结果。这是 post_filter 过滤器的目的：

```
1   GET /shirts/_search
2   {
```

```
3      "query": {
4        "bool": {
5          "filter": {
6            "term": { "brand": "gucci" }
7          }
8        }
9      },
10     "aggs": {
11       "colors": {
12         "terms": { "field": "color" }
13       },
14       "color_red": {
15         "filter": {
16           "term": { "color": "red" }
17         },
18         "aggs": {
19           "models": {
20             "terms": { "field": "model" }
21           }
22         }
23       }
24     },
25     "post_filter": {
26       "term": { "color": "red" }
27     }
28 }
```

第6行，主查询找到Gucci所有的衬衫，不管颜色。

第12行，colors聚合agg返回Gucci衬衫的流行颜色聚合结果。

第14～23行，color_red聚合agg将models聚合限制为红色Gucci衬衫。

第25～27行，post_filter过滤器从搜索结果中删除除红色以外的其他颜色的结果。

这个功能目的是，在聚合完成后，再对搜索的结果进行二次过滤。

5.4.10 分片选择

参数preference控制要对其执行搜索的分片的选择机制。默认情况下，Elasticsearch以未指定的顺序从可用的分片中进行选择。但是，有时可能需要尝试将某些搜索路由到特定的分片副本集，以更好地利用每个副本的缓存。

preference是一个查询字符串参数，可以设置为如下参数：

- _only_local：该操作将仅在接受请求的本地节点的分片上执行。
- _local：优先选择本地的分片，本地没有对应分片或对应分片不可用时再路由到其他分片。
- _prefer_nodes：abc，xyz：如果可能，该操作将在具有提供的节点ID之一的节点上执行（本例中为abc或xyz）。如果在多个选定节点上存在合适的分片副本，则这些副本之间的首选顺序不确定。指定的ID不满足时会路由到其他分片。
- _shards：2，3：将操作限制在为指定的分片，本例中为2和3。此首选项可以与其他首选项组合，但必须首先配置：_shards：2，3_u local。

- _only_nodes：abc＊，x＊yz，..：将操作限制到根据节点规范指定的节点。如果在多个选定节点上存在合适的分片副本，则这些副本之间的首选顺序不确定。

在实际生产环境中用得最多的是_local，可以节省一定的网络开销。

5.4.11 重排序

重新排序有助于提高检索结果的精度，只需重新排序顶部（例如 100-500）文档，使用二级（通常更昂贵）算法，而不是将昂贵的算法应用于索引中的所有文档。

在每个分片返回其结果给协调节点之前，就会执行重排序（rescore）请求。

目前，rescore API 只有一个实现：query rescorer，它使用查询来调整评分。在未来，可能会有其他的实现方式。

如果在重排序查询 rescore 中提供了显式排序，则将引发错误。既然重排序，就不能再自定义排序。

当向用户显示分页时，不应该在单步浏览每个页面时更改窗口大小 window_size（通过传递不同的值），因为这样会改变顶部命中，导致结果在用户单步浏览页面时发生令人困惑的移动（结果重复或缺少某些文档）。

查询重新排序器（query rescorer）仅对查询和 post_filter 筛选阶段返回的前 k 个结果执行二次查询。每个分片上要检查的文档数可以由 window_size 参数控制，该参数默认为 10。

默认情况下，原始查询和重排序查询的分数是线性组合的，以生成每个文档的最终分数。原始查询和重排序查询的相对重要性可以分别用查询权重 query_weight 和重排序查询权重 rescore_query_weight 来控制。两者都默认为 1。下面是一个具体示例：

```
POST /_search
{
  "query" : {
     "match" : {
        "message" : {
          "operator" : "or",
          "query" : "the quick brown"
        }
     }
  },
  "rescore" : {
     "window_size" : 50,
     "query" : {
        "rescore_query" : {
          "match_phrase" : {
            "message" : {
               "query" : "the quick brown",
               "slop" : 2
            }
          }
```

```
        },
        "query_weight" : 0.7,
        "rescore_query_weight" : 1.2
      }
    }
}
```

score_mode 控制分数的组合方式，支持以下模式：

- total：加总原始查询和重排序查询的分数，这是默认方式。
- multiply：原始分数乘以重排序查询分数，适用于函数查询的重排序。
- avg：原始查询和重排序查询的分数取平均值。
- max：原始查询和重排序查询的分数取二者的最大值。
- min：原始查询和重排序查询的分数取二者的最小值。

下面示例按顺序执行多个重排序查询：

```
POST /_search
{
  "query" : {
     "match" : {
        "message" : {
           "operator" : "or",
           "query" : "the quick brown"
        }
     }
  },
  "rescore" : [ {
     "window_size" : 100,
     "query" : {
        "rescore_query" : {
           "match_phrase" : {
              "message" : {
                  "query" : "the quick brown",
                  "slop" : 2
              }
           }
        },
        "query_weight" : 0.7,
        "rescore_query_weight" : 1.2
     }
  }, {
     "window_size" : 10,
     "query" : {
        "score_mode": "multiply",
        "rescore_query" : {
           "function_score" : {
              "script_score": {
```

```
                    "script": {
                      "source": "Math.log10(doc.likes.value +2)"
                    }
                }
            }
        }
    }
  }]
}
```

首先第一个 query 获取查询结果，然后第二个 query 得到第一个 query 的结果。第二个 rescore 将“看到”第一个 rescore 所做的排序，因此可以使用第一个 rescore 上的大窗口将文档拉到第二个 rescore 的较小窗口中。

5.4.12 脚本字段

允许为每次命中返回脚本(script)计算值(基于不同字段)，例如：

```
GET /_search
{
    "query" : {
        "match_all": {}
    },
    "script_fields" : {
        "test1" : {
            "script" : {
                "lang": "painless",
                "source": "doc['price'].value * 2"
            }
        },
        "test2" : {
            "script" : {
                "lang": "painless",
                "source": "doc['price'].value * params.factor",
                "params" : {
                  "factor" : 2.0
                }
            }
        }
    }
}
```

脚本字段可以处理未存储的字段，并允许返回自定义值(脚本的计算值)。

脚本字段还可以访问实际的_source 文档，并使用 params['_source']从中提取要返回的特定元素。下面是一个例子：

```
GET /_search
    {
        "query" : {
```

```
            "match_all": {}
        },
        "script_fields" : {
            "test1" : {
                "script" : "params['_source']['message']"
            }
        }
    }
```

理解 doc['my_field'].value 和 params['_source']['my_field']之间的区别很重要。本节第一个示例,使用 doc 关键字,将导致该字段的 Term 被加载到内存(缓存),致使更快的执行速度,但会造成更多的内存消耗。另外,doc[…]表示法只允许简单值字段(不能从中返回 JSON 对象),并且只对非分析字段或基于单 Term 的字段有意义。但是,如果可能,使用 doc 仍然是从文档中访问值的推荐方法,因为每次使用_source 时都必须加载和分析,导致使用_source 非常慢。

5.4.13 滚动查询

当搜索请求返回单个"页面"的结果时,可以使用滚动查询(scroll) API 从单个搜索请求中检索大量结果(甚至是所有结果),这与在传统数据库中使用游标的方式非常相似。

滚动不适用于实时用户请求,而适用于处理大量数据,例如为了将一个索引的内容重新索引到具有不同配置的新索引中。

从滚动请求返回的结果反映了在发出初始搜索请求时索引的状态,如及时快照。对文档的后续更改(索引、更新或删除)只会影响以后的搜索请求。

为了使用滚动搜索功能,初始搜索请求应该在查询字符串中指定 scroll 参数,该参数告诉 Elasticsearch"搜索上下文"应保持活动多长时间,例如 scroll=1m。示例如下:

```
POST /twitter/_search?scroll=1m
{
    "size": 100,
    "query": {
        "match" : {
            "title" : "Elasticsearch"
        }
    }
}
```

上述请求的结果包括一个_scroll_id,它应该传递给 scroll API,以便检索下一批结果:

```
POST /_search/scroll
{
    "scroll" : "1m",
    "scroll_id" : "DXF1ZXJ5QW5kRmV0Y2gBAAAAAAAAAD4WYm9laVYtZndUQlNsdDcwakFMNjU1QQ=="
}
```

上述示例中,scroll 参数告诉 Elasticsearch 将搜索上下文再保持活跃时间 1m。scroll_id 参数是上一次查询的返回值。

size 参数用来配置每批结果返回的最大命中数。对 scroll API 的每次调用都会返回下一批结果，直到没有更多的结果可以返回，即 hits 数组为空。

初始搜索请求和随后的每个滚动请求都返回一个_scroll_id。虽然_scroll_id 可能在请求之间发生变化，但它并不总是变化。在任何情况下，只应使用最近收到的_scroll_id。

如果请求指定聚合，则只有初始搜索响应将包含聚合结果。

当排序顺序为_doc 时，滚动请求会进行优化。如果需要迭代所有文档，不管顺序如何，这都是最有效的选项，示例如下：

```
GET /_search?scroll=1m
{
  "sort": [
    "_doc"
  ]
}
```

1. 保持搜索上下文处于活跃状态

滚动搜索请求可返回初始搜索请求匹配的所有文档。它忽略对这些文档的任何后续更改，搜索上下文跟踪 Elasticsearch 返回正确文档所需的所有信息。搜索上下文由初始请求创建，并由后续请求保持活跃性。

滚动参数 scroll（传递给搜索请求和每个滚动请求）告诉 Elasticsearch 应该保持搜索上下文活动多长时间。它的值（例如 1 分钟）不需要足够长的时间来处理所有数据，只需要足够长的时间来处理前一批结果，因为每个 scroll 请求（带有 scroll 参数）会设置一个新的到期时间。如果 scroll 请求没有传递参数 scroll，那么搜索上下文将作为滚动请求的一部分被释放。

通常，后台合并过程通过合并较小的段来优化索引，从而创建新的较大的段。一旦不再需要较小的段，它们就会被删除。此过程在 scroll 查询期间也是正常执行的，但打开的搜索上下文会阻止删除旧段，因为它们仍在使用中。

此外，如果某个段包含已删除或更新的文档，则搜索上下文必须跟踪该段中的每个文档在初始搜索请求时是否处于活动状态。如果索引上有许多打开的滚动查询，并且这些查询会受到正在进行的删除或更新的影响，请确保节点具有足够的堆空间。

可以使用如下方式检查打开了多少搜索上下文：

```
GET /_nodes/stats/indices/search
```

2. 清理搜索上下文

当超过 scroll 参数设置的超时时间时，搜索上下文将自动删除。但是，正常情况下保持搜索上下文是有成本的，因此当滚动不再使用时，应明确清除，示例如下：

```
DELETE /_search/scroll
{
```

```
    "scroll_id" : "DXF1ZXJ5QW5kRmV0Y2gBAAAAAAAAAD4WYm9laVYtZndUQlNsdDcwakFMNjU1QQ
    =="
}
```

也可以一次清除多个搜索上下文：

```
DELETE /_search/scroll
{
    "scroll_id" : [
"DXF1ZXJ5QW5kRmV0Y2gBAAAAAAAAAD4WYm9laVYtZndUQlNsdDcwakFMNjU1QQ==",
"DnF1ZXJ5VGhlbkZldGNoBQAAAAAAAAABFmtSWWRRWUJrU2o2ZExpSGJCVmQxYUEAAAAAAAAAAx
ZrUllkUVlCa1NqNmRMaUhiQlZkMWFBAAAAAAAAAAIWa1JZZFFZQmtTajZkTGlIYkJWZDFhQQA
AAAAAAAAFFmtSWWRRWUJrU2o2ZExpSGJCVmQxYUEAAAAAAAAABBZrUllkUVlCa1NqNmRMaUhi
QlZkMWFB"
    ]
}
```

要清除所有搜索上下文，可以使用_all 参数：

```
DELETE /_search/scroll/_all
```

scroll_id 可以作为查询字符串参数或在请求主体中传递。可以将用逗号分隔的多个滚动 ID 传递：

```
DELETE /_search/scroll/DXF1ZXJ5QW5kRmV0Y2gBAAAAAAAAAD4WYm9laVYtZn
dUQlNsdDcwakFMNjU1QQ==,DnF1ZXJ5VGhlbkZldGNoBQAAAAAAAAAB
FmtSWWRRWUJrU2o2ZExpSGJCVmQxYUEAAAAAAAAAAxZrUllkUVlCa1
NqNmRMaUhiQlZkMWFBAAAAAAAAAAIWa1JZZFFZQmtTajZkTGlIYkJW
ZDFhQQAAAAAAAAAFFmtSWWRRWUJrU2o2ZExpSGJCVmQxYUEAAAAAAAA
AABBZrUllkUVlCa1NqNmRMaUhiQlZkMWFB
```

3. 切片

对于返回大量文档的滚动查询，可以将滚动拆分为多个可独立使用的切片，来并行执行整个查询过程，示例如下：

```
GET /twitter/_search?scroll=1m
{
    "slice": {
        "id": 0,
        "max": 2
    },
    "query": {
        "match" : {
            "title" : "Elasticsearch"
        }
    }
}
```

```
GET /twitter/_search?scroll=1m
{
    "slice": {
        "id": 1,
        "max": 2
    },
    "query": {
        "match" : {
            "title" : "Elasticsearch"
        }
    }
}
```

上述示例中,第一个请求的结果属于第一个切片(ID: 0)的文档,第二个请求的结果属于第二个切片的文档。由于最大切片数设置为 2,因此两个请求的结果的并集相当于不进行切片的滚动查询的结果。默认情况下,首先在分片上完成分割,然后在每个分片上使用带有以下公式的_id 字段进行切片:

```
slice(doc) =floorMod(hashCode(doc._id), max)
```

例如,如果分片数量等于 2,并且用户请求 4 个切片,则切片 0 和 2 被分配给第一个分片,切片 1 和 3 被分配到第二个分片。

每个滚动是独立的,可以并行处理。

如果切片数量大于分片数量,则切片过滤器在第一次调用时速度非常慢,它的复杂性为 $O(n)$,并且内存成本等于每个切片的 N Bit,其中 N 是分片中的文档总数。在几次调用之后,应该会缓存过滤器,随后的调用就会更快,但是应该限制并行执行的切片查询的数量,以避免内存爆炸。

为了完全避免这种开销,可以使用另一个字段的 doc_values 进行切片,但用户必须确保该字段具有以下属性:

- 该字段是数字。
- 在该字段上启用 doc_values。
- 每个文档的该字段都应该是单值。如果一个文档的指定字段有多个值,则使用第一个值。
- 创建文档时,每个文档的值都应设置一次,并且从不更新。这样可以确保每个切片都得到确定的结果。
- 字段的基数应该很高,这样可以确保每个切片获得大致相同数量的文档。

默认情况下,每个滚动请求允许的最大切片数限制为 1024。可以更新 index.max_slices_per_scroll 设置以绕过此限制。

5.4.14 search_after 参数

结果的分页可以通过使用 from 和 size 来完成,但当达到深度分页时,开销会变得难以控制。index.max_result_window 默认值为 10 000,是一种保护措施,搜索请求占用堆内存和时间,与 from + size 大小成比例。建议使用 scroll API 进行深度分页,但滚动上下文成本高昂，不建议将其用于实时用户请求。search_after 参数通过提供活动光标来绕过这个问题。其思想是使用上一页的结果来帮助检索下一页。

假设检索第一页的查询如下所示：

```
GET twitter/_search
{
    "size": 10,
    "query": {
        "match" : {
            "title" : "Elasticsearch"
        }
    },
    "sort": [
        {"date": "asc"},
        {"tie_breaker_id": "asc"}
    ]
}
```

上述示例代码中，tie_breaker_id 是_id 字段的副本，已启用 doc_values。

每个文档应使用具有唯一值的字段来排序。否则，具有相同排序值的文档的排序顺序将未定义，并可能导致结果丢失或重复。_id 字段对于每个文档都有唯一的值，但不建议将其直接用作排序的决定因子。注意，tiebreaker 要查找完全或部分匹配 tiebreaker(排序的决定值)提供的值的第一个文档。因此，如果一个文档的 tiebreaker 值为 654 323，并且在其后面搜索 654，它仍然会匹配该文档并返回在其之后找到的结果。doc_values 在这个字段上被禁用，因此对它进行排序需要在内存中加载大量数据。相反，建议在启用了 doc_values 的另一个字段中复制 id 字段的内容，并使用此新字段作为排序字段。

上述请求的结果包括每个文档的 sort values。这些 sort values 可以与 search_after 参数一起使用，以在结果列表中的任何文档"之后"开始返回结果。例如，可以使用最后一个文档的排序值 sort values，然后将其传递给搜索者，以便检索下一页的结果，示例如下：

```
GET twitter/_search
{
    "size": 10,
    "query": {
        "match" : {
            "title" : "Elasticsearch"
        }
    },
    "search_after": [1463538857, "654323"],
    "sort": [
        {"date": "asc"},
        {"tie_breaker_id": "asc"}
    ]
}
```

参数 from 必须设置为 0(或－1)。

search_after 不是自由跳转到随机页面的解决方案，而是并行滚动许多查询。它与

scroll API 非常相似，但与之不同的是，search_after 参数是无状态的，它总是根据搜索者的最新版本进行解析。因此，在执行过程中，排序顺序可能会根据索引的更新或删除而改变。

5.4.15 搜索类型

在进行分布式搜索时，会执行不同的路径。分布式搜索操作需要把请求分发到所有相关的分片上，然后将所有结果收集回到协调节点。当执行分发和收集时，有几种方法可以做到这一点，特别是使用搜索引擎时。

执行分布式搜索时的一个问题是从每个分片中检索多少结果。例如，如果有 10 个分片，第一个分片可能包含从 0 到 10 的最相关结果，其他分片的结果排名低于它。因此，在执行请求时，需要从所有分片中都获取从 0 到 10 的结果，对它们进行排序，然后返回结果，这样才可以确保结果的正确性。

另一个与搜索引擎相关的问题是，每个分片都是独立存在的。当对特定分片执行查询时，它不考虑来自其他分片的 Term 频率和向量信息。如果我们想要支持精确的排名，需要首先从所有分片收集 Term 频率来计算全局 Term 频率，然后使用这些全局频率对每个分片执行查询。

此外，由于需要对结果进行排序、返回大型文档集，甚至滚动它，同时保持正确的排序行为可能是一个非常昂贵的操作。对于大型结果集的 scroll 操作，如果返回文档的顺序不重要，最好按_doc 排序。

Elasticsearch 是非常灵活的，它允许根据每个搜索请求控制要执行的搜索类型（search_type）。可以通过在查询字符串中设置 search_type 参数来配置搜索类型，其中类型有如下两种：

- query_then_fetch（默认值）：请求分两个阶段处理。在第一阶段，查询被转发到所有相关的分片，每个分片执行搜索并生成一个结果的排序列表。每个分片只返回足够的信息给协调节点（排序过的文档 ID 和排序需要的相关字段），以允许它合并并将分片级别的结果重新排序。

在第二阶段中，协调节点只从相关的分片请求文档内容（以及高亮显示的片段，如果有）。

- dfs_query_then_fetch：第二阶段与 query_then_fetch 相同，但在初始请求分发执行阶段是不同的，该阶段进行并计算分布式 Term 频率，以便更准确地评分。

5.4.16 排序

可以按特定一个或多个字段对结果排序。排序是在每个字段级别上定义的，_score 用于按得分排序，以及按索引顺序排序的_doc。

假设以下索引映射：

```
PUT /my_index
{
    "mappings": {
        "properties": {
            "post_date": { "type": "date" },
```

```
            "user": {
                "type": "keyword"
            },
            "name": {
                "type": "keyword"
            },
            "age": { "type": "integer" }
        }
    }
}
```

如下示例,返回结果按多个字段进行排序,与 SQL 语言中的 order by 功能类似:

```
GET /my_index/_search
{
    "sort" : [
        { "post_date" : {"order" : "asc"}},
        "user",
        { "name" : "desc" },
        { "age" : "desc" },
        "_score"
    ],
    "query" : {
        "term" : { "user" : "kimchy" }
    }
}
```

除了最准确的排序(因为_doc 是唯一值,排序准确)顺序之外,_doc 很少被实际应用。因此,如果不关心返回文档的顺序,那么应该按_doc 排序,这在滚动查询时尤其有用。

1. 排序方式

排序方式有两种:asc,升序;desc,降序。与 SQL 语言是相同的。

2. 多值字段排序模式

Elasticsearch 支持按数组或多值字段排序。模式选项 mode 控制对文档进行排序的值,它有以下几种值:

- min:数组或多值字段的最小值作为排序值。
- max:数组或多值字段的最大值作为排序值。
- sum:数组或多值字段的和作为排序值。
- avg:数组或多值字段的平均值作为排序值。
- median:数组或多值字段的中位数作为排序值。

以升序排序的默认排序模式是 min,选择最小值作为排序值。按降序排列的默认排序模式是 max,取最大值作为排序值。

在下面的示例中,字段 price 每个文档有多个价格。在这种情况下,结果将按每个文档的平均价格升序排序。

```
PUT /my_index/_doc/1?refresh
{
    "product": "chocolate",
    "price": [20, 4]
}

POST /_search
{
    "query" : {
        "term" : { "product" : "chocolate" }
    },
    "sort" : [
        {"price" : {"order" : "asc", "mode" : "avg"}}
    ]
}
```

3. 嵌套对象的排序

Elasticsearch 还支持按一个或多个嵌套对象中的字段排序。按嵌套字段的排序支持一个 nested 属性，该属性具有以下选项：

- path：定义要用来排序的嵌套对象字段。实际排序字段必须是此嵌套对象内的直接字段(内部不能再嵌套)。按嵌套字段排序时，此字段是必需的。
- filter：常见的情况是在嵌套的过滤器或查询中重复查询/过滤。
- max_children：选择排序值时每个根文档要考虑的最大子级数，默认为无限制。
- nested：与顶层嵌套相同，但适用于当前嵌套对象中的另一个嵌套路径。

在下面的示例中，offer 是一个嵌套类型的字段。需要指定嵌套路径 path，否则 Elasticsearch 不知道需要获取什么嵌套级别的排序值。

```
POST /_search
{
    "query" : {
        "term" : { "product" : "chocolate" }
    },
    "sort" : [
        {
            "offer.price" : {
                "mode" : "avg",
                "order" : "asc",
                "nested": {
                  "path": "offer",
                  "filter": {
                    "term" : { "offer.color" : "blue" }
                  }
                }
            }
        }
    ]
}
```

在下面的示例中,父字段和子字段的类型为嵌套。嵌套的路径需要在每个级别上指定,否则,Elasticsearch 不知道需要捕获哪个嵌套级别的排序值。

```
POST /_search
{
    "query": {
        "nested": {
            "path": "parent",
            "query": {
              "bool": {
                  "must": {"range": {"parent.age": {"gte": 21}}},
                  "filter": {
                    "nested": {
                        "path": "parent.child",
                        "query": {"match": {"parent.child.name": "matt"}}
                    }
                  }
              }
            }
        }
    },
    "sort" : [
        {
            "parent.child.age" : {
              "mode" : "min",
              "order" : "asc",
              "nested": {
                "path": "parent",
                "filter": {
                    "range": {"parent.age": {"gte": 21}}
                },
                "nested": {
                    "path": "parent.child",
                    "filter": {
                      "match": {"parent.child.name": "matt"}
                    }
                }
              }
            }
        }
    ]
}
```

4. 缺失值的处理

missing 参数指定如何处理缺少排序字段的文档。可以将 missing 的值设置为_last、_first 或自定义值(将用作缺失排序字段的文档的排序值),默认值为_last。示例如下:

```
GET /_search
{
    "sort" : [
        { "price" : {"missing" : "_last"} }
    ],
    "query" : {
        "term" : { "product" : "chocolate" }
    }
}
```

默认情况下，排序字段如果没有与字段关联的映射，则搜索请求将失败。unmapped_type 选项允许忽略没有映射的字段，不按它们排序。此参数的值用于确定要排序字段的映射类型，即自定义排序字段的数据类型。下面是一个如何使用它的示例：

```
GET /_search
{
    "sort" : [
        { "price" : {"unmapped_type" : "long"} }
    ],
    "query" : {
        "term" : { "product" : "chocolate" }
    }
}
```

如果查询的任何索引没有价格(price)映射类型，那么 Elasticsearch 将当作 long 类型的映射来处理 long，该索引中的所有文档都没有该字段的值。

5. 地理距离排序

可以按地理距离(geo)_geo_distance 排序。下面是一个例子，假设 pin.location 是 geo_point 类型的字段：

```
GET /_search
{
    "sort" : [
        {
            "_geo_distance" : {
                "pin.location" : [-70, 40],
                "order" : "asc",
                "unit" : "km",
                "mode" : "min",
                "distance_type" : "arc",
                "ignore_unmapped": true
            }
        }
    ],
    "query" : {
        "term" : { "user" : "kimchy" }
    }
}
```

各参数的含义如下：

- distance_type：如何计算距离。可以是 arc(默认)，也可以是 plane(更快，但在长距离和接近极点时不准确)。
- mode：如果一个场景有几个地理点(也就是多值)，该怎么办？默认情况下，升序排序时考虑最短距离，降序排序时考虑最长距离。支持的值包括 min、max、median 和 avg。
- unit：排序字段值的单位，默认是 m(米)。
- ignore_unmapped：上面已经讲过了，排序字段没有类型该怎么处理。

地理距离排序不支持可配置的默认值：当文档没有用于距离计算的字段值时，该距离将始终被视为无穷大(Infinity)。

地理距离排序支持多种坐标格式，如下是应用示例。

- JSON 经纬度格式：

```
GET /_search
{
    "sort" : [
        {
            "_geo_distance" : {
                "pin.location" : {
                    "lat" : 40,
                    "lon" : -70
                },
                "order" : "asc",
                "unit" : "km"
            }
        }
    ],
    "query" : {
        "term" : { "user" : "kimchy" }
    }
}
```

- 逗号分隔模式：

```
GET /_search
{
    "sort" : [
        {
            "_geo_distance" : {
                "pin.location" : "40,-70",
                "order" : "asc",
                "unit" : "km"
            }
        }
    ],
    "query" : {
```

```
        "term" : { "user" : "kimchy" }
    }
}
```

• pin 码格式：

```
GET /_search
{
    "sort" : [
        {
            "_geo_distance" : {
                "pin.location" : "drm3btev3e86",
                "order" : "asc",
                "unit" : "km"
            }
        }
    ],
    "query" : {
        "term" : { "user" : "kimchy" }
    }
}
```

• 数组格式：

```
GET /_search
{
    "sort" : [
        {
            "_geo_distance" : {
                "pin.location" : [-70, 40],
                "order" : "asc",
                "unit" : "km"
            }
        }
    ],
    "query" : {
        "term" : { "user" : "kimchy" }
    }
}
```

• 两点距离格式：

```
GET /_search
{
    "sort" : [
        {
            "_geo_distance" : {
                "pin.location" : [[-70, 40], [-71, 42]],
                "order" : "asc",
                "unit" : "km"
            }
```

```
        }
    ],
    "query" : {
        "term" : { "user" : "kimchy" }
    }
}
```

6. 自定义脚本排序

可以通过自定义的脚本的计算结果进行排序，示例如下：

```
GET /_search
{
    "query" : {
        "term" : { "user" : "kimchy" }
    },
    "sort" : {
        "_script" : {
            "type" : "number",
            "script" : {
                "lang": "painless",
                "source": "doc['field_name'].value * params.factor",
                "params" : {
                    "factor" : 1.1
                }
            },
            "order" : "asc"
        }
    }
}
```

5.4.17　_source 字段过滤

可以控制每个命中文档的_source 字段的返回方式。默认情况下，操作将返回_source 字段的内容，除非使用了 stored_fields 参数或禁用了_source 字段。

可以使用_source 参数关闭_source 字段检索，要禁用_source 字段返回，设置为 false，示例如下：

```
GET /_search
{
    "_source": false,
    "query" : {
        "term" : { "user" : "kimchy" }
    }
}
```

_source 还接受一个或多个通配符模式来控制应返回_source 的哪些部分，当然也可以不包括通配符即准确指定返回的字段，下面是两个示例：

```
GET /_search
{
    "_source": "obj.*",
    "query" : {
        "term" : { "user" : "kimchy" }
    }
}

GET /_search
{
    "_source": [ "obj1.*", "obj2.*" ],
    "query" : {
        "term" : { "user" : "kimchy" }
    }
}
```

如果需要更完全的控制，可以指定 includes 和 excludes 模式：

```
GET /_search
{
    "_source": {
        "includes": [ "obj1.*", "obj2.*" ],
        "excludes": [ "*.description" ]
    },
    "query" : {
        "term" : { "user" : "kimchy" }
    }
}
```

5.4.18 存储字段

存储字段指的是建立索引映射，store 设置为 true 的字段(默认是 false)，通常不建议使用(增加内存开销)。

stored_fields 参数控制存储字段的返回，建议使用 source 来选择要返回的原始文档的哪些字段。

允许有选择地为搜索命中的文档加载特定的存储字段，示例如下：

```
GET /_search
{
    "stored_fields" : ["user", "postDate"],
    "query" : {
        "term" : { "user" : "kimchy" }
    }
}
```

* 可用于加载文档中的所有存储字段。

stored_fields 为空数组将只返回每次命中的_id 和_type 字段，例如：

```
GET /_search
{
    "stored_fields" : [],
    "query" : {
        "term" : { "user" : "kimchy" }
    }
}
```

如果请求的字段存储映射设置为 false,则将忽略这些字段。

从文档本身获取的存储字段值始终作为数组返回。相反,像路由_routing 这样的元数据字段永远不会作为数组返回。此外,只能通过字段选项返回叶字段,不能返回对象字段,这样的请求将失败。

脚本字段也可以自动检测并用作字段,因此可以使用_source.obj1.field1 之类的内容,但不推荐,因为 obj1.field1 是更好的选择。

下面的示例禁用 stored_fields:

```
GET /_search
{
    "stored_fields": "_none_",
    "query" : {
        "term" : { "user" : "kimchy" }
    }
}
```

5.4.19　total 返回值详解

通常,要准确计算总命中数,必须访问所有匹配项,这对于匹配大量文档的查询来说代价高昂。track_total_hits 参数允许控制应如何跟踪命中总数(控制 total 的准确度)。track_total_hits 默认设置为 10 000,这意味着请求命中数在 10 000 以内,total 计数是准确的,total.relation 值是 eq。如果请求命中数大于 10 000 时,计数是不准确的,此时 total 的值是 10 000,total.relation 值是 gte。如果不需要准确的命中总数,这种设计可以加速查询。

当 track_total_hits 设置为 true 时,搜索响应返回的命中总数始终是准确的(total.relation 始终等于 eq)。搜索响应中 total 对象中返回的 total.relation 将决定 total.value 是否准确。gte 的值表示 total.value 匹配查询的总命中数的下限,eq 的值表示 total.value 是准确的计数。

通过如下示例,再来分析:

```
GET twitter/_search
{
    "track_total_hits": true,
     "query": {
        "match" : {
            "message" : "Elasticsearch"
        }
     }
}
```

响应如下：

```
1  {
2      "_shards": ...
3      "timed_out": false,
4      "took": 100,
5      "hits": {
6          "max_score": 1.0,
7          "total" : {
8              "value": 2048,
9              "relation": "eq"
10         },
11         "hits": ...
12     }
13 }
```

第 7～9 行，total.relation 的值是 eq，说明是准确计数。

也可以将 track_total_hits 设置为整数。例如，以下查询将准确跟踪与查询匹配的命中总数，最多 100 个文档，也就是命中文档数低于 100 时，是准确的，高于 100 时是不准确的(total.relation 值是 gte)：

```
GET twitter/_search
{
    "track_total_hits": 100,
      "query": {
        "match" : {
            "message" : "Elasticsearch"
        }
      }
}
```

如果不需要跟踪命中总数，可以通过将此选项设置为 false 来改进查询时间：

```
GET twitter/_search
{
    "track_total_hits": false,
      "query": {
        "match" : {
            "message" : "Elasticsearch"
        }
      }
}
```

5.4.20 版本

Elasticsearch 中的版本功能在并发更新文档时，用来处理冲突的机制。Elasticsearch 采用的是乐观并发控制机制。这种方法假定冲突是不可能发生的，所以不会阻塞正在尝试的操作。然而，如果源数据在读写当中被修改，更新将会失败。应用程序接下来将决定该如何解决冲突。例如，可以获取新的数据，重试更新或者将相关情况报告给用户。

Elasticsearch 是分布式的，当文档创建、更新、删除时，新版本的文档必须复制到集群中其他节点，同时，Elasticsearch 也是异步和并发的。这就意味着这些复制请求被并行发送，并且到达目的地时也许顺序是乱的(老版本可能在新版本之后到达)。Elasticsearch 需要一种方法确保文档的旧版本不会覆盖新的版本。Elasticsearch 利用_version(版本号)的方式来确保应用中相互冲突的变更不会导致数据丢失。需要修改数据时，需要指定想要修改文档的 version 号，如果该版本不是当前版本号，请求将会失败。

可以通过如下方式返回文档的版本信息：

```
GET /_search
{
    "version": true,
    "query" : {
        "term" : { "user" : "kimchy" }
    }
}
```

5.5 返回搜索分片信息

_search_shards API 返回将针对其执行搜索请求的索引和分片信息。这可以为解决问题或使用路由和分片首选项计划优化提供有用的反馈。示例如下：

```
GET /twitter/_search_shards
```

也可以在请求中带有路由值：

```
GET /twitter/_search_shards?routing=foo,bar
```

支持的参数如下。

- routing

一个逗号分隔的路由值列表，在确定请求将分发哪个分片执行时用到这些值。

- preference

这个是控制优先在哪些分片上执行请求，在上面的章节已经进行过讲解。

- local

一个布尔值，控制是否在本地读取集群状态，以确定在何处分配分片，而不是使用主节点的集群状态。

5.6 Count API

Count API 可以轻量级执行查询并获取该查询的匹配文档数。它可以跨一个或多个索引执行。可以使用简单查询字符串作为参数提供查询，也可以使用请求正文中定义的查询DSL。下面是一个例子：

```
PUT /twitter/_doc/1?refresh
{
    "user": "kimchy"
}

GET /twitter/_count?q=user:kimchy

GET /twitter/_count
{
    "query" : {
        "term" : { "user" : "kimchy" }
    }
}
```

5.7 Validate API

Validate API 允许用户在不执行查询的情况下验证查询的合法性。下面通过一个示例来讲解_validate API 的使用。

首先索引一些测试数据：

```
PUT twitter/_bulk?refresh
{"index":{"_id":1}}
{"user" : "kimchy", "post_date" : "2009-11-15T14:12:12", "message" : "trying out Elasticsearch"}
{"index":{"_id":2}}
{"user" : "kimchi", "post_date" : "2009-11-15T14:12:13", "message" : "My username is similar to @kimchy!"}
```

发送一个验证查询：

```
GET twitter/_validate/query?q=user:foo
```

也可以使用 body 形式：

```
GET twitter/_validate/query
{
  "query" : {
    "bool" : {
      "must" : {
        "query_string" : {
          "query" : "*:*"
        }
      },
      "filter" : {
        "term" : { "user" : "kimchy" }
      }
    }
  }
}
```

5.8 调试搜索请求

调试 API(_explain)可以查看查询和特定文档计算分数的细节。无论文档是否匹配特定查询,这都可以提供有用的反馈。必须为 index 参数提供单个索引。下面的示例展示了其用法:

```
GET /twitter/_explain/0
{
    "query" : {
      "match" : { "message" : "Elasticsearch" }
    }
}
```

第6章 聚　合

聚合框架用于根据搜索查询提供聚合数据。聚合可以看作在一组文档上构建分析信息的工作单元。执行上下文定义此文档集是什么，例如，顶级聚合在搜索请求的已执行查询或筛选器的上下文中执行。

聚合有许多不同的类型，每种类型都有自己的目的和输出。为了更好地理解这些类型，通常将它们分为四大类：

- 存储桶聚合

构建存储桶(bucket)的聚合系列，其中每个存储桶都与键和文档相关联。当执行聚合时，将对上下文中的每个文档评估所有 bucket 条件。当条件匹配时，文档将被视为“属于”相关 bucket。在聚合过程结束时，我们将得到一个存储桶列表——每个存储桶都有一组属于它的文档。

- 度量值聚合

在一组文档上跟踪和计算度量值(metrics)(一个数字)的聚合。

- 矩阵聚合

对多个字段进行操作并根据从请求的文档字段中提取的值生成矩阵结果的聚合系列。此聚合系列尚不支持脚本功能。

- 管道聚合

聚合其他聚合的输出及其相关度量值的聚合。

存储桶聚合可以具有子聚合(度量值聚合或存储桶聚合)，在其父聚合生成的存储桶下计算子聚合。嵌套聚合的级别深度没有硬限制(可以将聚合嵌套在“父”聚合下，它本身就是另一个更高级别聚合的子聚合)。本书只讲解实际中用的最多的存储桶聚合和度量值聚合。实际上其他类型的聚合很少使用。

6.1 度量值聚合

度量值聚合系列中的聚合基于以某种方式从要聚合的文档中提取的值计算聚合值。这些值通常从文档的字段中提取(使用字段数据)，但也可以使用脚本生成。

数值聚合是一种特殊类型的 metrics 聚合，它输出是数值。一些聚合输出单个数字度量值(例如 avg)，称为单值数值度量聚合(single-value numeric metrics aggregation)，其他聚合生成多个度量值(例如 stats)，称为多值数值度量聚合(multi-value numeric metrics aggregation)。当这些聚合用作某些存储桶聚合的直接子聚合时，单值和多值数字聚合的区别是需要注意的，某些存储桶聚合能够根据每个存储桶中的数值聚合只对返回的存储桶进行排序。

6.1.1　均值聚合

均值聚合(avg)是一种单值数值度量聚合,计算从聚合文档中提取的数值的平均值。这些值可以从文档中的特定数字字段中提取,也可以由提供的脚本生成。

假设数据由代表学生考试成绩(0～100)的文档组成,可以用以下公式对它们的分数进行求平均值运算:

```
POST /exams/_search?size=0
{
    "aggs" : {
        "avg_grade" : { "avg" : { "field" : "grade" } }
    }
}
```

上面的聚合计算所有文档的平均分数。聚合类型为 avg,field 定义将计算平均值的文档的数字字段。运行上面示例代码,将返回以下内容:

```
{
    ...
    "aggregations": {
        "avg_grade": {
            "value": 75.0
        }
    }
}
```

聚合的名称(上面的 avg_grade)也用作键,也可以自定义的一个标志符,通过该键可以从返回的响应中检索聚合结果。

也可以根据脚本计算平均成绩:

```
POST /exams/_search?size=0
{
    "aggs" : {
        "avg_grade" : {
            "avg" : {
                "script" : {
                    "source" : "doc.grade.value"
                }
            }
        }
    }
}
```

上述示例把 script 参数解释为具有轻量级脚本语言且没有脚本参数的内联脚本。要使用预存储的脚本,请使用以下语法:

```
POST /exams/_search?size=0
{
    "aggs" : {
        "avg_grade" : {
            "avg" : {
                "script" : {
                  "id": "my_script",
                  "params": {
                      "field": "grade"
                  }
                }
            }
        }
    }
}
```

结果证明,平均成绩超出了正常范围,需要进行修正。可以使用动态参数脚本获取新的平均值:

```
POST /exams/_search?size=0
{
    "aggs" : {
        "avg_corrected_grade" : {
            "avg" : {
                "field" : "grade",
                "script" : {
                    "lang": "painless",
                    "source": "_value * params.correction",
                    "params" : {
                        "correction" : 1.2
                    }
                }
            }
        }
    }
}
```

missing 参数定义如何处理缺少值的文档。默认情况下,它们将被忽略,但也可以将它们视为具有值:

```
POST /exams/_search?size=0
{
    "aggs" : {
        "grade_avg" : {
            "avg" : {
                "field" : "grade",
                "missing": 10
            }
        }
```

```
    }
}
```

所有的度量聚合都支持脚本功能，对缺少值的处理机制也是相同的，后续章节不再重复此部分内容。

6.1.2　带权重的均值聚合

计算从聚合文档中提取的数值的加权平均值，这些值可以从文档中的特定数字字段中提取，也可以由脚本生成。

计算常规平均值时，每个数据点都有一个相等的“权重”，它对最终值的贡献相等。另一方面，加权平均值对每个数据点的权重不同，每个数据点贡献给最终值的权重从文档中提取，或由脚本提供。计算公式：

$$\sum(\text{value} \times \text{weight}) \Big/ \sum(\text{weight})$$

一般的平均值可以看作加权平均值，其中每个值的隐式权重为 1。

如果文档中的 grade 字段包含 0～100 个数字分数，weight 字段包含任意数字权重，则可以使用以下方法计算加权平均值：

```
POST /exams/_search
{
    "size": 0,
    "aggs" : {
        "weighted_grade": {
            "weighted_avg": {
                "value": {
                    "field": "grade"
                },
                "weight": {
                    "field": "weight"
                }
            }
        }
    }
}
```

响应大致如下：

```
{
    ...
    "aggregations": {
        "weighted_grade": {
            "value": 70.0
        }
    }
}
```

当应用于多值字段时，只允许一个权重。如果聚合遇到具有多个权重的文档（例如，权重字段是多值字段），它将引发异常。如果出现这种情况，则需要为“权重”字段指定一个脚本,并使用该脚本将多个值组合成要使用的单个值。

此单个权重将独立应用于从值字段中提取的每个值,示例如下:

```
POST /exams/_doc?refresh
{
    "grade": [1, 2, 3],
    "weight": 2
}

POST /exams/_search
{
    "size": 0,
    "aggs" : {
        "weighted_grade": {
            "weighted_avg": {
                "value": {
                    "field": "grade"
                },
                "weight": {
                    "field": "weight"
                }
            }
        }
    }
}
```

三个值(1、2 和 3)将作为独立值包括在内,所有值的权重均为 2。

响应大致如下:

```
{
    ...
    "aggregations": {
        "weighted_grade": {
            "value": 2.0
        }
    }
}
```

计算公式:

$$[(1\times2)+(2\times2)+(3\times2)]/(2+2+2)=2$$

值和权重都可以从脚本生成而不是字段派生。作为一个简单的例子,下面将使用脚本向文档中的 grade 和 weight 添加值:

```
POST /exams/_search
{
    "size": 0,
    "aggs" : {
        "weighted_grade": {
            "weighted_avg": {
```

```
                "value": {
                    "script": "doc.grade.value +1"
                },
                "weight": {
                    "script": "doc.weight.value +1"
                }
            }
        }
    }
}
```

missing 参数定义如何处理缺少值的文档。默认行为对于值和权重是不同的，默认情况下，如果缺少值字段，则忽略该文档，并将聚合移到下一个文档。如果缺少“权重”字段，则假定其权重为 1(类似于正常平均值)。示例如下：

```
POST /exams/_search
{
    "size": 0,
    "aggs" : {
        "weighted_grade": {
            "weighted_avg": {
                "value": {
                    "field": "grade",
                    "missing": 2
                },
                "weight": {
                    "field": "weight",
                    "missing": 3
                }
            }
        }
    }
}
```

6.1.3 计数聚合

计数聚合是一种计算不同值的近似计数的单值数值度量聚合。值可以从文档中的特定字段中提取，也可以由脚本生成。

假设正在为商店销售编制索引，并希望计算与查询匹配的已售出产品的唯一数量：

```
POST /sales/_search?size=0
{
    "aggs" : {
        "type_count" : {
            "cardinality" : {
                "field" : "type"
            }
        }
```

```
    }
}
```

此聚合还支持精度阈值选项 precision_threshold：

```
POST /sales/_search?size=0
{
    "aggs" : {
        "type_count" : {
            "cardinality" : {
                "field" : "type",
                "precision_threshold": 100
            }
        }
    }
}
```

precision_threshold 选项允许以内存开销交换准确性，并定义唯一的计数，低于该计数的计数是接近准确值的；超过这个值，计数可能会变得更不准确。支持的最大值为 40000，高于此值的阈值将与 40000 的阈值具有相同的效果。默认值为 3000。

计算精确计数需要将值加载到哈希集中并返回其大小。当处理数据量比较大时，由于所需的内存使用量和节点之间的每个分片集的通信需求将占用集群的太多资源，所以哈希集合不会扩太大。

此 cardinality 聚合基于 HyperlogLog++算法，该算法基于散列进行计数，该散列具有一些有趣属性值：

- 可配置的精度，决定了如何用内存换取精度。
- 在少量数集上具有出色的精度。
- 固定内存使用：无论是否有数百或数十亿个唯一值，内存使用都仅取决于配置的精度。

对于 c 的精度阈值，我们使用的实现需要大约 c×8 字节。

图 6-1 显示了阈值前后的错误变化情况。

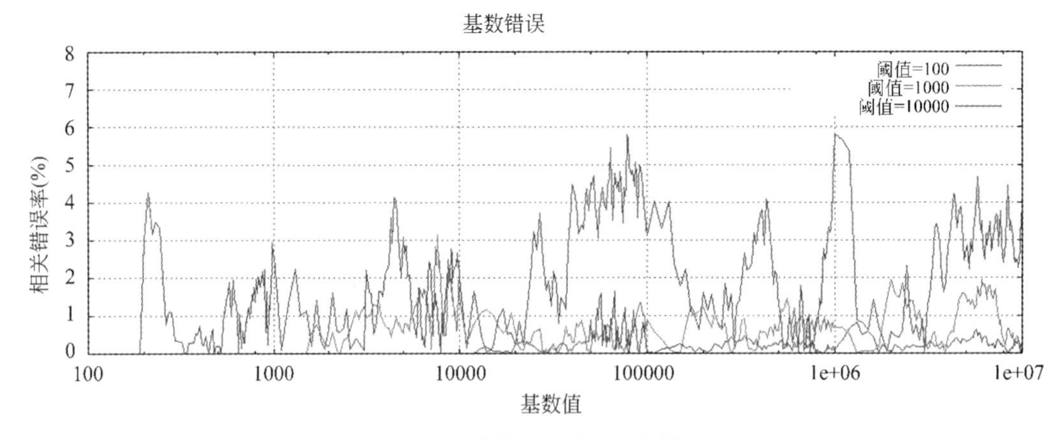

图 6-1 计数聚合精度变化图

对于所有 3 个阈值，计数精确到配置的阈值，虽然不能保证，但情况大致是这样。实际的准确性取决于所讨论的数据集。一般来说，大多数数据集显示出一致的良好准确性。还要注意，即使阈值低至 100，甚至在计算数百万的数集时，误差仍然很低（如图 6-1 所示为 1%～6%）。

HyperlogLog＋＋算法依赖于散列值的前导零，数据集中散列的精确分布会影响聚合结果的准确性。

cardinality 聚合也支持脚本编写，但由于需要动态计算散列值，因此性能会受到显著影响。

6.1.4　统计聚合

统计聚合是一种多值数值聚合，它计算从聚合文档中提取的数值的统计信息。这些值可以从文档中的特定数字字段中提取，也可以由提供的脚本生成。

extended_stats 聚合（扩展统计聚合）是旧版 stats（统计聚合）的扩展版本，其中添加了额外的计量值，如平方和、方差、标准偏差和标准偏差界限。

假设数据由代表学生考试成绩（0～100）的文档组成。

```
GET /exams/_search
{
    "size": 0,
    "aggs" : {
        "grades_stats" : { "extended_stats" : { "field" : "grade" } }
    }
}
```

上面的聚合计算所有文档对应字段 grade 的统计信息。聚合类型是 extended_stats，field 设置定义将计算统计信息的文档的数字字段。其返回的内容如下：

```
{
    ...

    "aggregations": {
        "grades_stats": {
            "count": 2,
            "min": 50.0,
            "max": 100.0,
            "avg": 75.0,
            "sum": 150.0,
            "sum_of_squares": 12500.0,
            "variance": 625.0,
            "std_deviation": 25.0,
            "std_deviation_bounds": {
              "upper": 125.0,
              "lower": 25.0
            }
        }
    }
}
```

默认情况下，extended_stats 聚合返回包括一个名为 std_deviation_bounds 的对象，该对象提供一个与平均值正负两个标准差的间隔。这是一种可视化数据差异的有用方法。如果需要不同的边界，例如三个标准偏差，可以在请求中设置 sigma：

```
GET /exams/_search
{
    "size": 0,
    "aggs" : {
        "grades_stats" : {
            "extended_stats" : {
                "field" : "grade",
                "sigma" : 3
            }
        }
    }
}
```

sigma 参数用来控制应显示多少标准偏差＋/－与平均值。

sigma 可以是任何非负浮点数，如 1.5，值 0 有效，但只返回上界和下界的平均值。

默认情况下会显示标准偏差及其边界，但它们并不总是适用于所有数据集。数据必须是正态分布的。标准偏差后面的统计数据假定为正态分布的数据，因此，如果数据严重向左或向右倾斜，返回的值将是具有误导性的。

6.1.5 地理范围聚合

地理范围聚合是一种多值数值聚合，它计算包含字段所有的 geo_point 值的边界框(矩形)。示例如下：

```
PUT /museums
{
    "mappings": {
        "properties": {
            "location": {
                "type": "geo_point"
            }
        }
    }
}

POST /museums/_bulk?refresh
{"index":{"_id":1}}
{"location": "52.374081,4.912350", "name": "NEMO Science Museum"}
{"index":{"_id":2}}
{"location": "52.369219,4.901618", "name": "Museum Het Rembrandthuis"}
{"index":{"_id":3}}
{"location": "52.371667,4.914722", "name": "Nederlands Scheepvaartmuseum"}
{"index":{"_id":4}}
```

```
{"location": "51.222900,4.405200", "name": "Letterenhuis"}
{"index":{"_id":5}}
{"location": "48.861111,2.336389", "name": "Musée du Louvre"}
{"index":{"_id":6}}
{"location": "48.860000,2.327000", "name": "Musée d'Orsay"}

POST /museums/_search?size=0
{
    "query" : {
        "match" : { "name" : "musée" }
    },
    "aggs" : {
        "viewport" : {
            "geo_bounds" : {
                "field" : "location",
                "wrap_longitude" : true
            }
        }
    }
}
```

geo_bounds 聚合指定用于获取边界的字段。

wrap_longitude 是一个可选参数，用于指定是否允许边界框与国际日期行重叠，默认值为 true。

响应大致如下：

```
{
    ...
    "aggregations": {
        "viewport": {
            "bounds": {
                "top_left": {
                    "lat": 48.86111099738628,
                    "lon": 2.3269999679178
                },
                "bottom_right": {
                    "lat": 48.85999997612089,
                    "lon": 2.3363889567553997
                }
            }
        }
    }
}
```

6.1.6 地理距离质心聚合

地理距离质心聚合是一种单值数值聚合，它从地理点数据类型字段的所有坐标值计算质心的聚合。示例如下：

```
PUT /museums
{
    "mappings": {
        "properties": {
            "location": {
                "type": "geo_point"
            }
        }
    }
}

POST /museums/_bulk?refresh
{"index":{"_id":1}}
{"location": "52.374081,4.912350", "city": "Amsterdam", "name": "NEMO Science Museum"}
{"index":{"_id":2}}
{"location": "52.369219,4.901618", "city": "Amsterdam", "name": "Museum Het Rembrandthuis"}
{"index":{"_id":3}}
{"location": "52.371667,4.914722", "city": "Amsterdam", "name": "Nederlands Scheepvaartmuseum"}
{"index":{"_id":4}}
{"location": "51.222900,4.405200", "city": "Antwerp", "name": "Letterenhuis"}
{"index":{"_id":5}}
{"location": "48.861111,2.336389", "city": "Paris", "name": "Musée du Louvre"}
{"index":{"_id":6}}
{"location": "48.860000,2.327000", "city": "Paris", "name": "Musée d'Orsay"}

POST /museums/_search?size=0
{
    "aggs" : {
        "centroid" : {
            "geo_centroid" : {
                "field" : "location"
            }
        }
    }
}
```

响应如下：

```
{
    ...
    "aggregations": {
        "centroid": {
            "location": {
                "lat": 51.009829603135586,
                "lon": 3.9662130642682314
            },
            "count": 6
        }
    }
}
```

当将 geo-centroid 聚合作为子聚合组合到其他 bucket 聚合时，它会更有趣，示例如下：

```
POST /museums/_search?size=0
{
    "aggs" : {
        "cities" : {
            "terms" : { "field" : "city.keyword" },
            "aggs" : {
                "centroid" : {
                    "geo_centroid" : { "field" : "location" }
                }
            }
        }
    }
}
```

响应大致如下：

```
{
    ...
    "aggregations": {
        "cities": {
            "sum_other_doc_count": 0,
            "doc_count_error_upper_bound": 0,
            "buckets": [
                {
                    "key": "Amsterdam",
                    "doc_count": 3,
                    "centroid": {
                        "location": {
                            "lat": 52.371655642054975,
                            "lon": 4.9095632415264845
                        },
                        "count": 3
                    }
                },
                {
                    "key": "Paris",
                    "doc_count": 2,
                    "centroid": {
                        "location": {
                            "lat": 48.86055548675358,
                            "lon": 2.331694420427084
                        },
                        "count": 2
                    }
                },
```

```
                {
                    "key": "Antwerp",
                    "doc_count": 1,
                    "centroid": {
                        "location": {
                            "lat": 51.22289997059852,
                            "lon": 4.40519998781383
                        },
                        "count": 1
                    }
                }
            ]
        }
    }
}
```

6.1.7 最大值聚合、最小值聚合、和值聚合

这三种聚合是找出指定字段的最大值、最小值以及和值，用法和均值聚合类似，这里简单给出一个例子，不再赘述。

最大值聚合：

```
POST /sales/_search?size=0
{
    "aggs" : {
        "max_price" : { "max" : { "field" : "price" } }
    }
}
```

最小值聚合：

```
POST /sales/_search?size=0
{
    "aggs" : {
        "min_price" : { "min" : { "field" : "price" } }
    }
}
```

和值聚合：

```
POST /sales/_search?size=0
{
    "aggs" : {
        "sum_price" : { "sum" : { "field" : "price" } }
    }
}
```

6.1.8 百分位数聚合

百分位数聚合是一种多值数值聚合，它计算从聚合文档中提取的数值的一个或多个百

分位数。这些值可以从文档中的特定数字字段中提取,也可以由提供的脚本生成。

百分位数表示观察值的某个百分比出现的点。例如,95%是大于观察值95%的值。

百分位数通常用于查找异常值。在正态分布中,0.13%和99.87%表示区间上下限与平均值的三个标准差。任何超出三个标准差区间的数据通常被视为异常。

当检索到一个百分位数范围时,它们可以用来估计数据分布,并确定数据是否是歪斜的、双峰的等。

假设数据由网站加载时间组成。对于管理员来说,平均和中间加载时间并不十分有用。最大值可能很有趣,但很容易被一个缓慢的响应所扭曲。示例如下:

```
GET latency/_search
{
    "size": 0,
    "aggs" : {
        "load_time_outlier" : {
            "percentiles" : {
                "field" : "load_time"
            }
        }
    }
}
```

默认情况下,百分位数度量将生成百分位数范围:[1、5、25、50、75、95、99]。响应大致如下:

```
{
    ...

    "aggregations": {
        "load_time_outlier": {
            "values" : {
                "1.0": 5.0,
                "5.0": 25.0,
                "25.0": 165.0,
                "50.0": 445.0,
                "75.0": 725.0,
                "95.0": 945.0,
                "99.0": 985.0
            }
        }
    }
}
```

如上所见,聚合将返回默认范围内每个百分位数的计算值。假设响应时间以ms为单位,那么很明显网页通常在10~725ms内加载,但偶尔会达到945~985ms。

通常,管理员只对异常值(奇异百分位数即严重偏离中位数)感兴趣。可以只指定我们感兴趣的百分比(请求的百分比必须是0~100的值,包括0和100):

```
GET latency/_search
{
    "size": 0,
    "aggs" : {
        "load_time_outlier" : {
            "percentiles" : {
                "field" : "load_time",
                "percents" : [95, 99, 99.9]
            }
        }
    }
}
```

上面示例中,使用 percents 参数指定要计算的特定百分比。

默认情况下,keyed 标志设置为 true,它将唯一的字符串键与每个 bucket 相关联,并将范围作为哈希而不是数组返回。将 keyed 标志设置为 false 将禁用此行为:

```
GET latency/_search
{
    "size": 0,
    "aggs": {
        "load_time_outlier": {
            "percentiles": {
                "field": "load_time",
                "keyed": false
            }
        }
    }
}
```

响应大致如下:

```
{
    ...

    "aggregations": {
        "load_time_outlier": {
            "values": [
                {
                    "key": 1.0,
                    "value": 5.0
                },
                {
                    "key": 5.0,
                    "value": 25.0
                },
                {
                    "key": 25.0,
```

```
                    "value": 165.0
                },
                {
                    "key": 50.0,
                    "value": 445.0
                },
                {
                    "key": 75.0,
                    "value": 725.0
                },
                {
                    "key": 95.0,
                    "value": 945.0
                },
                {
                    "key": 99.0,
                    "value": 985.0
                }
            ]
        }
    }
}
```

百分位数指标支持脚本编写。例如，如果加载时间以 ms 为单位，但希望以 s 为单位计算百分位数，则可以使用脚本动态转换它们：

```
GET latency/_search
{
    "size": 0,
    "aggs" : {
        "load_time_outlier" : {
            "percentiles" : {
                "script" : {
                    "lang": "painless",
                    "source": "doc['load_time'].value / params.timeUnit",
                    "params" : {
                        "timeUnit" : 1000
                    }
                }
            }
        }
    }
}
```

上面示例中，field 参数替换为脚本参数(script)，脚本参数使用脚本生成计算百分位数的值。

计算百分位数有许多不同的算法。简单的实现只是将所有值存储在一个排序数组中。要找到第 50 个百分点值，计算公式为：

$$my\_array[count(my\_array) \times 0.5]$$

显然，这是幼稚的实现，排序后的数组会随着数据集中的值的数量线性增长。为了计算集群中潜在的数十亿个值的百分位数，需要计算近似百分位数。

百分位数度量使用的算法称为 tdigest。需要记住以下几条准则：

- 精度与 $q(1-q)$ 成正比。这意味着异常值百分位数（如 99%）比非异常值百分位数（如中位数）更准确。
- 对于较小的值集，百分位数是高度准确的（如果数据足够小，则可能 100% 准确）。
- 当一个桶中的值的数量增加时，算法是近似逼近百分位数。它有效地利用准确性来节省内存。准确和不准确的程度很难概括，因为它取决于数据分布和被聚合的数据量。

图 6-2 显示了均匀分布上的相对误差，具体取决于数据量和百分比。

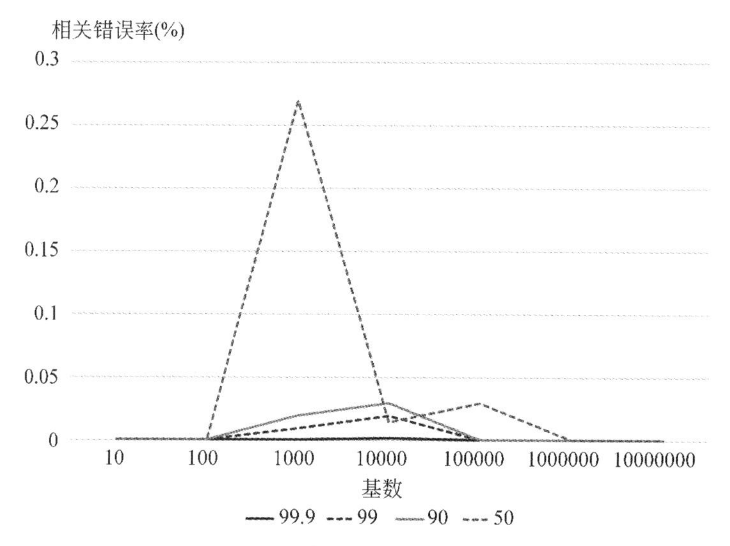

图 6-2 百分位数聚合误差变化图

图 6-2 显示了异常值百分位数的精度如何更好。大值误差减小的原因是大数定律使值的分布越来越均匀，t-digest 树可以更好地对其进行汇总。但在更偏斜的分布上不会如此。

近似算法必须平衡内存利用率和估计精度。可以使用压缩参数控制此平衡：

```
GET latency/_search
{
    "size": 0,
    "aggs" : {
        "load_time_outlier" : {
            "percentiles" : {
                "field" : "load_time",
                "tdigest": {
                    "compression" : 200
                }
            }
```

```
        }
    }
}
```

上面示例中，compression 用来控制内存使用和近似错误。

tdigest 算法使用许多“节点”来提高计算出的近似百分数的精度，可用的节点越多，数据量越大（内存占用更大）就越高。compression 参数将最大节点数限制为 20×compression。

因此，通过增加压缩值，可以增加百分位数的准确性，但需要消耗更多的内存。压缩值越大，算法速度越慢，因为底层树数据结构的大小越大，操作成本越高。默认压缩值为 100。

一个“节点”使用大约 32B 的内存，因此在最坏的情况下（大量数据按顺序排序到达），默认设置将产生大约 64KB 的数据。在实践中，数据往往更随机，数据格式将使用更少的内存。

6.1.9　百分比排名聚合

百分比排名聚合是一种多值数值度量聚合，它计算从聚合文档中提取的数值的一个或多个百分位数排名。这些值可以从文档中的特定数字字段中提取，也可以由提供的脚本生成。

百分比排位展示那些在某一值之下的观测值的百分比。例如，假设某一值大于或等于被观测值的 94%，则称其为第 94 百分位数。

假设数据由网站加载时间组成。可能有一个服务协议，95%的页面加载完全在 500ms 内，99%的页面加载完全在 600ms 内。

下面示例统计加载时间的百分位数范围：

```
GET latency/_search
{
    "size": 0,
    "aggs" : {
        "load_time_ranks" : {
            "percentile_ranks" : {
                "field" : "load_time",
                "values" : [500, 600]
            }
        }
    }
}
```

上面示例中，字段 load_time 必须是数字字段。

响应大致如下：

```
{
    ...

    "aggregations": {
        "load_time_ranks": {
            "values" : {
```

```
                "500.0": 55.00000000000001,
                "600.0": 64.0
            }
        }
    }
}
```

根据这些信息，可以确定达到了 99%的加载时间目标，但没有完全达到 95%的加载时间目标。

默认情况下，keyed 标志设置为 true，它将唯一的字符串键与每个 bucket 相关联，并将范围作为哈希而不是数组返回。将 keyed 标志设置为 false 将禁用此行为：

```
GET latency/_search
{
    "size": 0,
    "aggs": {
        "load_time_ranks": {
            "percentile_ranks": {
                "field": "load_time",
                "values": [500, 600],
                "keyed": false
            }
        }
    }
}
```

响应大致如下：

```
{
    ...

    "aggregations": {
        "load_time_ranks": {
            "values": [
                {
                    "key": 500.0,
                    "value": 55.00000000000001
                },
                {
                    "key": 600.0,
                    "value": 64.0
                }
            ]
        }
    }
}
```

6.1.10 脚本聚合

脚本聚合是通过脚本执行以提供数值度量输出的聚合。示例如下：

```
POST ledger/_search?size=0
{
    "query" : {
        "match_all" : {}
    },
    "aggs": {
        "profit": {
            "scripted_metric": {
                "init_script" : "state.transactions =[]",
                "map_script" : "state.transactions.add(doc.type.value == 'sale' ? doc.
                amount.value : -1 * doc.amount.value)",
                "combine_script" : "double profit =0; for (t in state.transactions) { profit + =t }
                return profit",
                "reduce_script" : "double profit =0; for (a in states) { profit +=a } return
                profit"
            }
        }
    }
}
```

上面示例中，init_script 是一个可选参数，所有其他脚本都是必需的。

上面的聚合演示了使用脚本聚合计算销售和成本交易的总利润。响应大致如下：

```
{
    "took": 218,
    ...
    "aggregations": {
        "profit": {
            "value": 240.0
        }
    }
}
```

上面的示例也可以使用存储的脚本指定，如下所示：

```
POST ledger/_search?size=0
{
    "aggs": {
        "profit": {
            "scripted_metric": {
                "init_script" : {
                    "id": "my_init_script"
                },
                "map_script" : {
                    "id": "my_map_script"
                },
                "combine_script" : {
                    "id": "my_combine_script"
                },
```

```
                    "params": {
                        "field": "amount"
                    },
                    "reduce_script" : {
                        "id": "my_reduce_script"
                    }
                }
            }
        }
}
```

这里涉及的脚本语言，超出了本书的范围，不再赘述，感兴趣的用户可以自己参考相关资料。其实这部分功能可以实现大多数 BI（商业智能）报表的统计要求，这也是 Elasticsearch 的强大之处，从最初的搜索引擎定位，到目前的大数据存储、全文检索、数据分析、可视化等综合数据处理引擎。

6.1.11 顶部命中聚合

顶部命中(top_hits)聚合跟踪正在聚合的最相关若干文档。此聚合器用作子聚合器，以便每个 bucket 可以聚合顶部匹配的文档。

top_hits 聚合器可以有效地用于通过 bucket 聚合器按特定字段对结果集进行分组。一个或多个 bucket 聚合器确定将结果集切片到哪个属性中。

top_hits 聚合器支持的参数如下：

- from：要获取的第一个结果的偏移量(组内偏移量，由于每个分组的结果数不同，有可能会造成有的组没有结果)。
- size：每个桶返回的结果集的最大数量。默认情况下，返回前三个匹配的匹配。
- sort：如何对最匹配的匹配进行排序。默认情况下，命中文档按主查询的分数排序。

通过示例讲解，先准备索引和数据。这里以菜谱为例，name 为菜谱名，cla 为菜系，rating 为用户的累积平均评分。

```
PUT recipes
PUT /recipes/_mapping
{
  "properties": {
    "name":{
      "type": "text"
    },
    "rating":{
      "type": "float"
    },
    "cla":{
      "type": "keyword"
    }
  }
}
POST /recipes/_bulk
```

```
{ "index": {"_id":1}}
{"name":"清蒸鱼头","rating":1,"cla":"湘菜"}
{ "index": {"_id":2}}
{"name":"剁椒鱼头","rating":2,"cla":"湘菜"}
{ "index": {"_id":3}}
{"name":"红烧鲫鱼","rating":3,"cla":"湘菜"}
{ "index": {"_id":4}}
{"name":"鲫鱼汤(辣)","rating":3,"cla":"湘菜"}
{ "index": {"_id":5}}
{"name":"鲫鱼汤(微辣)","rating":4,"cla":"湘菜"}
{ "index": {"_id":6}}
{"name":"鲫鱼汤(变态辣)","rating":5,"cla":"湘菜"}
{ "index": {"_id":7}}
{"name":"广式鲫鱼汤","rating":5,"cla":"粤菜"}
{ "index": {"_id":8}}
{"name":"鱼香肉丝","rating":2,"cla":"川菜"}
{ "index": {"_id":9}}
{"name":"奶油鲍鱼汤","rating":2,"cla":"西菜"}
```

每个菜系展示三个菜,并按评分排序:

```
GET recipes/_search
{
  "query": {
    "match": {
      "name": "鱼"
    }
  },
  "sort": [
    {
      "rating": {
        "order": "desc"
      }
    }
  ],
  "aggs": {
    "cal": {
      "terms": {
        "field": "cla",
        "size": 10
      },
      "aggs": {
        "rated": {
          "top_hits": {
            "sort": [{
              "rating": {"order": "desc"}
            }],
            "size": 3,
            "from": 0
          }
```

```
        }
      }
    }
  },
  "size": 0,
  "from": 0
}
```

响应如下，可以看出，结果符合我们的检索需求：

```
{
  "took" : 5,
  "timed_out" : false,
  "_shards" : {
    "total" : 1,
    "successful" : 1,
    "skipped" : 0,
    "failed" : 0
  },
  "hits" : {
    "total" : {
      "value" : 9,
      "relation" : "eq"
    },
    "max_score" : null,
    "hits" : [ ]
  },
  "aggregations" : {
    "cal" : {
      "doc_count_error_upper_bound" : 0,
      "sum_other_doc_count" : 0,
      "buckets" : [
        {
          "key" : "湘菜",
          "doc_count" : 6,
          "rated" : {
            "hits" : {
              "total" : {
                "value" : 6,
                "relation" : "eq"
              },
              "max_score" : null,
              "hits" : [
                {
                  "_index" : "recipes",
                  "_type" : "_doc",
                  "_id" : "6",
                  "_score" : null,
                  "_source" : {
                    "name" : "鲫鱼汤(变态辣)",
```

```
              "rating" : 5,
              "cla" : "湘菜"
            },
            "sort" : [
              5.0
            ]
          },
          {
            "_index" : "recipes",
            "_type" : "_doc",
            "_id" : "5",
            "_score" : null,
            "_source" : {
              "name" : "鲫鱼汤(微辣)",
              "rating" : 4,
              "cla" : "湘菜"
            },
            "sort" : [
              4.0
            ]
          },
          {
            "_index" : "recipes",
            "_type" : "_doc",
            "_id" : "3",
            "_score" : null,
            "_source" : {
              "name" : "红烧鲫鱼",
              "rating" : 3,
              "cla" : "湘菜"
            },
            "sort" : [
              3.0
            ]
          }
        ]
      }
    }
  },
  {
    "key" : "川菜",
    "doc_count" : 1,
    "rated" : {
      "hits" : {
        "total" : {
          "value" : 1,
          "relation" : "eq"
        },
        "max_score" : null,
        "hits" : [
```

```
          {
            "_index" : "recipes",
            "_type" : "_doc",
            "_id" : "8",
            "_score" : null,
            "_source" : {
              "name" : "鱼香肉丝",
              "rating" : 2,
              "cla" : "川菜"
            },
            "sort" : [
              2.0
            ]
          }
        ]
      }
    }
  },
  {
    "key" : "粤菜",
    "doc_count" : 1,
    "rated" : {
      "hits" : {
        "total" : {
          "value" : 1,
          "relation" : "eq"
        },
        "max_score" : null,
        "hits" : [
          {
            "_index" : "recipes",
            "_type" : "_doc",
            "_id" : "7",
            "_score" : null,
            "_source" : {
              "name" : "广式鲫鱼汤",
              "rating" : 5,
              "cla" : "粤菜"
            },
            "sort" : [
              5.0
            ]
          }
        ]
      }
    }
  },
  {
    "key" : "西菜",
    "doc_count" : 1,
```

```
            "rated" : {
              "hits" : {
                "total" : {
                  "value" : 1,
                  "relation" : "eq"
                },
                "max_score" : null,
                "hits" : [
                  {
                    "_index" : "recipes",
                    "_type" : "_doc",
                    "_id" : "9",
                    "_score" : null,
                    "_source" : {
                      "name" : "奶油鲍鱼汤",
                      "rating" : 2,
                      "cla" : "西菜"
                    },
                    "sort" : [
                      2.0
                    ]
                  }
                ]
              }
            }
          }
        ]
      }
    }
}
```

上面的例子展示了结果分组功能，它可以将结果集按逻辑分组，每组返回顶部文档。组的顺序由组中第一个文档的相关性决定。在 Elasticsearch 中，这可以通过一个 top_hits 聚合器包装为子聚合器的 bucket 聚合器来实现。

6.1.12 单值度量聚合

单值度量聚合，计算从聚合文档中提取的值的数量。这些值可以从文档中的特定字段中提取，也可以由提供的脚本生成。通常，此聚合器将与其他单值聚合一起使用。例如，当计算平均值时，人们可能会对计算平均值的数值感兴趣。示例如下：

```
POST /sales/_search?size=0
{
    "aggs" : {
        "types_count" : { "value_count" : { "field" : "type" } }
    }
}
```

响应大致如下：

```
{
    ...
    "aggregations": {
        "types_count": {
            "value": 7
        }
    }
}
```

6.1.13 中位数绝对偏差聚合

中位数绝对偏差是波动性的一个度量。它是一个健壮的统计，这意味着它对于描述可能有离群值或不是正态分布的数据很有用。对于这些数据，它可能比标准偏差更具描述性。

它被计算为每个数据点偏离整个样本中值的中值。也就是说，对于一个随机变量 X，中位绝对偏差是 $\text{median}(|\text{median}(X)-X_i|)$。

假设我们的数据代表 1～5 星级的产品评论。这些评论通常被概括为一个平均值，这很容易理解，但不能描述评论的波动性。估计中位数的绝对偏差可以洞察评论之间的差异。

在下面例子中，假设有一个平均评级为 3 星的产品。让我们看看它的评级的中值绝对偏差，以确定它们的变化程度。

```
GET reviews/_search
{
  "size": 0,
  "aggs": {
    "review_average": {
      "avg": {
        "field": "rating"
      }
    },
    "review_variability": {
      "median_absolute_deviation": {
        "field": "rating"
      }
    }
  }
}
```

响应大致如下：

```
{
  ...
  "aggregations": {
    "review_average": {
      "value": 3.0
    },
    "review_variability": {
      "value": 2.0
```

```
    }
  }
}
```

得出的中位数绝对偏差2告诉我们,评级中存在相当大的波动性。审查人员一定对本产品有不同的意见。

计算中值绝对偏差的朴素实现将整个样本存储在内存中,因此该聚合将计算近似值。它使用tdigest数据结构来近似样本中位数和偏离样本中位数的中位数。

在资源使用和tdigest的分位数近似的精度之间的权衡,导致这个聚合的中值绝对偏差近似的精度由compression控制。示例如下:

```
GET reviews/_search
{
  "size": 0,
  "aggs": {
    "review_variability": {
      "median_absolute_deviation": {
        "field": "rating",
        "compression": 100
      }
    }
  }
}
```

此聚合的默认compression为1000。在这个压缩级别,这种聚合通常在精确结果的5%之内,但是观察到的性能将取决于样本数据。

6.2 存储桶聚合

存储桶聚合不会像metrics聚合那样在字段上计算度量值,而是创建一个桶(bucket)。每个bucket都与一个条件(取决于聚合类型)相关联,该条件确定当前上下文中的文档是否"落入"其中。换句话说,bucket有效地定义了文档集。除了bucket本身之外,bucket聚合还计算并返回"落入"每个bucket的文档数。

与metrics聚合不同,存储桶聚合可以容纳子聚合。这些子聚合将针对其"父"存储桶聚合创建的存储桶进行聚合。

不同的bucket聚合器有不同的分桶(bucketing)(文档属于哪个桶)策略。一些定义单个存储桶,一些定义固定数量的多个存储桶,另一些则在聚合过程中动态创建存储桶。

单个响应中允许的最大存储桶数受到名为search.max_buckets的动态集群设置的限制。它默认为10000,尝试返回超过限制的请求将失败,并出现异常。

6.2.1 邻接矩阵聚合

邻接矩阵聚合返回邻接矩阵形式的桶聚合结果集。邻接矩阵聚合请求提供一个称为过滤器表达式的集合,类似于filters聚合请求。响应中的每个桶表示相交过滤器矩阵中的一个非空单元。

给定名为A、B和C的过滤器，响应将返回具有如图6-3所示的存储桶。

	A	**B**	**C**
A	A	A&B	A&C
B		B	B&C
	A	**B**	**C**
C			C

图6-3 桶聚合邻接矩阵

交叉存储桶(如A&C)使用两个过滤器名称的组合进行标记，这些过滤器名称由符号和字符分隔。请注意，响应也不包括C&A存储桶，因为这将是与A&C相同的一组文档。这个矩阵是对称的，所以我们只返回它的一半。为此，我们对过滤器名称字符串进行排序，并始终使用其中最小的值作为&分隔符左侧的值。

如果客户端希望使用默认值之外的分隔符字符串，则可以在请求中传递可选分隔符参数。

示例如下，首先索引数据，再执行聚合查询：

```
PUT /emails/_bulk?refresh
{ "index" : { "_id" : 1 } }
{ "accounts" : ["hillary", "sidney"]}
{ "index" : { "_id" : 2 } }
{ "accounts" : ["hillary", "donald"]}
{ "index" : { "_id" : 3 } }
{ "accounts" : ["vladimir", "donald"]}

GET emails/_search
{
  "size": 0,
  "aggs" : {
    "interactions" : {
      "adjacency_matrix" : {
        "filters" : {
          "grpA" : { "terms" : { "accounts" : ["hillary", "sidney"] }},
          "grpB" : { "terms" : { "accounts" : ["donald", "mitt"] }},
          "grpC" : { "terms" : { "accounts" : ["vladimir", "nigel"] }}
        }
      }
    }
  }
}
```

在上面的示例中,分析了电子邮件,以查看哪些组的个人交换了邮件,分别获得每个组的计数,以及记录交互的组对的消息计数。

响应如下:

```
{
  "took": 9,
  "timed_out": false,
  "_shards": ...,
  "hits": ...,
  "aggregations": {
    "interactions": {
      "buckets": [
        {
          "key":"grpA",
          "doc_count": 2
        },
        {
          "key":"grpA&grpB",
          "doc_count": 1
        },
        {
          "key":"grpB",
          "doc_count": 2
        },
        {
          "key":"grpB&grpC",
          "doc_count": 1
        },
        {
          "key":"grpC",
          "doc_count": 1
        }
      ]
    }
  }
}
```

对于 N 个过滤器,生成的桶矩阵可以是 $N^2/2$,默认的最大值为 100 个过滤器。可以使用 index.max_adjacency_matrix_filters 设置更改此设置。

6.2.2 区间聚合

区间聚合是一种基于 source 的多桶值聚合,允许用户定义一组范围,每个范围代表一个桶。在聚合过程中,将根据每个 bucket 范围,核查匹配的文档属于哪个桶。请注意,此聚合包括 from 值,但不包括每个范围的 to 值,是左闭右开区间。

示例如下:

```
GET /_search
{
```

```
    "aggs" : {
        "price_ranges" : {
            "range" : {
                "field" : "price",
                "ranges" : [
                    { "to" : 100.0 },
                    { "from" : 100.0, "to" : 200.0 },
                    { "from" : 200.0 }
                ]
            }
        }
    }
}
```

响应大致如下：

```
{
    ...
    "aggregations": {
        "price_ranges" : {
            "buckets": [
                {
                    "key": "*-100.0",
                    "to": 100.0,
                    "doc_count": 2
                },
                {
                    "key": "100.0-200.0",
                    "from": 100.0,
                    "to": 200.0,
                    "doc_count": 2
                },
                {
                    "key": "200.0-*",
                    "from": 200.0,
                    "doc_count": 3
                }
            ]
        }
    }
}
```

将 keyed 标志设置为 true 将使唯一的字符串键与每个 bucket 相关联，并将范围作为哈希而不是数组返回：

```
GET /_search
{
    "aggs" : {
        "price_ranges" : {
            "range" : {
```

```
                "field" : "price",
                "keyed" : true,
                "ranges" : [
                    { "to" : 100 },
                    { "from" : 100, "to" : 200 },
                    { "from" : 200 }
                ]
            }
        }
    }
}
```

响应大致如下：

```
{
    ...
    "aggregations": {
        "price_ranges" : {
            "buckets": {
                "*-100.0": {
                    "to": 100.0,
                    "doc_count": 2
                },
                "100.0-200.0": {
                    "from": 100.0,
                    "to": 200.0,
                    "doc_count": 2
                },
                "200.0-*": {
                    "from": 200.0,
                    "doc_count": 3
                }
            }
        }
    }
}
```

也可以给每个桶自定义 key 值：

```
GET /_search
{
    "aggs" : {
        "price_ranges" : {
            "range" : {
                "field" : "price",
                "keyed" : true,
                "ranges" : [
                    { "key" : "cheap", "to" : 100 },
                    { "key" : "average", "from" : 100, "to" : 200 },
                    { "key" : "expensive", "from" : 200 }
                ]
```

```
            }
        }
    }
}
```

响应大致如下：

```
{
    ...
    "aggregations": {
        "price_ranges" : {
            "buckets": {
                "cheap": {
                    "to": 100.0,
                    "doc_count": 2
                },
                "average": {
                    "from": 100.0,
                    "to": 200.0,
                    "doc_count": 2
                },
                "expensive": {
                    "from": 200.0,
                    "doc_count": 3
                }
            }
        }
    }
}
```

可以自由聚合嵌套，下面的示例不仅将文档分到不同的 bucket，还计算每个范围内的价格统计：

```
GET /_search
{
    "aggs" : {
        "price_ranges" : {
            "range" : {
                "field" : "price",
                "ranges" : [
                    { "to" : 100 },
                    { "from" : 100, "to" : 200 },
                    { "from" : 200 }
                ]
            },
            "aggs" : {
                "price_stats" : {
                    "stats" : { "field" : "price" }
                }
            }
```

```
        }
    }
}
```

响应大致如下：

```
{
  ...
  "aggregations": {
    "price_ranges": {
      "buckets": [
        {
          "key": "*-100.0",
          "to": 100.0,
          "doc_count": 2,
          "price_stats": {
            "count": 2,
            "min": 10.0,
            "max": 50.0,
            "avg": 30.0,
            "sum": 60.0
          }
        },
        {
          "key": "100.0-200.0",
          "from": 100.0,
          "to": 200.0,
          "doc_count": 2,
          "price_stats": {
            "count": 2,
            "min": 150.0,
            "max": 175.0,
            "avg": 162.5,
            "sum": 325.0
          }
        },
        {
          "key": "200.0-*",
          "from": 200.0,
          "doc_count": 3,
          "price_stats": {
            "count": 3,
            "min": 200.0,
            "max": 200.0,
            "avg": 200.0,
            "sum": 600.0
```

```
                }
              }
            ]
          }
        }
      }
```

如果子聚合也基于与范围聚合相同的源(如上面示例中的 stats 聚合),则可以省略其值源定义(在实际应用中,最好不要省略,以保证其可读性)。以下示例将返回与上述相同的响应:

```
GET /_search
{
    "aggs" : {
        "price_ranges" : {
            "range" : {
                "field" : "price",
                "ranges" : [
                    { "to" : 100 },
                    { "from" : 100, "to" : 200 },
                    { "from" : 200 }
                ]
            },
            "aggs" : {
                "price_stats" : {
                    "stats" : {}
                }
            }
        }
    }
}
```

6.2.3 日期区间聚合

日期区间聚合专用于日期值的范围聚合。此聚合与正常范围聚合的主要区别在于,from 值和 to 值可以用日期数学表达式表示,还可以指定返回 from 值和 to 值响应字段的日期格式。请注意,此聚合包括 from 值,但不包括每个范围的 to 值(左闭右开区间)。

示例如下:

```
POST /sales/_search?size=0
{
    "aggs": {
        "range": {
            "date_range": {
                "field": "date",
                "format": "MM-yyy",
                "ranges": [
                    { "to": "now-10M/M" },
```

```
                    { "from": "now-10M/M" }
                ]
            }
        }
    }
}
```

在上面的示例中，now-10M/M 表示当前时间减去 10 个月并四舍五入到月初，运行示例将会创建两个日期范围 bucket，第一个将 bucket 所有 10 个月之前的文档，第二个将 bucket 所有 10 个月之内的文档。

响应大致如下：

```
{
    ...
    "aggregations": {
        "range": {
            "buckets": [
                {
                    "to": 1.4436576E12,
                    "to_as_string": "10-2015",
                    "doc_count": 7,
                    "key": "*-10-2015"
                },
                {
                    "from": 1.4436576E12,
                    "from_as_string": "10-2015",
                    "doc_count": 0,
                    "key": "10-2015-*"
                }
            ]
        }
    }
}
```

通过指定 time_zone 参数，可以将日期从其他时区转换为 UTC。

时区可以指定为 ISO 8601 UTC 偏移量(例如+01：00 或－08：00)，也可以指定为 TZ 数据库中的时区 ID 之一。

time_zone 参数也应用于日期数学表达式中的舍入。例如，要在 CET 时区内调到一天的开始，可以执行以下操作：

```
1  POST /sales/_search?size=0
2  {
3      "aggs": {
4          "range": {
5              "date_range": {
6                  "field": "date",
7                  "time_zone": "CET",
8                  "ranges": [
9                      { "to": "2016/02/01" },
```

```
10                    { "from": "2016/02/01", "to" : "now/d" },
11                    { "from": "now/d" }
12                ]
13            }
14        }
15    }
16 }
```

第9行，此日期将转换为2016-02-01T00:00:00.000+01:00。

第10行，now/d将在CET时区四舍五入到一天的开始。

将keyed标志设置为true将使唯一的字符串键与每个bucket相关联，并将范围作为哈希而不是数组返回：

```
POST /sales/_search?size=0
{
    "aggs": {
        "range": {
            "date_range": {
                "field": "date",
                "format": "MM-yyy",
                "ranges": [
                    { "to": "now-10M/M" },
                    { "from": "now-10M/M" }
                ],
                "keyed": true
            }
        }
    }
}
```

响应大致如下：

```
{
    ...
    "aggregations": {
        "range": {
            "buckets": {
                "*-10-2015": {
                    "to": 1.4436576E12,
                    "to_as_string": "10-2015",
                    "doc_count": 7
                },
                "10-2015-*": {
                    "from": 1.4436576E12,
                    "from_as_string": "10-2015",
                    "doc_count": 0
                }
            }
        }
```

```
    }
}
```

也可以自定义 key 值：

```
POST /sales/_search?size=0
{
    "aggs": {
        "range": {
            "date_range": {
                "field": "date",
                "format": "MM-yyy",
                "ranges": [
                    { "from": "01-2015", "to": "03-2015", "key": "quarter_01" },
                    { "from": "03-2015", "to": "06-2015", "key": "quarter_02" }
                ],
                "keyed": true
            }
        }
    }
}
```

响应大致如下：

```
{
    ...
    "aggregations": {
        "range": {
            "buckets": {
                "quarter_01": {
                    "from": 1.4200704E12,
                    "from_as_string": "01-2015",
                    "to": 1.425168E12,
                    "to_as_string": "03-2015",
                    "doc_count": 5
                },
                "quarter_02": {
                    "from": 1.425168E12,
                    "from_as_string": "03-2015",
                    "to": 1.4331168E12,
                    "to_as_string": "06-2015",
                    "doc_count": 2
                }
            }
        }
    }
}
```

6.2.4 IP 区间聚合

与专用日期范围聚合一样，IP 类型字段也有专用范围聚合，下面通过示例讲解 IP 区间聚合用法：

```
GET /ip_addresses/_search
{
    "size": 10,
    "aggs" : {
        "ip_ranges" : {
            "ip_range" : {
                "field" : "ip",
                "ranges" : [
                    { "to" : "10.0.0.5" },
                    { "from" : "10.0.0.5" }
                ]
            }
        }
    }
}
```

响应大致如下：

```
{
    ...

    "aggregations": {
        "ip_ranges": {
            "buckets" : [
                {
                    "key": "*-10.0.0.5",
                    "to": "10.0.0.5",
                    "doc_count": 10
                },
                {
                    "key": "10.0.0.5-*",
                    "from": "10.0.0.5",
                    "doc_count": 260
                }
            ]
        }
    }
}
```

IP 范围也可以定义为 CIDR 掩码：

```
GET /ip_addresses/_search
{
    "size": 0,
    "aggs" : {
        "ip_ranges" : {
            "ip_range" : {
                "field" : "ip",
                "ranges" : [
```

```
                { "mask" : "10.0.0.0/25" },
                { "mask" : "10.0.0.127/25" }
            ]
        }
    }
  }
}
```

响应大致如下：

```
{
    ...

    "aggregations": {
        "ip_ranges": {
            "buckets": [
                {
                    "key": "10.0.0.0/25",
                    "from": "10.0.0.0",
                    "to": "10.0.0.128",
                    "doc_count": 128
                },
                {
                    "key": "10.0.0.127/25",
                    "from": "10.0.0.0",
                    "to": "10.0.0.128",
                    "doc_count": 128
                }
            ]
        }
    }
}
```

将 keyed 标志设置为 true 将使唯一的字符串键与每个 bucket 相关联，并将范围作为哈希而不是数组返回：

```
GET /ip_addresses/_search
{
    "size": 0,
    "aggs": {
        "ip_ranges": {
            "ip_range": {
                "field": "ip",
                "ranges": [
                    { "to" : "10.0.0.5" },
                    { "from" : "10.0.0.5" }
                ],
                "keyed": true
            }
```

```
            }
        }
    }
```

响应大致如下：

```
{
    ...

    "aggregations": {
        "ip_ranges": {
            "buckets": {
                "*-10.0.0.5": {
                    "to": "10.0.0.5",
                    "doc_count": 10
                },
                "10.0.0.5-*": {
                    "from": "10.0.0.5",
                    "doc_count": 260
                }
            }
        }
    }
}
```

也可以自定义 key 值：

```
GET /ip_addresses/_search
{
    "size": 0,
    "aggs": {
        "ip_ranges": {
            "ip_range": {
                "field": "ip",
                "ranges": [
                    { "key": "infinity", "to" : "10.0.0.5" },
                    { "key": "and-beyond", "from" : "10.0.0.5" }
                ],
                "keyed": true
            }
        }
    }
}
```

响应大致如下：

```
{
    ...

    "aggregations": {
```

```
        "ip_ranges": {
            "buckets": {
                "infinity": {
                    "to": "10.0.0.5",
                    "doc_count": 10
                },
                "and-beyond": {
                    "from": "10.0.0.5",
                    "doc_count": 260
                }
            }
        }
    }
}
```

6.2.5　Term 聚合

Term 聚合是一种多桶值聚合，其中桶是动态构建的，每个唯一值对应一个桶。示例如下：

```
GET /_search
{
    "aggs" : {
        "genres" : {
            "terms" : { "field" : "genre" }
        }
    }
}
```

响应大致如下：

```
1  {
2      ...
3      "aggregations" : {
4          "genres" : {
5              "doc_count_error_upper_bound": 0,
6              "sum_other_doc_count": 0,
7              "buckets" : [
8                  {
9                      "key" : "electronic",
10                     "doc_count" : 6
11                 },
12                 {
13                     "key" : "rock",
14                     "doc_count" : 3
15                 },
16                 {
17                     "key" : "jazz",
18                     "doc_count" : 2
```

```
19                  }
20              ]
21          }
22      }
23  }
```

第5行,因为超过上限计数,每个Term的错误文档的计数。

第6行,当有很多唯一的Term时,Elasticsearch只返回最前面的若干Term的聚合;这个数字是响应中没有返回的所有bucket的文档计数的总和。

第7行返回的聚合结果。

默认情况下,Terms聚合将返回按doc_count排序的前10个存储桶。可以通过设置size参数来更改此默认行为。

可以设置size数来定义应返回多少个Term存储桶。默认情况下,协调搜索过程的节点将请求每个分片提供自己的顶部Term桶,一旦所有分片响应,它将把结果合并到最终列表,然后返回给客户机。这意味着,如果唯一Term的数目大于size,则返回的列表会稍微偏离并且不准确(可能是Term计数稍微偏离,甚至可能是不返回本应在最大大小的存储桶中的Term)。

如上所述,Term聚合中的文档计数(以及任何子聚合的结果)并不总是准确的。这是因为每个分片都提供了自己的Term排序列表的视图,并将它们组合起来给出最终视图。

考虑以下情况,请求获取字段产品中的前5个Term,从包含3个分片的索引中按文档计数降序排列。在这种情况下,要求每个分片给出其前5个Term的聚合结果。

```
GET /_search
{
    "aggs" : {
        "products" : {
            "terms" : {
                "field" : "product",
                "size" : 5
            }
        }
    }
}
```

三个分片的Term如图6-4所示,其各自的文档计数在括号中。

分片将返回前5个Term,因此各个分片的结果如图6-5所示。

从每个分片中获取前5个结果(根据要求),并将它们组合成最终的前5个列表,生成以下结果,如图6-6所示。

因为产品A是从所有分片返回的,所以我们知道它的文档计数值是准确的。产品C仅由分片A和C返回,因此其文档计数显示为50,但这不是准确的计数。产品C存在于分片B上,但它的4个数量不足以将产品C列入该分片的前5个列表。产品Z也仅由2个分片返回,但第3个分片不包含这个产品。在合并结果以生成最终列表时,无法知道产品C和产品Z的文档计数中存在错误。产品H在所有3个分片中的文档计数都为44,但未包含在最终列表中,因为它没有在任何一个分片中进入前5个Term。

	Shard A	Shard B	Shard C
1	Product A (25)	Product A (30)	Product A (45)
2	Product B (18)	Product B (25)	Product C (44)
3	Product C (6)	Product F (17)	Product Z (36)
4	Product D (3)	Product Z (16)	Product G (30)
5	Product E (2)	Product G (15)	Product E (29)
6	Product F (2)	Product H (14)	Product H (28)
7	Product G (2)	Product I (10)	Product Q (2)
8	Product H (2)	Product Q (6)	Product D (1)
9	Product I (1)	Product J (8)	
10	Product J (1)	Product C (4)	

图 6-4　Term 分布

	Shard A	Shard B	Shard C
1	Product A (25)	Product A (30)	Product A (45)
2	Product B (18)	Product B (25)	Product C (44)
3	Product C (6)	Product F (17)	Product Z (36)
4	Product D (3)	Product Z (16)	Product G (30)
5	Product E (2)	Product G (15)	Product E (29)

图 6-5　文档存储分布

1	Product A (100)
2	Product Z (52)
3	Product C (50)
4	Product G (45)
5	Product B (43)

图 6-6　查询结果

请求中参数 size 越大，结果就越准确，并且计算最终结果的成本也越高(这都是由于在 shard 级别上管理的优先级更大的队列以及节点和客户端之间的数据传输更大)。

当参数 size 较大时，shard_size 参数可用于最小化开销。定义后，它将确定协调节点从每个分片请求多少 Term。一旦所有的分片都响应了，协调节点将把它们减少到一个最终的结果，这将基于 size 参数，这样就可以提高返回结果的准确性，并避免将一个大的桶列表流回到客户机，造成大的开销。shard_size 不能小于 size（因为它没有多大意义）。如果出现这种情况，Elasticsearch 将覆盖它并将其重置为与 size 相等。默认 shard_size 为(size×

1.5 + 10)。

有两个错误值可以在聚合中显示。第一个给出了一个整体的值。这是从每个分片返回的最后一个 Term 的文档计数的总和。对于上面给出的示例,值为 46(2+15+29)。这意味着在最坏的情况下,未返回的术语可能具有第 4 个最高的文档计数。

第 2 个错误值可以通过将 show_term_doc_count_error 参数设置为 true 来启用:

```
GET /_search
{
    "aggs" : {
        "products" : {
            "terms" : {
                "field" : "product",
                "size" : 5,
                "show_term_doc_count_error": true
            }
        }
    }
}
```

这将显示聚合返回的每个 Term 的错误值,该值表示文档计数中的最坏情况错误,并且在决定 shard_size 参数的值时非常有用。这是通过合计所有未返回 Term 的分片返回的最后一个 Term 的文档计数来计算的。在上面的示例中,产品 C 的文档计数中的错误为 15,因为 Shard B 是唯一不返回 Term 的分片,并且它返回的最后一个 Term 的文档计数为 15。产品 C 的实际文档数为 54,因此文档数实际上只减少了 4,而最坏的情况是,它将减少 15。但是,产品 A 的文档计数错误为 0,因为每个分片都返回它,所以可以确信返回的计数是准确的。

返回的结果如下所示:

```
{
    ...
    "aggregations" : {
        "products" : {
            "doc_count_error_upper_bound" : 46,
            "sum_other_doc_count" : 79,
            "buckets" : [
                {
                    "key" : "Product A",
                    "doc_count" : 100,
                    "doc_count_error_upper_bound" : 0
                },
                {
                    "key" : "Product Z",
                    "doc_count" : 52,
                    "doc_count_error_upper_bound" : 2
                }
                ...
```

```
            ]
        }
    }
}
```

只有当按文档计数降序排列 Term 时，才能以这种方式计算这些错误。当聚合由 Term 值本身(升序或降序)排序时，文档计数没有错误，因为如果一个分片不返回出现在另一个分片结果中的特定 Term，则它的索引中不能包含该 Term。当聚合按子聚合排序或按文档计数升序排序时，无法确定文档计数中的错误，并给文档计数中的错误值－1 以表明这一点。

通过设置 order 参数，可以自定义桶的排序。默认情况下，存储桶按其文档计数降序排列。下面是一些例子，比较容易看懂，不再详述：

```
GET /_search
{
    "aggs" : {
        "genres" : {
            "terms" : {
                "field" : "genre",
                "order" : { "_count" : "asc" }
            }
        }
    }
}
GET /_search
{
    "aggs" : {
        "genres" : {
            "terms" : {
                "field" : "genre",
                "order" : { "_key" : "asc" }
            }
        }
    }
}
GET /_search
{
    "aggs" : {
        "genres" : {
            "terms" : {
                "field" : "genre",
                "order" : { "max_play_count" : "desc" }
            },
            "aggs" : {
                "max_play_count" : { "max" : { "field" : "play_count" } }
            }
        }
    }
}
```

```
GET /_search
{
    "aggs" : {
        "genres" : {
            "terms" : {
                "field" : "genre",
                "order" : { "playback_stats.max" : "desc" }
            },
            "aggs" : {
                "playback_stats" : { "stats" : { "field" : "play_count" } }
            }
        }
    }
}
GET /_search
{
    "aggs" : {
        "countries" : {
            "terms" : {
                "field" : "artist.country",
                "order" : { "rock>playback_stats.avg" : "desc" }
            },
            "aggs" : {
                "rock" : {
                    "filter" : { "term" : { "genre" : "rock" }},
                    "aggs" : {
                        "playback_stats" : { "stats" : { "field" : "play_count" }}
                    }
                }
            }
        }
    }
}
GET /_search
{
    "aggs" : {
        "countries" : {
            "terms" : {
                "field" : "artist.country",
                "order" : [ { "rock>playback_stats.avg" : "desc" }, { "_count" : "desc" } ]
            },
            "aggs" : {
                "rock" : {
                    "filter" : { "term" : { "genre" : "rock" }},
                    "aggs" : {
                        "playback_stats" : { "stats" : { "field" : "play_count" }}
                    }
                }
            }
        }
    }
}
```

使用 min_doc_count 选项，可以只返回匹配超过某个值的 Term：

```
GET /_search
{
    "aggs" : {
        "tags" : {
            "terms" : {
                "field" : "tags",
                "min_doc_count": 10
            }
        }
    }
}
```

上述聚合将只返回计数大于或等于 10 的 Term，默认值为 1。

6.2.6　直方图聚合

直方图聚合是一种基于源的多桶值聚合，可应用于从文档中提取数值。它动态地在这些值上构建固定大小（也称为间隔）的存储桶。例如，如果文档有一个包含价格（数字）的字段，可以配置此聚合以动态构建间隔为 5 的存储桶（如果是价格，则可能表示 5 美元）。执行聚合时，将计算每个文档的价格字段，并将其向下舍入到最接近的存储桶中。例如，如果价格为 32，存储桶大小为 5，则舍入将生成 30，因此文档将“落入”与键 30 关联的存储桶中。为了使其更正式，这里使用了舍入函数：

```
bucket_key =Math.floor((value -offset) / interval) * interval +offset
```

interval 必须是正十进制数字，而 offset 必须是[0, interval)中的十进制（大于或等于 0 且小于间隔）。

下面的代码片段 buckets 是根据产品的 price 按 50 的间隔来划分的：

```
POST /sales/_search?size=0
{
    "aggs" : {
        "prices" : {
            "histogram" : {
                "field" : "price",
                "interval" : 50
            }
        }
    }
}
```

响应大致如下：

```
{
    ...
    "aggregations": {
```

```
        "prices" : {
            "buckets": [
                {
                    "key": 0.0,
                    "doc_count": 1
                },
                {
                    "key": 50.0,
                    "doc_count": 1
                },
                {
                    "key": 100.0,
                    "doc_count": 0
                },
                {
                    "key": 150.0,
                    "doc_count": 2
                },
                {
                    "key": 200.0,
                    "doc_count": 3
                }
            ]
        }
    }
}
```

上述响应表明,没有任何文档的价格在[100, 150)。默认情况下,响应将用空桶填充直方图中的间隙。由 min_doc_count 设置,可以更改此行为:

```
POST /sales/_search?size=0
{
    "aggs" : {
        "prices" : {
            "histogram" : {
                "field" : "price",
                "interval" : 50,
                "min_doc_count" : 1
            }
        }
    }
}
```

响应大致如下,空桶将不返回:

```
{
    ...
    "aggregations": {
        "prices" : {
            "buckets": [
                {
```

```
                    "key": 0.0,
                    "doc_count": 1
                },
                {
                    "key": 50.0,
                    "doc_count": 1
                },
                {
                    "key": 150.0,
                    "doc_count": 2
                },
                {
                    "key": 200.0,
                    "doc_count": 3
                }
            ]
        }
    }
}
```

默认情况下,直方图聚合返回数据本身范围内的所有存储桶,也就是说,具有最小值的文档将确定最小存储桶(具有最小键的存储桶),具有最大值的文档将确定最大存储桶(具有最大键的存储桶)。通常,当请求空桶时会导致混淆,特别是当数据也被过滤时。这个很好理解,因为我们只是指定了间隔,而上限和下限是由文档的字段值决定的。

在下面的例子中,假设正在筛选获取所有值介于0~500的文档,同时希望使用间隔为50的直方图对每个价格的数据进行切片。还可以指定"min_doc_count" : 0,因为希望获取所有存储桶,甚至是空的存储桶。如果所有产品(文档)的价格都高于100,则得到的第一个桶将是100作为其关键的桶。这是令人困惑的,很多时候,也希望这些桶为0~100。

通过extended_bounds设置,现在可以"强制"直方图聚合,以开始基于特定的min构建存储桶,并继续将存储桶构建到min(即使不再有文档)。仅当min_doc_count为0时使用extended_bounds才有意义(如果min_doc_count大于0,则不会返回空存储桶)。

注意,extended_bounds不会过滤存储桶。也就是说,如果extended_bounds.min高于从文档中提取的值,文档归属到第一个桶(扩展的extended_bounds.max和最后一个bucket也是如此)。对于过滤桶,应该使用适当的from/to设置将直方图聚合嵌套在范围过滤聚合下。

示例用法如下:

```
POST /sales/_search?size=0
{
    "query" : {
        "constant_score" : { "filter": { "range" : { "price" : { "to" : "500" } } } }
    },
    "aggs" : {
        "prices" : {
            "histogram" : {
```

```
                "field" : "price",
                "interval" : 50,
                "extended_bounds" : {
                    "min" : 0,
                    "max" : 500
                }
            }
        }
    }
}
```

默认情况下，返回的存储桶按其键升序排序，但可以使用 order 设置控制排序行为。支持与 Term 聚合的排序功能不再赘述。

默认情况下，bucket 键从 0 开始，然后以均匀 interval 的间隔步数继续，例如，如果间隔为 10，则第一个 bucket（假设其中有数据）将为[0, 10)，[10, 20)，[20, 30)。使用偏移选项 offset 可以移动桶边界。

可以用一个例子来很好地说明。如果有 10 个文档的值在 5～14，则使用间隔 10 将生成两个桶，每个桶有 5 个文档。如果使用了额外的偏移量 5，则只有一个单独的存储桶[5,15]包含所有 10 个文档。

默认情况下，存储桶作为有序数组返回。也可以通过 keyed 参数改变这种行为：

```
POST /sales/_search?size=0
{
    "aggs" : {
        "prices" : {
            "histogram" : {
                "field" : "price",
                "interval" : 50,
                "keyed" : true
            }
        }
    }
}
```

响应大致如下：

```
{
    ...
    "aggregations": {
        "prices": {
            "buckets": {
                "0.0": {
                    "key": 0.0,
                    "doc_count": 1
                },
                "50.0": {
                    "key": 50.0,
                    "doc_count": 1
                },
```

```
                "100.0": {
                    "key": 100.0,
                    "doc_count": 0
                },
                "150.0": {
                    "key": 150.0,
                    "doc_count": 2
                },
                "200.0": {
                    "key": 200.0,
                    "doc_count": 3
                }
            }
        }
    }
}
```

6.2.7　过滤器聚合

定义当前文档集上下文中与指定过滤器匹配的所有文档的单个存储桶。通常，这将用于将当前聚合上下文缩小到一组特定的文档。

示例如下：

```
POST /sales/_search?size=0
{
    "aggs" : {
        "t_shirts" : {
            "filter" : { "term": { "type": "t-shirt" } },
            "aggs" : {
                "avg_price" : { "avg" : { "field" : "price" } }
            }
        }
    }
}
```

响应大致如下：

```
{
    ...
    "aggregations" : {
        "t_shirts" : {
            "doc_count" : 3,
            "avg_price" : { "value" : 128.33333333333334 }
        }
    }
}
```

这种聚合器本质是 Term 聚合中增加了过滤器。

6.2.8 多过滤器聚合

多过滤器聚合请求定义多桶聚合，其中每个桶与一个过滤器关联。每个 bucket 将收集与其关联的过滤器匹配的所有文档。示例如下：

```
PUT /logs/_bulk?refresh
{ "index" : { "_id" : 1 } }
{ "body" : "warning: page could not be rendered" }
{ "index" : { "_id" : 2 } }
{ "body" : "authentication error" }
{ "index" : { "_id" : 3 } }
{ "body" : "warning: connection timed out" }

GET logs/_search
{
  "size": 0,
  "aggs" : {
    "messages" : {
      "filters" : {
        "filters" : {
          "errors" : { "match" : { "body" : "error" }},
          "warnings" : { "match" : { "body" : "warning" }}
        }
      }
    }
  }
}
```

在上面的例子中，分析了日志消息。聚合将生成两个日志消息集合（桶），一个用于聚合所有包含错误的消息，另一个用于聚合所有包含警告的消息。

响应大致如下：

```
{
  "took": 9,
  "timed_out": false,
  "_shards": ...,
  "hits": ...,
  "aggregations": {
    "messages": {
      "buckets": {
        "errors": {
          "doc_count": 1
        },
        "warnings": {
          "doc_count": 2
        }
      }
    }
```

```
    }
}
```

上例中每个过滤器都有一个名字，过滤器字段也可以作为过滤器数组提供（匿名过滤器），请求如下所示：

```
GET logs/_search
{
  "size": 0,
  "aggs" : {
    "messages" : {
      "filters" : {
        "filters" : [
          { "match" : { "body" : "error" }},
          { "match" : { "body" : "warning" }}
        ]
      }
    }
  }
}
```

过滤后的存储桶按请求中提供的顺序返回。这个例子的响应是：

```
{
  "took": 4,
  "timed_out": false,
  "_shards": ...,
  "hits": ...,
  "aggregations": {
    "messages": {
      "buckets": [
        {
            "doc_count": 1
        },
        {
            "doc_count": 2
        }
      ]
    }
  }
}
```

other_bucket 参数设为 true 时，响应中将包含一个以 other_为键的桶，该桶包含与任何给定过滤器都不匹配的所有文档，默认值是 false。

示例如下：

```
PUT logs/_doc/4?refresh
{
  "body": "info: user Bob logged out"
}
```

```
GET logs/_search
{
  "size": 0,
  "aggs" : {
    "messages" : {
      "filters" : {
        "other_bucket_key": "other_messages",
        "filters" : {
          "errors" : { "match" : { "body" : "error" }},
          "warnings" : { "match" : { "body" : "warning" }}
        }
      }
    }
  }
}
```

第 7 章 查看 API

JSON 格式非常适合计算机,虽然打印得很好,但用户试图在数据中查找到关系时也会感到乏味。人类的眼睛,尤其是在看终端时,需要的是紧凑和对齐的文本。/_cat 旨在满足这一需求。

7.1 查看子目录

_cat/后不跟任何子节点,返回的结果是目录,也就是可用的 URL 节点,这个功能是非常有用的,当忘记某个接口时可以先执行这个接口。示例如下:

```
GET  /_cat/
```

返回结果就是所有可用的 Cat API:

```
/_cat/shards
/_cat/shards/{index}
/_cat/master
/_cat/nodes
/_cat/tasks
/_cat/indices
/_cat/indices/{index}
/_cat/segments
/_cat/segments/{index}
/_cat/count
/_cat/count/{index}
/_cat/recovery
/_cat/recovery/{index}
/_cat/health
/_cat/pending_tasks
/_cat/aliases
/_cat/aliases/{alias}
/_cat/thread_pool
/_cat/thread_pool/{thread_pools}
/_cat/plugins
/_cat/fielddata
/_cat/fielddata/{fields}
/_cat/nodeattrs
```

```
/_cat/repositories
/_cat/snapshots/{repository}
/_cat/templates
```

7.2 应用实例及参数

本节介绍_cat API 的参数和常用示例。

7.2.1 v 参数

每个命令都接受一个查询字符串参数 v 来打开详细输出。例如：

```
GET /_cat/master?v
```

响应如下：

```
id                     host      ip        node
u_n93zwxThWHi1PDBJAGAg 127.0.0.1 127.0.0.1 u_n93zw
```

7.2.2 help 参数

每个命令都接受一个查询字符串参数 help，该参数将输出其可用值。示例：

```
GET /_cat/master?help
```

响应大致如下：

```
id   |   | node id
host | h | host name
ip   |   | ip address
node | n | node name
```

7.2.3 h 参数

每个命令都接受一个查询字符串参数 h，该参数只强制显示这些列。示例：

```
GET /_cat/nodes?h=ip,port,heapPercent,name
```

响应如下：

```
127.0.0.1 9300 27 sLBaIGK
```

7.2.4 常用接口汇总

接下来我们只列出常用的命令，因为比较简单，基本上可以说是见名知意，不再赘述。

查看别名：

```
GET /_cat/aliases?v
```

查看分片存储信息：

```
GET /_cat/allocation?v
```

查看集群和单个索引的文档总数：

```
GET /_cat/count?v
GET /_cat/count/twitter?v
```

查看各字段的内存使用情况：

```
GET /_cat/fielddata?v
GET /_cat/fielddata?v&fields=body
GET /_cat/fielddata/body,soul?v
```

查看集群健康状况：

```
GET /_cat/health?v
GET /_cat/health?v&ts=false
```

查看集群的索引情况：

```
GET /_cat/indices/twi*?v&s=index
GET /_cat/indices?v&health=yellow
GET /_cat/indices?v&s=docs.count:desc
GET /_cat/indices/twitter?pri&v&h=health,index,pri,rep,docs.count,mt
```

查看主节点信息：

```
GET /_cat/master?v
```

查看集群节点信息：

```
GET /_cat/nodes?v
```

查看集群恢复状态：

```
GET _cat/recovery?v
```

查看节点的线程池信息：

```
GET /_cat/thread_pool
```

查看分片信息：

```
GET _cat/shards
```

查看分段信息：

```
GET /_cat/segments?v
```

第 8 章 集群 API

本章所讲的 API 主要是用来查看或更改集群相关的信息或设置。其中,一些集群级 API 可以在节点的子集上操作,这些节点可以通过节点过滤器指定。例如,任务管理、节点统计信息和节点信息 API 可以从一组经过过滤的节点而不是从所有节点报告结果。

8.1 节点过滤

节点过滤器是用逗号分隔的单个过滤器列表形式,每个过滤器都会添加或删除所选子集中的节点。支持的过滤器如表 8-1 所示。

表 8-1 节点过滤器

过滤器	描　述
_all	将所有节点添加到子集中
_local	将本地节点添加到子集中
_master	将主节点添加到子集中
节点的 ID 或名称	把指定 ID 或名称的节点添加到子集中
IP 或主机名	把指定 IP 或主机名称的节点添加到子集中
*	节点名称、ID、IP、主机名称可以包括通配符
master：true	把主节点添加到子集中
data：true	把数据节点添加到子集中
ingest：true	把索引预处理节点添加到子集中
coordinating_only：true	把协调节点添加到子集中
master：false	从子集中剔除主节点
data：false	从子集中剔除数据节点
ingest：false	从子集中剔除索引预处理节点
coordinating_only：false	从子集中剔除协调节点

下面是一些具体示例。

默认选取所有节点。

```
GET /_nodes
```

显示所有节点：

```
GET /_nodes/_all
```

只选取本地节点：

```
GET /_nodes/_local
```

只选取主节点：

```
GET /_nodes/_master
```

通过指定的名称选取节点，可以包含通配符 *：

```
GET /_nodes/node_name_goes_here
GET /_nodes/node_name_goes_*
```

通过指定的 IP 选取节点，可以包含通配符 *：

```
GET /_nodes/10.0.0.3,10.0.0.4
GET /_nodes/10.0.0.*
```

通过节点类型选取节点：

```
GET /_nodes/_all,master: false
GET /_nodes/data: true,ingest: true
GET /_nodes/coordinating_only: true
```

8.2　节点类型

8.1 节提到了主节点、候选主节点、数据节点、索引预处理节点等概念，本节将详细介绍 Elasticsearch 集群中各种类型节点的配置方法、功能等内容。之所以把这部分内容放在本书的后半部分来讲，是因为在对 Elasticsearch 具有了一定的使用经验后，可以更好、更自然地理解这部分内容。

在 Elasticsearch 集群中，可以设置候选主节点、数据节点、索引预处理节点、协调节点四种类的节点，各种类型的节点在集群中扮演着不同的角色。

1. 主节点

主节点是从候选主节点列表中选出的。主节点的主要职责是和集群操作相关的内容，如创建或删除索引，跟踪哪些节点是群集的一部分，并决定哪些分片分配给相关的节点。稳定的主节点对集群的健康是非常重要的。索引数据和搜索查询等操作会占用大量的 CPU、内存、IO 资源，为了确保一个集群的稳定，分离主节点和数据节点是一个比较好的选择。

2. 候选主节点

默认情况下集群中的任何节点都是候选主节点。此类型节点可以在 elasticsearch.yml 中显式配置和禁止。

配置节点为候选主节点(默认值)：

```
node.master : true
```

禁止节点为候选主节点：

```
node.master : false
```

3. 数据节点

数据节点用来存储索引数据，主要对文档进行增删改查操作，聚合操作等。数据节点对CPU、内存，IO要求较高，在优化的时候需要监控数据节点的状态，当资源不够的时候，需要在集群中添加新的节点。此类型节点可以在 elasticsearch.yml 中显式配置和禁止。

配置节点为数据节点(默认值)：

```
node.data: true
```

禁止节点为数据节点：

```
node.data: false
```

4. 索引预处理节点

这种类型的节点用来预处理数据。在索引前预处理文档，拦截 bulk、index 请求，然后再回传给 bulk、index API。用户可以自定义管道，指定一系列的预处理器。此类型节点可以在 elasticsearch.yml 中显式配置和禁止。

配置节点为索引预处理节点：

```
node.ingest: true
```

禁止节点为索引预处理节点(默认值)：

```
node.ingest: false
```

5. 协调节点

这种类型的节点既不会成为主节点，也不会存储数据，这个节点只负责接收和转发请求，针对海量请求的时候可以进行负载均衡。此类型节点需要在 elasticsearch.yml 中显式配置和禁止。

配置节点为协调节点：

```
coordinating_only: true
```

禁止节点为协调节点(默认值)：

```
coordinating_only: false
```

6. 分配各种类型节点的规则

如何分配各种类型的节点，更多的是结合资源、并发量、数据量等实际因素。在一个生产集群中，对这些节点的职责进行划分是十分必要的。以下是一些经验性的规则。

- 建议集群中设置 3 个以上的节点作为候选主节点，这些节点只负责成为主节点，维护整个集群的状态，不接受请求，也不存储数据。配置如下：

```
node.master: true
node.data: false
node.ingest: false
```

- 根据数据量设置一批数据节点，这些节点只负责存储数据，集群中这类节点的压力是最大的。配置如下：

```
node.master: false
node.data: true
node.ingest: false
```

- 在集群中建议设置一批协调节点，这些节点只负责处理用户请求，实现请求转发，负载均衡等功能。配置如下：

```
node.master: false
node.data: false
node.ingest: false
```

也可以这样配置：

```
coordinating_only: false
```

8.3 常用 API

本节所介绍的 API 都比较简单，这里只列出常用的集群 API，不再给出返回结果，请读者自行完成。

8.3.1 查看集群及节点信息

查看集群健康状况：

```
GET _cluster/health
```

查看集群状态：

```
GET /_cluster/state
```

查看集群统计信息：

```
GET /_cluster/stats?human&pretty
```

查看集群的设置：

```
GET /_cluster/settings
GET /_cluster/settings?include_defaults=true
```

查看节点的信息：

```
GET /_nodes
GET /_nodes/nodeId1,nodeId2
GET /_nodes/stats
GET /_nodes/nodeId1,nodeId2/stats
```

8.3.2 动态更新集群设置

更新集群设置：

```
PUT /_cluster/settings
{
    "persistent" : {
        "indices.recovery.max_bytes_per_sec" : "50mb"
    }
}
```

8.3.3 重置路由

重置路由是一个高级应用，允许手动更改集群中单个分片的分配。例如，可以显式地将分片从一个节点移动到另一个节点，可以取消分配，也可以显式地将未分配的分片分配到特定的节点。格式如下：

```
POST /_cluster/reroute
{
    "commands" : [
        {
            "move" : {
                "index" : "test", "shard" : 0,
                "from_node" : "node1", "to_node" : "node2"
            }
        },
        {
            "allocate_replica" : {
                "index" : "test", "shard" : 1,
                "node" : "node3"
            }
        }
    ]
}
```

重要的是要注意，任何重置路由命令执行完成后，Elasticsearch将正常执行重新平衡

(受 cluster.routing.rebalance.enable 等设置的值影响),以保持平衡状态。例如,如果请求的分配将分片从 node1 移动到 node2,那么这可能会导致分片从 node2 移动回 node1,从而使集群重新均衡。

可以使用 cluster.routing.allocation.enable 设置为 false 将集群设置为禁止分片自动分配。

第 9 章 索引 API

索引 API 是用于管理单个索引、索引设置、别名、映射和索引模板等功能的接口。

9.1 创建索引 API

创建索引 API 用于在 Elasticsearch 中手动创建索引。Elasticsearch 中的所有文档都存储在某一个索引中。

最基本的形式如下：

```
PUT twitter
```

它创建了名为 twitter 的索引，搜索设置都采用默认值。索引名称有一些限制，原则是尽可能采用全小写的英文。限制如下：

- 仅小写字母
- 不能包括\、/、*、?、"、<、>、|、` `(空格字符)、,、# 等
- 7.0 版之前的索引可能包含冒号(:)，但已弃用，7.0 版中不支持它
- 不能以 -、_、+ 开头
- 不能是 . 或..
- 不能长于 255 字节(请注意，它是字节数，因此多字节字符将更快计数到 255 限制)

9.1.1 索引设置

创建的每个索引都可以具有与之关联的特定设置，这些设置在正文中定义，示例如下：

```
1  PUT twitter
2  {
3      "settings" : {
4          "index" : {
5              "number_of_shards" : 3,
6              "number_of_replicas" : 2
7          }
8      }
9  }
```

第 5 行，定义分片数量，默认值是 1。

第 6 行，定义副本数量，默认值是 1(即每个主分片都有一个副本)。

也可以用简化形式：

```
PUT twitter
{
    "settings" : {
        "number_of_shards" : 3,
        "number_of_replicas" : 2
    }
}
```

9.1.2　映射

映射(mapping)的功能是完成字段的定义，包括数据类型、存储属性、分析器等。示例如下：

```
PUT test
{
    "settings" : {
        "number_of_shards" : 1
    },
    "mappings" : {
        "properties" : {
            "field1" : { "type" : "text" }
        }
    }
}
```

9.1.3　别名

别名就是索引另外的名称，可以用来实现跨索引查询、无缝切换等功能。每个索引可以有若干的别名，不同的索引也可以使用相同的别名，示例如下：

```
PUT test
{
    "aliases" : {
        "alias_1" : {},
        "alias_2" : {
            "filter" : {
                "term" : {"user" : "kimchy" }
            },
            "routing" : "kimchy"
        }
    }
}
```

默认情况下，索引创建将仅在每个分片的主副本已启动或请求超时时向客户端返回响应。索引创建响应将指示发生了什么，执行成功时响应如下：

```
{
    "acknowledged": true,
```

```
    "shards_acknowledged": true,
    "index": "test"
}
```

可以通过索引设置 index.write.wait_for_active_shards(请注意,更改此设置还会影响所有后续写入操作的 wait_for_active_shards 值),更改默认的仅等待主分片启动,示例如下:

```
PUT test
{
    "settings": {
        "index.write.wait_for_active_shards": "2"
    }
}
```

9.2 删除索引

删除索引非常简单,但同时也会把索引数据一起删除,不可恢复:

```
DELETE /twitter
```

9.3 判断索引是否存在

顾名思义,就是判断一个索引是否已存在,用法也非常简单:

```
HEAD twitte
```

9.4 打开关闭索引

允许关闭索引,稍后再打开索引。关闭索引在集群上几乎没有开销(除了维护其元数据),并且被阻塞于读/写操作。可以打开一个关闭的索引,然后该索引将经过正常的恢复过程。

关闭索引的示例如下:

```
POST /my_index/_close
```

打开索引的示例如下:

```
POST /my_index/_open
```

9.5 收缩索引

可以将现有索引收缩为具有较少主分片的新索引。目标索引中请求的主分片数量必须是源索引中分片数量的一个因子。例如,具有 8 个主分片的索引可以收缩为 4 个、2 个或 1

个主分片，或者具有 15 个主分片的索引可以收缩为 5 个、3 个或 1 个主分片。如果索引中的分片数量是质数，则只能收缩为单个主分片。在收缩之前，索引中每个分片的(主或副本)副本必须存在于同一节点上。

收缩索引时，源索引必须是只读的，首先准备一个索引：

```
PUT /my_source_index
PUT /my_source_index/_settings
{
  "settings": {
    "index.routing.allocation.require._name": "shrink_node_name",
    "index.blocks.write": true
  }
}
```

收缩索引示例如下：

```
POST my_source_index/_shrink/my_target_index
{
  "settings": {
    "index.routing.allocation.require._name": null,
    "index.blocks.write": null
  }
}
```

9.6 映射

映射就是对索引字段的定义，包括数据类型、存储属性、分析器、词向量等。先看一个例子：

```
1   PUT my_index
2   {
3       "mappings": {
4         "properties": {
5           "title":    { "type": "text" },
6           "name":     { "type": "text" },
7           "age":      { "type": "integer" },
8           "created": {
9             "type": "date",
10            "format": "strict_date_optional_time||epoch_millis"
11          }
12        }
13      }
14  }
```

第 1 行，创建名为 my_index 的索引。

第 4 行，指定映射中的字段或属性。

第 5 行，指定 title 字段类型是文本值(text)。

第 6 行，指定 name 字段类型是文本值(text)。

第 7 行，指定 age 字段类型是整数值(integer)。

第 9～10 行，指定 created 字段为日期(date)类型，并指定两种可能格式的日期格式。

9.6.1 数据类型

1. 数字类型

支持常用的类型，长整型(long)、整型(integer)、短整型(short)、字节(byte)、双精度浮点型(double)、浮点型(float)、半精度浮点型(half_float)、可变浮点型(scaled_float)。

使用也非常简单，看下面的例子就明白了：

```
PUT my_index
{
  "mappings": {
    "properties": {
      "number_of_bytes": {
        "type": "integer"
      },
      "time_in_seconds": {
        "type": "float"
      },
      "price": {
        "type": "scaled_float",
        "scaling_factor": 100
      }
    }
  }
}
```

当数据量非常大时，内存资源是很宝贵的，选择的原则是满足内存需求的最小类型。

2. 布尔类型

布尔字段接受 JSON 格式的 true 和 false，但也可以接受解释为真或假的字符串，false、"false"、true、"true"，示例如下：

```
1  PUT my_index
2  {
3      "mappings": {
4        "properties": {
5          "is_published": {
6            "type": "boolean"
7          }
8        }
9      }
10 }
11
12 POST my_index/_doc/1
13 {
```

```
14     "is_published": "true"
15 }
16
17 GET my_index/_search
18 {
19     "query": {
20       "term": {
21         "is_published": true
22       }
23     }
24 }
```

第14行,将文档字段 is_published 索引为字符串值 true,即解释为布尔型 true。

第21行,搜索时字段 is_published 传入 JSON 格式的 true。

3. 数组类型

在 Elasticsearch 中,没有专用的数组类型。默认情况下,任何字段都可以包含零个或多个值(每个字段都可以是多个值),但是数组中的所有值都必须具有相同的数据类型。例如:

- 字符串数组:["one", "two"]。
- 整型数组:[1, 2]。
- 数组的数组:[1, [2, 3]]。

通过如下示例就容易理解了:

```
1  PUT my_index/_doc/1
2  {
3    "message": "some arrays in this document...",
4    "tags": [ "Elasticsearch", "wow" ],
5    "lists": [
6      {
7        "name": "prog_list",
8        "description": "programming list"
9      },
10     {
11       "name": "cool_list",
12       "description": "cool stuff list"
13     }
14   ]
15 }
16
17 PUT my_index/_doc/2
18 {
19   "message": "no arrays in this document...",
20   "tags": "Elasticsearch",
21   "lists": {
22     "name": "prog_list",
23     "description": "programming list"
24   }
```

```
25 }
26
27 GET my_index/_search
28 {
29   "query": {
30     "match": {
31       "tags": "Elasticsearch"
32     }
33   }
34 }
```

第 4 行，tags 字段动态添加为字符串 string 字段。

第 5～14 行，lists 字段动态添加为对象 object 字段。

第 17 行，文档不包含数组，但可以索引到相同的字段中。

第 31 行，查询在 tags 字段中查找 Elasticsearch，并匹配这两个文档。

4. 日期类型

JSON 格式规范中没有对日期数据类型进行定义，因此 Elasticsearch 中的日期可以是：

- 包含格式化日期的字符串，例如 2015-01-01 或 2015/01/01 12：10：30。
- 一个表示自纪元以来毫秒数的长整型数字。
- 表示从纪元开始的秒数的整数。

在 Elasticsearch 内部，日期转换为 UTC(如果指定了时区)，并存储为毫秒数时间戳。

对日期的查询在内部转换为范围查询，聚合和存储字段的结果将根据与字段关联的日期格式转换回字符串。

可以自定义日期格式，但如果未指定格式 format，则使用默认值：

```
"strict_date_optional_time||epoch_millis"
```

通过如下示例来理解其用法：

```
1  PUT my_index
2  {
3    "mappings": {
4      "properties": {
5        "date": {
6          "type": "date"
7        }
8      }
9    }
10 }
11
12 PUT my_index/_doc/1
13 { "date": "2015-01-01" }
14
15 PUT my_index/_doc/2
16 { "date": "2015-01-01T12:10:30Z" }
```

```
17
18 PUT my_index/_doc/3
19 { "date": 1420070400001 }
20
21 GET my_index/_search
22 {
23   "sort": { "date": "asc"}
24 }
```

第 6 行，date 字段使用默认格式。

第 13 行，此文档使用纯日期。

第 16 行，此文档包含时间。

第 19 行，此文档使用毫秒时间戳。

第 23 行，请注意，排序值都是按毫秒数进行排序的。

可以使用分隔符来指定多种格式。每种格式将依次尝试，直到找到匹配的格式。第一种格式将用于将毫秒转换回字符串，示例如下：

```
PUT my_index
{
  "mappings": {
    "properties": {
      "date": {
        "type": "date",
        "format": "yyyy-MM-dd HH:mm:ss||yyyy-MM-dd||epoch_millis"
      }
    }
  }
}
```

注意，在 Elasticsearch 中，日期将始终呈现为字符串，即使它们最初在 JSON 文档中作为长整型提供。

5. 关键字

关键字(keyword)这种类型的特点是，不再分词，直接作为一个 Term 索引，检索时也只能用精确值检索。示例如下：

```
PUT my_index
{
  "mappings": {
    "properties": {
      "tags": {
        "type":  "keyword"
      }
    }
  }
}
```

6. 文本类型

文本(text)这种类型会进行解析、分词,索引的是解析后的 Term,检索时根据 Term 就可以检索到,一般适用于长文本的全文检索。示例如下:

```
PUT my_index
{
  "mappings": {
    "properties": {
      "full_name": {
        "type": "text"
      }
    }
  }
}
```

7. 地理位置类型

地理位置(geo)是用于存储经纬度的字段类型。用例场景如下:

- 在边界框内、中心点的特定距离内或多边形内查找地理点。
- 按地理位置或距中心点的距离聚合文档。
- 将距离整合到文档的相关性得分中。
- 按距离对文档排序。

geo 类型支持多种形式,示例如下:

```
1   PUT my_index
2   {
3       "mappings": {
4         "properties": {
5           "location": {
6             "type": "geo_point"
7           }
8         }
9       }
10  }
11
12  PUT my_index/_doc/1
13  {
14    "text": "Geo-point as an object",
15    "location": {
16      "lat": 41.12,
17      "lon": -71.34
18    }
19  }
20
21  PUT my_index/_doc/2
22  {
23    "text": "Geo-point as a string",
```

```
24   "location": "41.12,-71.34"
25 }
26
27 PUT my_index/_doc/3
28 {
29   "text": "Geo-point as a geohash",
30   "location": "drm3btev3e86"
31 }
32
33 PUT my_index/_doc/4
34 {
35   "text": "Geo-point as an array",
36   "location": [ -71.34, 41.12 ]
37 }
38
39 GET my_index/_search
40 {
41   "query": {
42     "geo_bounding_box": {
43       "location": {
44         "top_left": {
45           "lat": 42,
46           "lon": -72
47         },
48         "bottom_right": {
49           "lat": 40,
50           "lon": -74
51         }
52       }
53     }
54   }
55 }
```

第 15～18 行，地理点表示为一个对象，带有 lat 和 lon 键。

第 24 行，地理点以字符串形式表示，格式为：lat,lon。

第 30 行，以 geohash 表示的地理点。

第 36 行，以数组形式表示，格式为：[lon,lat]。

第 42～47 行，查找框中所有地理点的地理边界框查询。

9.6.2 映射属性设置

映射属性（参数）决定了字段（Field）的存储、索引、搜索、分析等方面的功能和特征。主要的属性值有以下几种。

1. index 属性

index 选项控制是否对字段值进行索引。它接受 true 或 false，并默认为 true。未索引的字段不可用来搜索、排序、聚合等。属性设置的示例如下：

```
PUT my_index
{
  "mappings": {
    "properties": {
      "location": {
        "type": "geo_point"
        , "index": true
      }
    }
  }
}
```

2. store 属性

默认情况下，字段值被索引以使其可搜索，但它们不会被存储。这意味着可以查询字段，但无法检索原始字段值。通常这不重要。字段值已经是_source 字段的一部分，默认情况下存储该字段。如果只想检索单个字段或几个字段的值，而不是整个源_source 的值，那么可以通过源过滤来实现这一点。

在某些情况下，存储字段是有意义的。例如，如果有一个具有 title、date 和非常大的 content 的文档，可能需要只检索标题和日期，而不必从大型源字段_source 中提取这些字段，属性设置和使用的示例如下：

```
1   PUT my_index
2   {
3       "mappings": {
4         "properties": {
5           "title": {
6             "type": "text",
7             "store": true
8           },
9           "date": {
10             "type": "date",
11             "store": true
12           },
13           "content": {
14             "type": "text"
15           }
16         }
17       }
18  }
19
20  PUT my_index/_doc/1
21  {
22    "title":  "Some short title",
23    "date":      "2015-01-01",
24    "content": "A very long content field..."
```

```
25 }
26
27 GET my_index/_search
28 {
29   "stored_fields": [ "title", "date" ]
30 }
```

第7行,title字段将被存储。

第11行,date字段将被存储。

第29行,此请求将检索title和date字段的值。

3. 分析器属性

分析器属性,一般情况下配置于Text类型的字段中。表示索引和检索时采用的分析方法。其属性设置和使用方法的示例如下:

```
1  PUT my_index
2  {
3    "settings": {
4      "analysis": {
5        "filter": {
6          "autocomplete_filter": {
7            "type": "edge_ngram",
8            "min_gram": 1,
9            "max_gram": 20
10         }
11       },
12       "analyzer": {
13         "autocomplete": {
14           "type": "custom",
15           "tokenizer": "standard",
16           "filter": [
17             "lowercase",
18             "autocomplete_filter"
19           ]
20         }
21       }
22     }
23   },
24   "mappings": {
25     "properties": {
26       "text": {
27         "type": "text",
28         "analyzer": "autocomplete",
29         "search_analyzer": "standard"
30       }
31     }
32   }
33 }
```

```
34
35 PUT my_index/_doc/1
36 {
37   "text": "Quick Brown Fox"
38 }
39
40 GET my_index/_search
41 {
42   "query": {
43     "match": {
44       "text": {
45         "query": "Quick Br",
46         "operator": "and"
47       }
48     }
49   }
50 }
```

第 12～21 行，定义 autocomplete 分析器。

第 28 行，text 字段在索引时使用 autocomplete 分析器。

第 29 行，搜索时使用 standard 分析器。

第 37 行，此字段索引的 Term：[Q，Qu，Qui，Quic，Quick，B，Br，Bro，Brow，Brown，F，Fo，Fox]。

第 45 行，查询时解析成的 Term：[Quick，Br]。

4. doc_values

大多数字段都是默认索引的，这使得它们可以搜索。索引的存储结构采用的是一种叫倒排索引的数据结构。倒排索引允许查询在唯一排序的 Term 列表中查找搜索 Term，并且从中可以立即访问包含该 Term 的文档列表。

排序、聚合和访问脚本中的字段值需要不同的数据访问模式，这种情况下不需要查找 Term 和查找文档，而是需要能够查找文档并找到它在某个字段中的 Term。

doc_values 是磁盘上的数据结构，在文档索引时构建，这使得这种数据访问模式成为可能。它们存储的值与_source 相同，以面向列的方式存储，这对于排序和聚合更有效。几乎所有字段类型都支持 doc_values，值得注意的是，需要分析的字符串字段除外。

默认情况下，所有支持 doc_values 的字段都启用了这个功能。如果确定不需要对字段进行排序或聚合，或从脚本访问字段值，则可以禁用此功能以节省磁盘空间，属性设置的示例如下：

```
1 PUT my_index
2 {
3     "mappings": {
4       "properties": {
5         "status_code": {
6           "type":       "keyword"
```

```
7           },
8           "session_id": {
9             "type":        "keyword",
10            "doc_values": false
11          }
12        }
13      }
14  }
```

第5～7行，status_code字段默认启用了doc_values功能。

第8～11行，session_id已禁用doc_values，但仍可以查询。

第 10 章 特定域查询语言(DSL)

Elasticsearch 提供了一个基于 JSON 的完整查询语言 DSL(特定于域的语言)来定义查询。将查询 DSL 视为查询的 AST(抽象语法树),它由以下两种类型的子句组成。

1. 叶子查询子句

叶子查询子句在特定字段中查找特定值,例如 match 查询、term 查询或 range 查询。这些查询可以单独使用。

2. 复合查询子句

复合查询子句包裹其他叶子查询或复合查询,并以逻辑方式组合多个查询(如 bool 查询或 dis-max 查询),或更改其行为(如常数查询)。

查询子句的行为在查询上下文和过滤上下文中使用是不同的。

10.1 查询和过滤上下文

10.1.1 查询上下文

查询上下文中使用的查询子句需要解决的问题是“此文档与此查询子句的匹配程度如何?”,除了决定文档是否匹配之外,查询子句还计算一个分数_score,表示文档相对于其他文档的匹配程度。

每当向查询参数 query (如搜索 API 中的查询参数)传递查询子句时,查询上下文都有效。

10.1.2 过滤上下文

在过滤上下文中,查询子句解决的问题是“此文档是否与此查询子句匹配?”,答案是简单的“是”或“否”,不计算分数。过滤上下文主要用于过滤结构化数据,例如:

- 这个时间戳 timestamp 是否在 2015 年到 2016 年的范围内?
- 状态字段 status 是否设置为 published?

为了提高性能,Elasticsearch 会自动缓存常用的过滤器。

每当一个查询子句被传递给一个过滤参数 filter 时,过滤上下文就会生效,例如 bool 查询中的 must_not 参数。下面示例中,各字段的含义如下:

- title 字段包含单词 search。

- content 字段包含单词 Elasticsearch。
- status 字段包含已发布的确切单词 published。
- publish_date 字段包含从 2015 年 1 月 1 日起的日期。

```
1  GET /_search
2  {
3      "query": {
4        "bool": {
5          "must": [
6            { "match": { "title": "Search"        }},
7            { "match": { "content": "Elasticsearch" }}
8          ],
9          "filter": [
10           { "term": { "status": "published" }},
11           { "range": { "publish_date": { "gte": "2015-01-01" }}}
12         ]
13       }
14     }
15 }
```

第 3 行,查询参数 query 指示查询上下文。

第 4～7 行,bool 和 match 两个子句用于查询上下文,这意味着它们用于对每个文档匹配的程度进行评分。

第 9 行,filter 参数指示上下文过滤器。

第 10～11 行,term 和 range 子句用于上下文过滤器。它们将过滤掉不匹配的文档,但不会影响匹配文档的得分。

不计算文档的相关性分数可有效提高搜索性能。

10.2 匹配所有文档

这是最简单的一种查询,匹配所有文档,它们的得分_score 都为 1.0。示例如下:

```
GET /_search
{
    "query": {
        "match_all": {}
    }
}
```

可以使用 boost 参数更改分数:

```
GET /_search
{
    "query": {
        "match_all": { "boost" : 1.2 }
    }
}
```

也可以不匹配任何文档:

```
GET /_search
{
    "query": {
        "match_none": {}
    }
}
```

10.3 全文检索

全文检索功能用来搜索分析过的文本字段,如电子邮件正文。一般情况下索引和查询的分析器应该相同,但也可以根据需求设置不同的分析器。

10.3.1 匹配查询

匹配(match)查询接受文本、数字或日期等多种类型,分析它们,并构造查询。示例如下:

```
GET /_search
{
    "query": {
        "match" : {
            "message" : "this is a test"
        }
    }
}
```

匹配查询的类型为 boolean。这意味着对所提供的文本进行分析,分析过程从所提供的文本构造一个布尔查询。可以将 operator 设置为 or 或 and,以控制布尔子句(默认为 or)。可以使用 minimum_should_match 参数设置要匹配的可选 should 子句的最小数目。

分析器设置应用哪个分析器将对文本执行分析过程。它默认为字段显式映射定义或默认搜索分析器。

可以将 lenient 参数设置为 true 以忽略由数据类型不匹配引起的异常,例如尝试使用文本查询字符串查询数字字段。默认为 false。

10.3.2 模糊匹配

模糊查询(fuzziness)允许基于所查询字段的类型进行模糊匹配。

在这种情况下,可以设置 prefix_length 和 max_expansions 来控制模糊过程。如果设置了 fuzzy 选项,查询将使用 top_terms_blended_freqs_ ${max_expansions}作为重写方法,fuzzy_rewrite 参数允许控制如何重写查询。

默认情况下允许模糊换位(例如,ab→ba),但可以通过将 fuzzy_transpositions 设置为 false 来禁用。模糊匹配不适用于同义词的 Term。示例如下:

```
GET /_search
{
    "query": {
```

```
        "match" : {
            "message" : {
                "query" : "this is a test",
                "operator" : "and"
            }
        }
    }
}
```

10.3.3 短语匹配查询

短语匹配查询分析文本并从分析文本中创建短语查询。例如：

```
GET /_search
{
    "query": {
        "match_phrase" : {
            "message" : "this is a test"
        }
    }
}
```

短语查询以任意顺序匹配 Term 匹配，最多经过 slop 次的编辑(默认值为 0)。转置后的词的斜率为 2。

分析器 analyzer 可以设置应用哪个分析器将对文本执行分析过程。它默认为字段显式映射定义或默认搜索分析器，例如：

```
GET /_search
{
    "query": {
        "match_phrase" : {
            "message" : {
                "query" : "this is a test",
                "analyzer" : "my_analyzer"
            }
        }
    }
}
```

10.3.4 查询字符串

查询字符串(query_string)是使用 Lucene 语法查询解析器(lucene query parser)来分析其内容的查询。示例如下：

```
GET /_search
{
    "query": {
        "query_string" : {
```

```
            "default_field" : "content",
            "query" : "this AND that OR thus"
        }
    }
}
```

query_string 查询解析输入并围绕运算符拆分文本。每个文本部分都是独立分析的。例如：

```
GET /_search
{
    "query": {
        "query_string" : {
            "default_field" : "content",
            "query" : "(new york city) OR (big apple)"
        }
    }
}
```

语法非常灵活，类似于 SQL 方式 where 子句的写法，以下是各种场景的应用示例。

- 指定匹配多字段：

```
GET /_search
{
    "query": {
        "query_string" : {
            "fields" : ["content", "name"],
            "query" : "this AND that"
        }
    }
}
```

- 指定单个字段：

```
GET /_search
{
    "query": {
        "query_string": {
            "query": "(content:this OR name:this) AND (content:that OR name:that)"
        }
    }
}
```

- 加权查询：

对字段加权，由于几个查询是从单个搜索词生成的，因此使用 dis_max 查询和一个连接中断器自动组合它们，例如（名称使用^5 符号加 5）。

```
GET /_search
{
    "query": {
```

```
        "query_string" : {
            "fields" : ["content", "name^5"],
            "query" : "this AND that OR thus",
            "tie_breaker" : 0
        }
    }
}
```

• 通配符查询：

```
GET /_search
{
    "query": {
        "query_string" : {
            "fields" : ["city.*"],
            "query" : "this AND that OR thus"
        }
    }
}
```

• 范围查询：

```
GET /_search
{
    "query": {
        "query_string" : {
            "fields" : ["city.*"],
            "query" : "this AND that OR thus AND date:[2012-01-01 TO 2012-12-31]"
        }
    }
}
```

DSL 查询语言的强大之处在于：可以任意嵌套和组合子查询，包括聚合，我们以下面的一个复杂的组合查询示例来结束本章。

```
GET /_search
{
    "from":0,
    "size":0,
    "query":
    {
        "query_string":
        {"query":"(order_type:100 AND pay_time:[1540224000000 TO * ] AND (store_code:(1001)
        AND goods_no:(000000 OR P2017070000018322))"}
    },
    "aggs":
    {
        "total_pay" : { "sum" : { "field" : "total_pay" }},
```

```
            "avg_pay" : { "avg" : { "field" : "total_pay" }},
            "count":{"value_count":{"field":"ono"}},
            "count_by_store_code" : { "terms" : { "field" : "store_code","size":10 }}
        }
    }
```

第 11 章 SQL 接口

Elasticsearch SQL 旨在为 Elasticsearch 提供一个强大而轻量的 SQL 接口。

Elasticsearch SQL 是一个 X-Pack 组件,允许对 Elasticsearch 实时执行类似 SQL 的查询。无论是使用 REST 接口、命令行还是 JDBC,任何客户机都可以使用 SQL 在 Elasticsearch 内部本地搜索和聚合数据。可以将 Elasticsearch SQL 视为一个转换器,它既理解 SQL,又理解 Elasticsearch,并且通过利用 Elasticsearch 功能,可以方便地、大规模地实时读取和处理数据。

Elasticsearch SQL 特点如下。

- 本地集成

Elasticsearch SQL 模块是为 Elasticsearch 从头构建的。根据底层存储,每个查询都有效地针对相关节点执行了全面的测试。

- 无需外部组件

不需要额外的硬件、进程、运行时库来查询 Elasticsearch,Elasticsearch SQL 直接运行在 Elasticsearch 集群上面。

- 轻量高效

Elasticsearch SQL 不抽象 Elasticsearch 及其搜索功能,相反,它接受暴露 SQL 接口,以允许以相同的声明性、简洁的方式实时进行适当的全文搜索。

11.1 功能体验

为了更好地体验和使用 Elasticsearch SQL 的强大功能,请首先使用以下数据创建一个索引:

```
PUT /library/book/_bulk?refresh
{"index":{"_id": "Leviathan Wakes"}}
{"name": "Leviathan Wakes", "author": "James S.A. Corey", "release_date": "2011-06-02", "
page_count": 561}
{"index":{"_id": "Hyperion"}}
{"name": "Hyperion", "author": "Dan Simmons", "release_date": "1989-05-26", "page_count":
482}
{"index":{"_id": "Dune"}}
{"name": "Dune", "author": "Frank Herbert", "release_date": "1965-06-01", "page_count":
604}
```

现在可以用 SQL REST API 的方式直接执行 SQL:

```
POST /_sql?format=txt
{
    "query": "SELECT * FROM library WHERE release_date <'2000-01-01'"
}
```

结果如图 11-1 所示。

```
1 |     author     |     name      |  page_count   |     release_date
2 ---------------+---------------+---------------+------------------------
3 Dan Simmons    |Hyperion       |482            |1989-05-26T00:00:00.000Z
4 Frank Herbert  |Dune           |604            |1965-06-01T00:00:00.000Z
5
```

图 11-1 SQL 执行结果

11.2 术语和约定

为了对后续章节更好地讲解和避免歧义的产生，理解常用的惯例和术语是必要的，特别是确定某些词背后的含义是很重要的，因为对 SQL 和 Elasticsearch 的熟悉程度不同，不同读者对同一个词所传达的含义的理解可能有所不同。

作为一般规则，Elasticsearch SQL 从名称上就指示了是为 Elasticsearch 提供的一个 SQL 形式的接口。因此，只要可能，它首先遵循 SQL 术语和约定。然而，支持引擎本身就是 Elasticsearch，Elasticsearch SQL 是专门为其创建的。因此，Elasticsearch SQL 中不可用或无法正确映射的功能或概念也会出现在 Elasticsearch SQL 中。

下面介绍一下传统 SQL 和 Elasticsearch SQL 概念映射关系。

虽然传统 SQL 和 Elasticsearch 对于数据的组织方式（以及不同的语义）有不同的术语，但它们的目的本质上是相同的，都是为了更好地表述一个特定领域的技术。表 11-1 列出了传统 SQL 和 Elasticsearch 的概念对应关系。

表 11-1 SQL 和 Elasticsearch 的概念映射关系

SQL	Elasticsearch	说　明
column	field	在这两种情况下，都表示数据存储的基本单元。在 Elasticsearch 中，一个字段可以包含同一类型的多个值（本质上是一个列表）。而在 SQL 中，一个列只能包含所述类型的一个值。Elasticsearch SQL 将尽力保留 SQL 语义，并根据查询拒绝返回具有多个值的字段
row	document	一条完整的数据，例如一个客户的信息，在 Elasticsearch 中由多个 field 组成，在 SQL 中由多个 column 组成。这两种语言的语义稍有不同：行趋向于严格（并且具有更高的执行力），而文档趋向于更灵活或更松散（同时仍然具有结构）
table	index	对其执行查询（无论是在 SQL 中还是在 Elasticsearch 中）的目标，在 SQL 中，table 由多个 row 组成。在 Elasticsearch 中，index 由多条 document 组成
schema	implicit	在 RDBMS 中，schema 主要是表的名称空间，通常用作安全边界。Elasticsearch 没有为它提供等效的概念。但是，当启用安全性时，Elasticsearch 会自动应用安全性强制，以便用户角色只看到允许其查看的数据（在 SQL 术语中，是其 schema）。

正如表 11-1 所示，虽然概念之间的映射并不完全是一对一的，并且语义有些不同，但有更多的共同点而不是不同点。事实上，由于 SQL 的声明性，许多概念可以透明地在 Elasticsearch 中呈现，并且这两个概念的术语可能在其余的材料中可以互换使用。

11.3　SQL REST API

SQL REST API 接受 JSON 格式的 SQL，执行它，并返回结果。例如：

```
POST /_sql?format=txt
{
    "query": "SELECT * FROM library ORDER BY page_count DESC LIMIT 5"
}
```

11.3.1　返回数据格式

文本格式对人很友好，但计算机适合更结构化的格式。

Elasticsearch SQL 可以返回表 11-2 所示格式的数据，这些格式可以通过 URL 中的 format 属性或通过 Accept HTTP 头进行设置，如表 11-2 所示。

表 11-2　返回格式类型

format	Accept HTTP Header	说　明
csv	text/csv	逗号分隔
json	application/json	JSON 格式
tsv	text/tab-separated-values	tab 键分隔
txt	text/plain	文本格式
yaml	application/yaml	Yaml 格式
cbor	application/cbor	简洁的二进制对象表示格式
smile	application/smile	类似于 cbor 的另一种二进制表示格式

如下是各种格式用法和结果示例。

- CSV 格式：

```
POST /_sql?format=csv
{
    "query": "SELECT * FROM library ORDER BY page_count DESC",
    "fetch_size": 5
}
```

返回结果格式如图 11-2 所示。

```
1  author,name,page_count,release_date
2  Frank Herbert,Dune,604,1965-06-01T00:00:00.000Z
3  James S.A. Corey,Leviathan Wakes,561,2011-06-02T00:00:00.000Z
4  Dan Simmons,Hyperion,482,1989-05-26T00:00:00.000Z
5
```

图 11-2　CSV 返回结果

- JSO格式：

```
POST /_sql?format=json
{
    "query": "SELECT * FROM library ORDER BY page_count DESC",
    "fetch_size": 5
}
```

返回结果格式如图11-3所示。

```
1 {"columns":[{"name":"author","type":"text"},{"name":"name","type":"text"},{"name":"page_count","type":"long"},{"name"
  :"release_date","type":"datetime"}],"rows":[["Frank Herbert","Dune",604,"1965-06-01T00:00:00.000Z"],["James S.A.
  Corey","Leviathan Wakes",561,"2011-06-02T00:00:00.000Z"],["Dan Simmons","Hyperion",482,"1989-05-26T00:00:00.000Z"]]}
```

图11-3 JSON格式返回结果

- TSV格式：

```
POST /_sql?format=tsv
{
    "query": "SELECT * FROM library ORDER BY page_count DESC",
    "fetch_size": 5
}
```

返回结果格式如图11-4所示。

```
1 author  name  page_count  release_date
2 Frank Herbert Dune  604 1965-06-01T00:00:00.000Z
3 James S.A. Corey  Leviathan Wakes 561 2011-06-02T00:00:00.000Z
4 Dan Simmons Hyperion  482 1989-05-26T00:00:00.000Z
5
```

图11-4 TSV格式返回结果

- TXT格式：

```
POST /_sql?format=txt
{
    "query": "SELECT * FROM library ORDER BY page_count DESC",
    "fetch_size": 5
}
```

返回结果格式如图11-5所示。

```
1      author      |      name      |  page_count   |      release_date
2 ---------------+---------------+---------------+------------------------
3 Frank Herbert   |Dune           |604            |1965-06-01T00:00:00.000Z
4 James S.A. Corey|Leviathan Wakes|561            |2011-06-02T00:00:00.000Z
5 Dan Simmons     |Hyperion       |482            |1989-05-26T00:00:00.000Z
6
```

图11-5 TXT格式返回结果

- Yaml格式：

```
POST /_sql?format=yaml
```

```
{
    "query": "SELECT * FROM library ORDER BY page_count DESC",
    "fetch_size": 5
}
```

返回结果格式如图 11-6 所示。

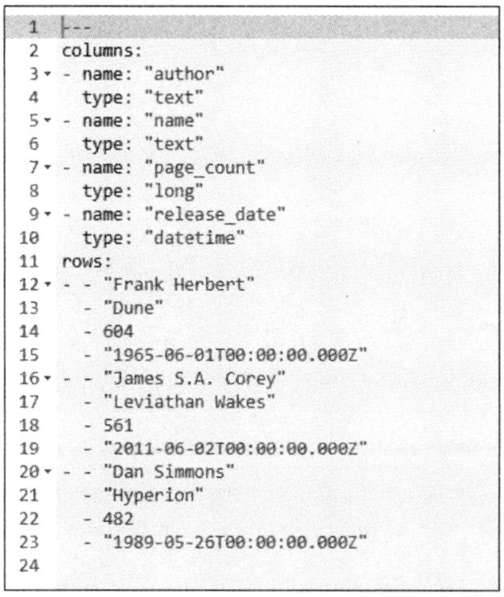

```
1   ---
2   columns:
3   - name: "author"
4     type: "text"
5   - name: "name"
6     type: "text"
7   - name: "page_count"
8     type: "long"
9   - name: "release_date"
10    type: "datetime"
11  rows:
12  - - "Frank Herbert"
13    - "Dune"
14    - 604
15    - "1965-06-01T00:00:00.000Z"
16  - - "James S.A. Corey"
17    - "Leviathan Wakes"
18    - 561
19    - "2011-06-02T00:00:00.000Z"
20  - - "Dan Simmons"
21    - "Hyperion"
22    - 482
23    - "1989-05-26T00:00:00.000Z"
24
```

图 11-6　YAML 格式返回结果

URL 参数优先级高于 accept-http 头。如果两者都没有指定，那么将以与请求相同的格式返回响应。

11.3.2　过滤结果

通过在 filter 参数中指定查询，可以使用标准的 Elasticsearch 查询 DSL 过滤 SQL 运行的结果。示例如下：

```
POST /_sql?format=txt
{
    "query": "SELECT * FROM library ORDER BY page_count DESC",
    "filter": {
        "range": {
            "page_count": {
                "gte" : 400,
                "lte" : 600
            }
        }
    },
    "fetch_size": 5
}
```

返回结果如图 11-7 所示。

```
1 | | |author          |      name       | page_count     |      release_date
2 ---------------+---------------+---------------+------------------------
3 James S.A. Corey|Leviathan Wakes|561             |2011-06-02T00:00:00.000Z
4 Dan Simmons     |Hyperion       |482             |1989-05-26T00:00:00.000Z
5
```

图 11-7 SQL 过滤结果

11.3.3 支持的参数

除了 query 和获取 fetch_size 参数外，请求还支持许多用户定义的参数，如表 11-3 所示。

表 11-3 REST 支持的参数

参数名称	默认值	说明
query	Mandatory	传递的 SQL 语句
fetch_size	1000	需获取结果的最大数量
filter	none	可选的查询 DSL，用于过滤 SQL 的结果
request_timeout	90s	请求超时时间
page_timeout	45s	分页请求超时时间
time_zone	Z（或 UTC）	时区设置
field_multi_value_leniency	false	当遇到一个字段多个值（默认值）时抛出异常，或者从列表中返回第一个值（不保证将是什么——通常是自然升序中的第一个）

注意，大多数参数（超时之外的参数）仅在初始查询期间才有意义，任何后续分页请求只需要光标参数。这是因为查询已经被执行，调用只是返回找到的结果，因此参数会被简单地忽略。

11.4 SQL Translate API

SQL Translate API 接受 JSON 格式的 SQL，并将其转换为 Elasticsearch 查询 DSL，但并不会真正执行，一般用来了解 SQL 背后的转换原理。示例如下：

```
POST /_sql/translate
{
    "query": "SELECT * FROM library ORDER BY page_count DESC",
    "fetch_size": 10
}
```

返回结果如下：

```
{
  "size" : 10,
  "_source" : {
```

```
      "includes" : [
        "author",
        "name"
      ],
      "excludes" : [ ]
    },
    "docvalue_fields" : [
      {
        "field" : "page_count"
      },
      {
        "field" : "release_date",
        "format" : "epoch_millis"
      }
    ],
    "sort" : [
      {
        "page_count" : {
          "order" : "desc",
          "missing" : "_first",
          "unmapped_type" : "long"
        }
      }
    ]
```

11.5 SQL 语法介绍

本章介绍 Elasticsearch 支持的 SQL 语法和语义。

11.5.1 词法结构

本节介绍 SQL 的主要词汇结构，在很大程度上，它类似于 ANSI SQL 本身。

Elasticsearch SQL 当前一次只接受一个命令。命令是由输入流结尾终止的 token（理解为单词即可）序列。

token 可以是关键字、标识符（带引号或不带引号）、文本（或常量）或特殊字符符号（通常是分隔符）。SQL 语句通常由空白（空格、制表符）分隔。

1. 关键字

通过如下示例，来分析哪些是关键字（keyword）：

```
SELECT * FROM table
```

此查询有 4 个 token：SELECT、*、FROM 和 table。前三个词，即 SELECT、* 和 FROM 是关键字，表示在 SQL 中具有固定含义的词。table 是一个标识符，表示它标识（按名称）SQL 中的实体，如表（在本例中）、列等。

可以看出，关键字和标识符都具有相同的词汇结构，因此在不了解 SQL 语言的情况下，我们无法知道 token 是关键字还是标识符。关键字不区分大小写，这意味着前面的示例可以写成如下形式：

```
select * fRoM table
```

支持的关键字如表 11-4 所示。

表 11-4 关键字列表

关键字	2016 版 SQL	92 版 SQL
ALL	保留字	保留字
AND	保留字	保留字
ANY	保留字	保留字
AS	保留字	保留字
ASC	保留字	保留字
BETWEEN	保留字	保留字
BY	保留字	保留字
CAST	保留字	保留字
CATALOG	保留字	保留字
CONVERT	保留字	保留字
CURRENT_DATE	保留字	保留字
CURRENT_TIMESTAMP	保留字	保留字
DAY	保留字	保留字
DAYS		
DESC	保留字	保留字
DESCRIBE	保留字	保留字
DISTINCT	保留字	保留字
ESCAPE	保留字	保留字
EXISTS	保留字	保留字
EXPLAIN	保留字	保留字
EXTRACT	保留字	保留字
FALSE	保留字	保留字
FIRST	保留字	保留字
FROM	保留字	保留字
FULL	保留字	保留字
GROUP	保留字	保留字
HAVING	保留字	保留字
HOUR	保留字	保留字
HOURS		
IN	保留字	保留字
INNER	保留字	保留字
INTERVAL	保留字	保留字
IS	保留字	保留字
JOIN	保留字	保留字
LEFT	保留字	保留字
LIKE	保留字	保留字

续表

关键字	2016 版 SQL	92 版 SQL
LIMIT	保留字	保留字
MATCH	保留字	保留字
MINUTE	保留字	保留字
MINUTES		
MONTH	保留字	保留字
NATURAL	保留字	保留字
NOT	保留字	保留字
NULL	保留字	保留字
NULLS		
ON	保留字	保留字
OR	保留字	保留字
ORDER	保留字	保留字
OUTER	保留字	保留字
RIGHT	保留字	保留字
RLIKE		
QUERY		
SECOND	保留字	保留字
SECONDS		
SELECT	保留字	保留字
SESSION		保留字
TABLE	保留字	保留字
TABLES		
THEN	保留字	保留字
TO	保留字	保留字
TRUE	保留字	保留字
TYPE		
USING	保留字	保留字
WHEN	保留字	保留字
WHERE	保留字	保留字
WITH	保留字	保留字
YEAR	保留字	保留字

2. 标识符

标识符可以有两种类型：带引号和不带引号，示例如下：

```
SELECT ip_address FROM "hosts-*"
```

这个查询有两个标识符，ip_address 和 hosts-*（带通配符的索引模式）。由于 ip_address 不与任何关键字冲突，因此可以不用双引号，hosts-* 与—（减号操作）和 * 冲突，因此需要使用双引号。另一个示例：

```
SELECT "from" FROM "<logstash-{now/d}>"
```

第一个 from 标识符需要使用双引号，否则它会与关键字 FROM 冲突（不区分大小写，也可以写成 from），第二个标识符包含了数学日期模式，会使解析器混淆，因此也需要使用双引号。

因此，一般来说，特别是在处理用户输入时，强烈建议使用引号作为标识符，它提供了清晰和消除歧义的功能。

较好的习惯是，关键字全部大写，标识符小写。

3. 直接常量

Elasticsearch SQL 支持两种隐式类型的常量：字符串和数字。

- 字符串常量

字符串文字是由单引号限定的任意数量的字符，例如'Giant Robot'。要在字符串中包含一个单引号，请使用另一个单引号进行转义，例如'Captain EO''s Voyage'。

- 数值常量

数值常量可以用十进制和科学记数法表示，示例如下：

```
1969
3.14
.1234
4E5
1.2e-3
```

包含小数点的数值常量始终被解释为 Double 类型。如果它们不适合，则认为它们是整型（Integer），否则它们的类型是长整型（Long）

4. 单引号和双引号

值得指出的是，在 SQL 中，单引号和双引号具有不同的含义，不能互换使用。单引号用于声明字符串文字，双引号用于标识符。示例如下：

```
1  SELECT "first_name"
2    FROM "musicians"
3  WHERE "last_name"
4       ='Carroll'
```

第 1 行，双引号用于列名或表名，first_name 是列名。

第 2 行，双引号用于列名或表名，musicians 是表名（索引名）。

第 3 行，双引号用于列名或表名，last_name 是列名。

第 4 行，单引号用于表示字符串常量。

5. 特殊字符

一些不是字母或数字的字符具有不同于运算符的专用含义。为确保完整性作出了一些规定，如表 11-5 所示。

表 11-5　特殊字符含义

特殊字符	说　明
*	在某些上下文中用于表示表的所有字段。也可以用作某些聚合函数的参数
,	逗号用于枚举列表的元素
.	用于数字常量或分隔标识符限定符(目录、表、列名等)
()	括号用于特定的 SQL 命令、函数声明或强制优先级

6. 运算符

Elasticsearch SQL 中的大多数运算符具有相同的优先级,并且是左相关的。当需要改变默认优先级时,需要使用括号来强制不同的优先级。

表 11-6 列出了支持的运算符及其进位(从高到低)。

表 11-6　运算符说明

运 算 符	结 合 性	说　明
.	左结合	限定符或分隔符
+ -	右结合	一元加减符
* / %	左结合	乘法、除法、取模
+ -	左结合	加法、减法运算
BETWEEN IN LIKE		范围包含,字符串匹配
< > <= >= = <=> <> !=		比较运算
NOT	右结合	逻辑非
AND	左结合	逻辑与
OR	左结合	逻辑或

7. 注释

Elasticsearch SQL 允许注释,这些注释是解析器忽略的字符序列。支持单行和多行注释两种形式,示例如下:

```
--single line comment
/* multi
  line
  comment
  that supports /* nested comments */
  */
```

11.5.2　SQL 命令

此部分介绍 Elasticsearch SQL 支持的 SQL 命令及其语法。

1. DESCRIBE TABLE

这条命令是用来查看索引的结构，语法如下：

```
1  DESCRIBE
2      [table identifier |
3      [LIKE pattern]]
```

第 1 行，关键字 DESCRIBE 可以缩写为 DESC。
第 2 行，单表标识符或双引号 Elasticsearch 多索引模式。
第 3 行，类 SQL 模式。
示例如下：

```
DESCRIBE emp;
```

运行结果如图 11-8 所示。

```
       column         |     type      |    mapping
----------------------+---------------+---------------
birth_date            |TIMESTAMP      |datetime
dep                   |STRUCT         |nested
dep.dep_id            |VARCHAR        |keyword
dep.dep_name          |VARCHAR        |text
dep.dep_name.keyword  |VARCHAR        |keyword
dep.from_date         |TIMESTAMP      |datetime
dep.to_date           |TIMESTAMP      |datetime
emp_no                |INTEGER        |integer
first_name            |VARCHAR        |text
first_name.keyword    |VARCHAR        |keyword
gender                |VARCHAR        |keyword
hire_date             |TIMESTAMP      |datetime
languages             |TINYINT        |byte
last_name             |VARCHAR        |text
last_name.keyword     |VARCHAR        |keyword
salary                |INTEGER        |integer
```

图 11-8 DECRIBE 运行结果

2. SELECT

SELECT 用于选择要返回的列，语法如下：

```
SELECT select_expr [, ...]
[ FROM table_name ]
[ WHERE condition ]
[ GROUP BY grouping_element [, ...] ]
[ HAVING condition]
[ ORDER BY expression [ ASC | DESC ] [, ...] ]
[ LIMIT [ count ] ]
```

SELECT 一般执行流程如下：

(1) 计算 FROM 子句列表中的所有元素(每个元素可以是基表或别名表)。当前 FROM 只支持一个表,表名可以是模式。

(2) 如果指定了 WHERE 子句,则所有不满足条件的行都将从输出中消除。

(3) 如果指定了 GROUP BY 子句,或者存在聚合函数调用,则将输出组合成与一个或多个值匹配的行组,并计算聚合函数的结果。如果 HAVING 子句存在,它将消除不满足给定条件的组。

(4) 实际输出行是使用每个选定行或行组的选择输出表达式计算的。

(5) 如果指定了 ORDER BY 子句,则返回的行将按指定的顺序排序。如果没有给出 ORDER BY,那么将以系统发现最快生成的顺序返回行。

(6) 如果指定了 LIMIT 子句,SELECT 语句只返回结果行的一个子集。

- SELECT 列表

SELECT 列表,即 SELECT 和 FROM 之间的表达式,表示 SELECT 语句的输出行包括的列。

与表一样,SELECT 的每个输出列都有一个名称,可以通过 AS 关键字为每列指定一个名称,示例如下:

```
SELECT 1 +1 AS result;

    result
---------
2
```

AS 是一个可选关键字,但是它有助于提高可读性。如果未指定名称,则由 Elasticsearch SQL 分配:

```
SELECT 1 +1;

    1 +1
---------
2
```

或者,如果它是一个简单的列引用,请使用它的名称作为列名称:

```
SELECT emp_no FROM emp LIMIT 1;

    emp_no
---------
10001
```

可以使用 * 返回所有的列:

```
SELECT * FROM emp LIMIT 1;

    birth_date     |     emp_no     | first_name |     gender     |     hire_date     |
languages | last_name |     salary
```

```
--------------------+---------------+---------------+----------------+--
------------------+---------------+---------------+----------------
1953-09-02T00:00:00Z|10001          |Georgi         |M              |1986-06-26T00:00:00Z|2
        |Facello        |57305
```

• FROM 子句

FROM 子句为 SELECT 指定一个表，语法如下：

```
FROM table_name [ [ AS ] alias ]
```

table_name 是标识符，表示现有表的名称（可选限定），具体表或基表（实际索引）或别名。

如果表名包含特殊的 SQL 字符（如.、一、* 等），请使用双引号对其进行转义：

```
SELECT * FROM "emp" LIMIT 1;

    birth_date      |    emp_no     | first_name |    gender     |     hire_date      |
languages | last_name |    salary
--------------------+---------------+---------------+----------------+--
------------------+---------------+---------------+----------------
1953-09-02T00:00:00Z|10001          |Georgi         |M              |1986-06-26T00:00:00Z|2
        |Facello        |57305
```

包含通配符时：

```
SELECT emp_no FROM "e*p" LIMIT 1;

   emp_no
---------
10001
```

可以用 AS 关键字，为表指定一个别名，使用别名的目的是简洁或消除歧义。当提供别名时，它将完全隐藏表的实际名称，并且必须在其位置使用别名。示例如下：

```
SELECT e.emp_no FROM emp AS e LIMIT 1;

   emp_no
---------
10001
```

• WHERE 子句

可选的 WHERE 子句用于过滤查询中的行，其语法如下：

```
WHERE condition
```

condition 表示计算结果为布尔值的表达式。只返回符合条件（为真）的行，示例如下：

```
SELECT last_name FROM emp WHERE emp_no =10001;

last_name
```

```
---------
Facello
```

• GROUP BY 子句

GROUP BY 子句用于将结果划分为多组。其语法如下：

```
GROUP BY grouping_element [, ...]
```

grouping_element 表示分组所依据的表达式。它可以是列的列名、别名或序号，也可以是列值的任意表达式。示例如下：

```
SELECT gender AS g FROM emp GROUP BY gender;

      g
-------
null
F
M
```

• HAVING 子句

HAVING 子句只能与聚合函数一起使用，来过滤保留或不保留哪些组，其语法如下：

```
HAVING condition
```

condition 表示计算结果为布尔值的表达式，只返回符合条件(为真)的组。

WHERE 和 HAVING 都用于过滤，但它们之间存在两个显著差异：

① WHERE 处理单个行，HAVING 处理由 GROUP BY 创建的组；

② WHERE 在分组前执行，HAVING 在分组后执行。

具体示例如下：

```
SELECT languages AS l, COUNT(*) AS c FROM emp GROUP BY l HAVING c BETWEEN 15 AND 20;

          l          |          c
------------+---------------
1                    |15
2                    |19
3                    |17
4                    |18
```

• ORDER BY 子句

ORDER BY 子句用于按一个或多个表达式对 SELECT 的结果进行排序，具有如下语法：

```
ORDER BY expression [ ASC | DESC ] [, ...]
```

expression 表示输入列、输出列或输出列位置的序号(从 1 开始)。此外，还可以根据结果得分进行排序。如果未指定升序或降序，则默认为 ASC(升序)。不管指定的顺序如何，空值都排序在末尾。

例如，以下查询按 page_count 字段（页计数）降序排序：

```
SELECT * FROM library ORDER BY page_count DESC LIMIT 5;

    author        |        name         | page_count |   release_date
-----------------+--------------------+-----------+---------------
Peter F. Hamilton |Pandora's Star       |768         |2004-03-02T00:00:00Z
Vernor Vinge      |A Fire Upon the Deep |613         |1992-06-01T00:00:00Z
Frank Herbert     |Dune                 |604         |1965-06-01T00:00:00Z
Alastair Reynolds |Revelation Space     |585         |2000-03-15T00:00:00Z
James S.A. Corey  |Leviathan Wakes      |561         |2011-06-02T00:00:00Z
```

- LIMIT 子句

LIMIT 子句限制返回的行数，其语法如下：

```
LIMIT ( count | ALL )
```

count 是一个正整数或 0，指示返回的结果的最大可能数（因为结果总数可能小于 count）。如果指定 0，则不会返回任何结果。

如果指定为 ALL，表示没有限制，因此返回所有结果。返回的行数越多消耗的内存就越多，甚至可能导致内存溢出。

示例如下：

```
SELECT first_name, last_name, emp_no FROM emp LIMIT 1;

first_name | last_name |    emp_no
----------+---------------+---------------
Georgi        |Facello     |10001
```

3. SHOW COLUMNS

SHOW COLUMNS 命令用于列出表中的列及其数据类型和其他属性，语法如下：

```
SHOW COLUMNS [ FROM | IN ]
    [table identifier |
    [LIKE pattern] ]
```

示例如下：

```
SHOW COLUMNS IN emp;

      column         |      type      |    mapping
-----------------+------------+---------------
birth_date           |TIMESTAMP    |datetime
dep                  |STRUCT       |nested
dep.dep_id           |VARCHAR      |keyword
dep.dep_name         |VARCHAR      |text
dep.dep_name.keyword |VARCHAR      |keyword
dep.from_date        |TIMESTAMP    |datetime
```

```
dep.to_date          |TIMESTAMP      |datetime
emp_no               |INTEGER        |integer
first_name           |VARCHAR        |text
first_name.keyword   |VARCHAR        |keyword
gender               |VARCHAR        |keyword
hire_date            |TIMESTAMP      |datetime
languages            |TINYINT        |byte
last_name            |VARCHAR        |text
last_name.keyword    |VARCHAR        |keyword
salary               |INTEGER        |integer
```

4. SHOW FUNCTIONS

SHOW FUNCTIONS 命令用于列出所有 SQL 函数及其类型。LIKE 子句可用于将名称列表限制为给定的模式，其语法如下：

```
SHOW FUNCTIONS [LIKE pattern]
```

用法如下：

```
SHOW FUNCTIONS;
```

可以根据模式自定义返回的函数列表：

```
SHOW FUNCTIONS LIKE 'ABS';
```

5. SHOW TABLES

SHOW TABLES 命令用于列出当前用户可用的表及其类型，其语法如下：

```
SHOW TABLES
    [table identifier |
    [LIKE pattern ]]
```

单表示例：

```
SHOW TABLES;
```

多表匹配模式示例：

```
SHOW TABLES "*,-l*";
```

6. 索引模式

Elasticsearch SQL 支持两种类型的模式来匹配多个索引或表：多索引模式、LIKE 模式。

- 多索引模式

多索引模式通过通配符 * 支持包括或排除索引，用法如下：

```
SHOW TABLES "*,-l*";
```

该模式由双引号包裹，它枚举 * 表示所有索引，但它排除(－表示排除)以 l 开头的所有索引。此表示法非常方便和强大，因为它允许包含和排除，这取决于目标命名约定。

同样的模式也可以用于查询多个索引或表，用法如下：

```
SELECT emp_no FROM "e*p" LIMIT 1;
```

• LIKE 模式

LIKE 模式是基于一个或多个%字符的通用 LIKE 语句(如果需要，包括转义)以匹配通配符模式，用法如下：

```
SHOW TABLES LIKE 'emp%';
```

此命令还支持转义，例如：

```
SHOW TABLES LIKE 'emp!%' ESCAPE '!';
```

请注意，emp%现在匹配不到任何表，因为%字符已被转义，只是一个规则的字符。由于没有名为 emp%的表，所以返回一个空表。

表 11-7 给出了两种模式之间的区别。

表 11-7　多索引和 LIKE 模式的区别

特　点	多　索　引	LIKE
语法不同	双引号	单引号
支持包含	支持	不支持
支持排除	支持	不支持
枚举索引	支持	不支持
单字符匹配	不支持	支持(下画线(_))
多字符匹配	*	%
转义	不支持	支持

第 12 章 Elasticsearch原理剖析

Elasticsearch 是构建在 Lucene 之上的分布式大数据处理引擎。本章介绍 Lucene 的倒排索引(搜索引擎的核心存储结构)和 Elasticsearch 的分布式原理，本书不对 Lucene 做源码级别的介绍。

12.1 为什么需要搜索引擎

目前最典型的数据存储模式就是关系数据库，其优势非常明显：

- 以二维表为基本存储结构，二维表结构是非常贴近逻辑世界的一个概念，非常容易被人们所理解。
- 保持数据的一致性(支持事务处理)。
- 数据更新的开销很小。
- 支持 SQL，可以进行多表间 Join 等复杂查询。

考虑一个场景，例如现在有很多文档(文档内容比较长)，想查询哪些文档内容含有“历史”(假设查询关键字为“历史”)这个关键字。对于数据库查询方法而言，就是去遍历所有行，并且在行中遍历查看是否存在“历史”这个关键词。数据库属于顺序查找，如要找内容包含某个字符串的文件，会逐行从头到尾地找(如果某个字段建立了索引就另当别论了)，如 Like 查找。这种场景下就需要一种更好的数据存储方式：搜索引擎。

12.2 搜索引擎雏形

为了加速关键词查询这一过程，在用户与数据源(例如 MySQL)之间加入搜索引擎。搜索引擎完成的功能可以这样简单地形容，在插入数据时将文档进行了关键词分类，这样用户在查询的时候能够快速锁定到文档位置，从而达到快速搜索。

搜索引擎属于索引查找，把非结构化数据中的内容提取出来一部分重新组织，让它变得结构化，这部分提取出来的数据就叫作索引。

12.3 搜索引擎实现原理

搜索引擎可分为三个过程：分析、索引和搜索。

分析是通过一定的分析算法把字段的值切分为 Term 的过程。索引(indexing)是将数据源通过一定方式提取信息，建立倒排索引的过程。搜索(search)是根据用户查询请求，搜索创建的索引，返回索引内容的过程。本节通过一个示例讲解这三个过程。

例如，现在有一个商品名字叫作金龙鱼油 700ml，商品的 ID 为 1。索引创建过程如图 12-1 所示。

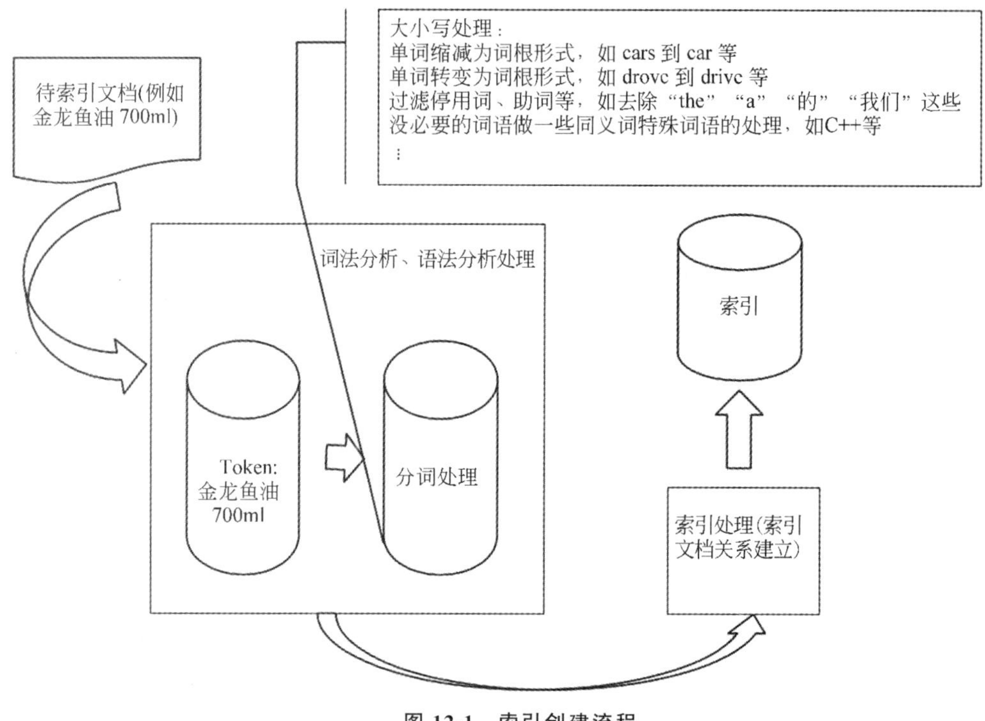

大小写处理：
单词缩减为词根形式，如 cars 到 car 等
单词转变为词根形式，如 drovc 到 drivc 等
过滤停用词、助词等，如去除“the” “a” “的” “我们”这些
没必要的词语做一些同义词特殊词语的处理，如C++等
待索引文档(例如金龙鱼油 700ml)
词法分析、语法分析处理
索引
Token: 金龙鱼油 700ml
分词处理
索引处理(索引文档关系建立)

图 12-1 索引创建流程

12.3.1 分析

具体的分析算法有多种，例如空格切分、标准分析器、IK 中文分词器等，有兴趣的读者请参考附录 B。现在假设切分结果如下：

- 运动
- 鞋
- 充电宝
- 哈密瓜

12.3.2 Lucene 倒排索引

倒排索引的创建过程就是建立 Term 到文档 ID 的映射关系。建立的倒排索引逻辑结构如图 12-2 所示。

索引的存储结构如图 12-3 所示。

12.3.3 搜索过程

搜索过程大致包括如下步骤：

① 用户输入查询语句。

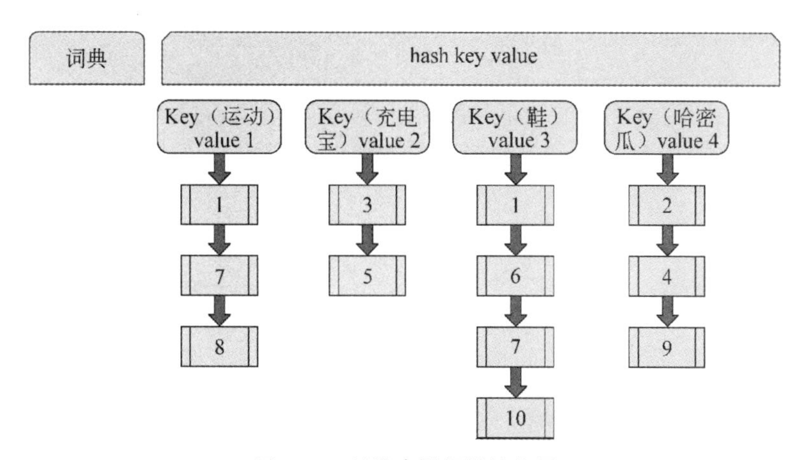

图 12-2 倒排索引逻辑结构图

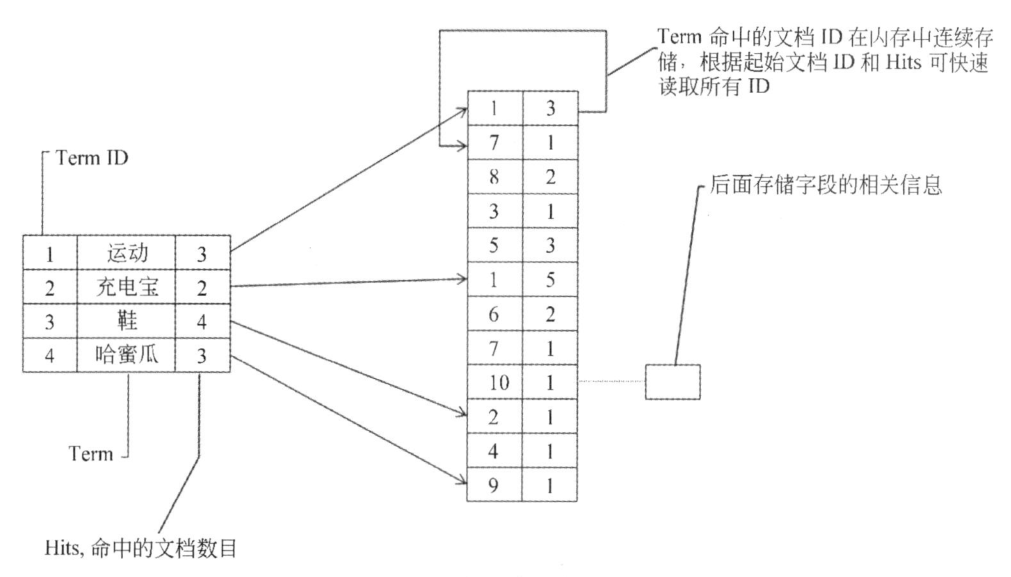

图 12-3 倒排索引存储结构

② 对查询语句进行语法分析和语言分析，得到一系列词(Term)。

③ 通过语法分析得到一个查询树。

④ 利用查询树搜索索引，从而得到每个词的文档链表，对文档链表进行交、差操作，并得到结果文档。

⑤ 将搜索到的结果文档按查询的相关性进行排序。

⑥ 返回查询结果给用户。

假设，经过词法分析处理得到两个 Term：运动、鞋。然后进行语法分析，语法分析的作用是：

- 确定各个 Term 的搜索字段。
- 确定 Term 之间的模式(AND 还是 OR)。
- 用户自定义条件，如排序、分页等。

Lucene 首先会单独用各个 Term 进行搜索，假设 Term 为运动、鞋，搜索结果如图 12-4 所示。

如果是 AND 关系，合并后的结果如图 12-5 所示。

如果是 OR 关系，合并后的结果如图 12-6 所示。

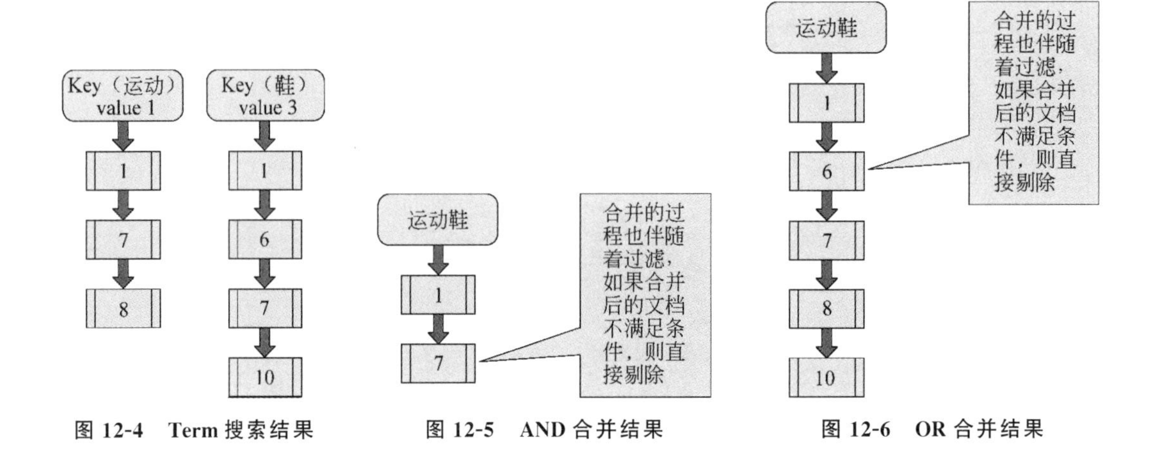

图 12-4　Term 搜索结果　　图 12-5　AND 合并结果　　图 12-6　OR 合并结果

12.3.4　结果排序

Lucene 支持相关性分数排序和自定义排序。

1. 相关性分数排序

Lucene 中的相关性分数排序，指的是按搜索关键词（Term）与搜索结果之间的相关性所进行的排序。例如，搜索 bookname 域中包含 Java 的图书，则根据 Java 在 bookname 中出现的次数和位置来判断结果的相关性。Lucene 采用的是 B25 算法的改进版，公式如下：

$$\text{score}(D,Q)=\sum_{i=1}^{n}\text{IDF}(q_i)\cdot\frac{f(q_i\cdot D)\cdot(k_1+1)}{f(q_i\cdot D)+k_1\cdot\left(1-b+b\cdot\frac{|D|}{\text{avgdl}}\right)}$$

D 表示文档（Document），Q 表示查询语句（Query），score(D,Q)指使用 Q 的查询语句在该文档下的打分函数。

IDF（Inverse Document Frequency，倒排文件频次）指在倒排文档中出现的次数，q_i 是 Q 分词后 Term。IDF 公式如下：

$$\text{IDF}(q_i)=\log\frac{N-n(q_i)+0.5}{n(q_i)+0.5}$$

其中，N 是总的文档数目，$n(q_i)$是出现分词 q_i 的文档数目。$f(q_i,D)$是 q_i 分词在文档中出现的频次，k_1 和 b 是可调参数，默认值分别为 1.2、0.75，$|D|$是文档的单词的个数，avgdl 指库里的平均文档长度。

2. 自定义排序

自定义排序就是根据用户指定的字段进行排序，进行排序的字段的 store 属性值必须是 true。

12.4　分布式原理

Elasticseasrch 的架构遵循其基本特性：高扩展性和高可用性。

- 高扩展性：向 Elasticsearch 添加节点非常简单，新节点配置完成启动后，会自动加入集群，同时数据会重新均衡。
- 高可用性：Elasticsearch 是分布式的，每个节点都会有备份，所以一两个节点宕机并不会造成服务中断，集群会通过备份进行自动恢复。

Elasticsearch 的分布式原理是基于如下 4 个方面实现的：

- 分片机制(Shard)。将完整数据切割成 N 份存储在不同的节点上，解决单个节点资源的限制。
- 副本机制(Replica)。在设置了副本后，集群中某个节点宕机后，通过副本可以快速对缺失数据进行恢复。
- 集群发现机制(Discovery)。当启动了一个 Elasticsearch 节点(其实是一个 Java 进程)时，会自动发现集群并加入。
- 负载均衡(Relocate)。Elasticsearch 会对所有的分片进行均衡地分配。当新增或减少节点时，不用任何干预，Elasticsearch 会自动进行数据的重新分配，以达到均衡。

我们再次通过 Head(Head 安装参见附录 C)来看真实的集群分片的分布情况，如图 12-7 所示。

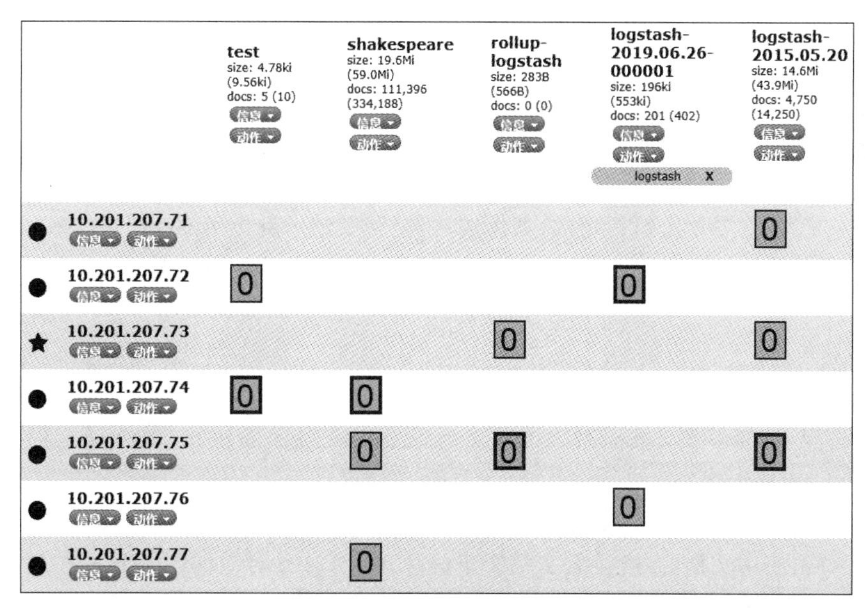

图 12-7　Head 集群数据分布

- 主节点。主节点(master)用五角星标识，一个集群在一个时间点只能有一个主节点。主节点的主要职责和集群操作相关，如创建或删除索引，跟踪哪些节点是集群的一部分，并决定哪些分片分配给相关的节点。稳定的主节点对集群的健康是非常重要的。

- 数据分布

可以看到，图 12-7 所示的集群有 5 个索引，每个索引都是一个分片和一个副本，黑框加粗的是主分片。Elasticsearch 会保证主分片和副本不在同一节点上，原因很明显，如果主分片和副本在同一节点上，则根本达不到容错的目的。

12.4.1 分布式索引过程

默认情况下，集群中的每个节点都是对等的，用户能够发送请求给集群中任意一个节点。每个节点都有能力处理任意请求。每个节点都知道任意文档所在的节点，所以也可以将请求转发到需要的节点。图 12-8 展示了分布式场景下的索引过程，将请求发送给 Node1，这个节点我们称之为协调节点。

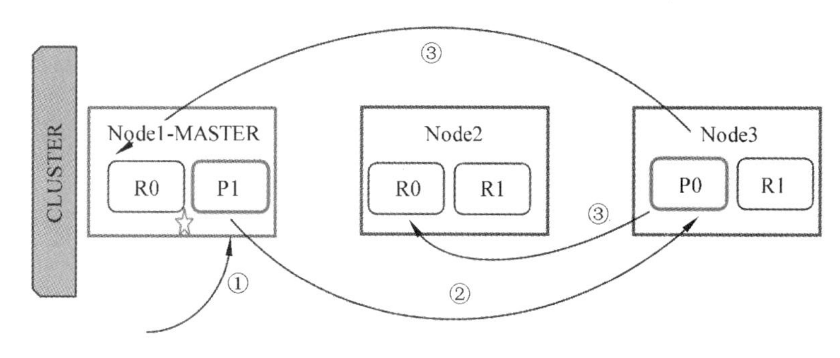

图 12-8 分布式索引过程

下面来分析在主分片和副本上成功新建一个文档的必要步骤：

① 客户端给 Node1 节点发送新建索引请求。

② Node1 使用文档的_id 确定文档属于分片 0，转发请求到 Node3，分片 0 位于这个节点上。

③ Node3 在主分片上执行请求，如果成功，它转发请求到位于 Node1 和 Node 2 的相应副本分片上。当所有的副本分片报告成功，NODE3 报告成功到协调节点，协调节点再报告给客户端。

12.4.2 分布式检索过程

默认情况下，能够在任意分片上检索文档。图 12-9 展示了分布式场景下检索一条文档的必要步骤。

① 客户端给 Node1 发送检索请求。

② Node1 使用文档的_id 确定文档属于分片 0。分片 0 对应的副本分片在三个节点上都有。此时，它转发请求到 Node2。

③ Node2 返回文档给 Node1，然后返回给客户端。

12.4.3 分布式局部更新文档

图 12-10 展示了分布式场景下，局部更新一条文档的过程。

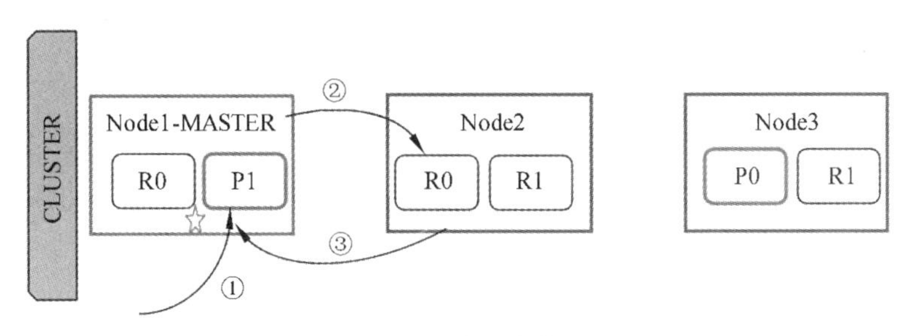

图 12-9 分布式检索过程

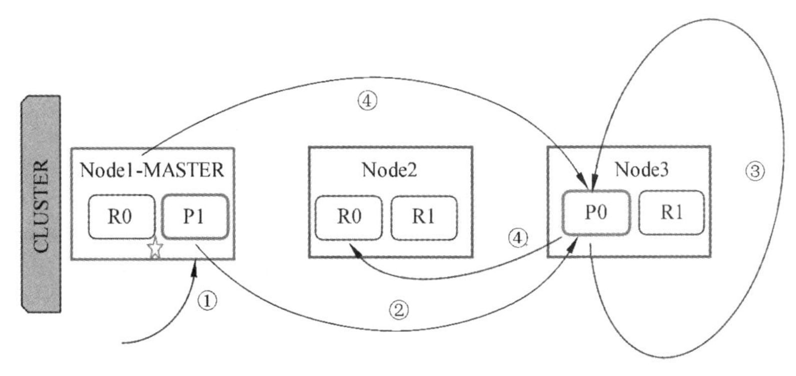

图 12-10 分布式局部更新过程

局部更新一条文档的必要步骤如下：

① 客户端给 Node1 发送更新请求。

② Node1 转发请求到主分片所在节点 Node3。

③ Node3 从主分片检索出文档，修改_source 字段的 JSON，然后在主分片上重建索引。如果有其他进程修改了文档，它以 retry_on_conflict 参数设置的次数重复步骤③。

④ 如果 Node3 成功更新文档，它同时转发文档的新版本到 Node1 和 Node2 上的副本分片以重建索引。当所有分片都报告成功，Node3 返回成功给协调节点，然后返回给客户端。

12.5 节点发现和集群形成机制

Elasticsearch 集群的形成需要经过节点查找、主节点选举、组建集群等过程。此过程在启动 Elasticsearch 节点或节点认为主节点失败并继续运行时运行，直到找到主节点或选择新的主节点。

12.5.1 集群形成过程

发现节点过程从一个或多个种子主机提供程序的种子地址列表开始，同时还包括已知的候选主节点的地址。种子列表配置格式如下：

```
discovery.seed_hosts:
    -192.168.1.10:9300
    -192.168.1.11
    -seeds.mydomain.com
```

种子列表支持的格式为 ip：port、ip、hostname。当省略端口号时，将采用默认端口：transport.profiles.default.port。

这个过程分两个阶段进行。

第一阶段，每个节点通过连接到每个地址并试图识别它所连接的节点来探测种子地址。过程如图 12-11 所示。

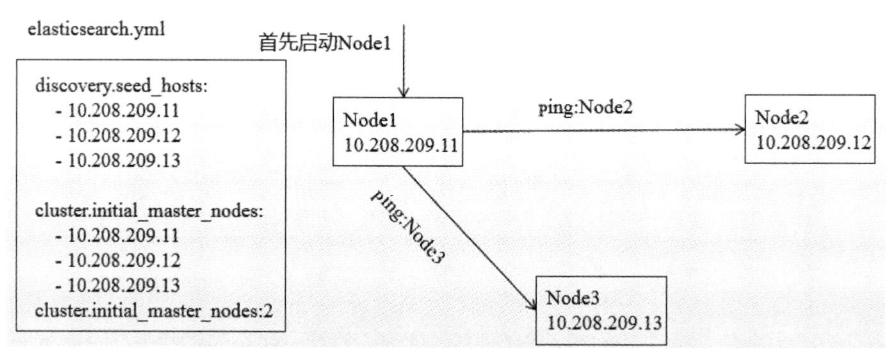

图 12-11 发现节点

第二阶段，它与远程节点共享其所有已知的候选主节点的列表，并且远程节点依次与其对等响应。然后，节点探测它刚刚发现的所有新节点，并依次请求它们的对等节点。过程如图 12-12 所示。

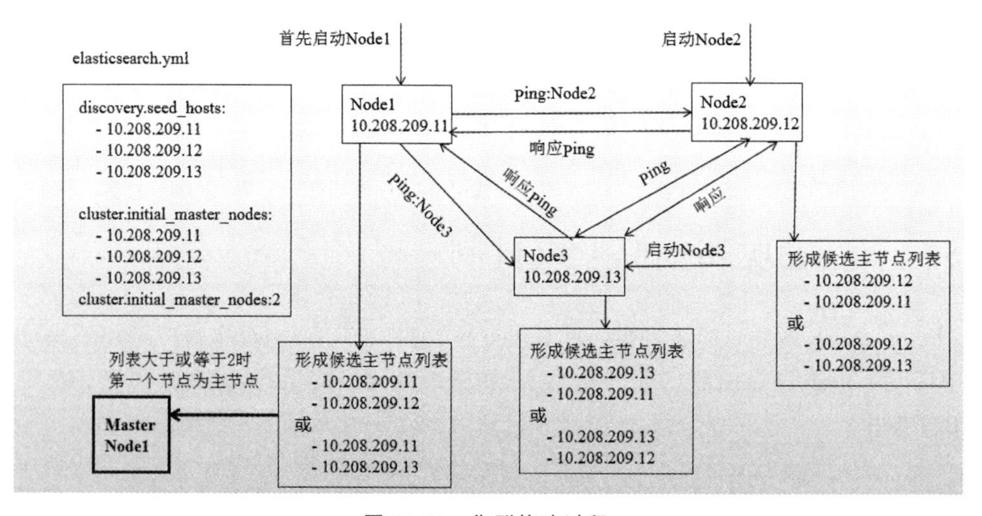

图 12-12 集群构建过程

如果在此发现过程中发现选定的主节点，则直接加入集群。如果未发现选定的主节点或节点非候选主节点，则节点将在运行 discovery.find_peers_interval 之后重试，默认延迟时间为1s。如果发现节点符合主节点的条件,那么它将继续此发现过程,直到它发现选定的主节点,或者发现足够的候选主节点直到完成选择为止。

12.5.2 重要配置

在节点发现和集群形成过程中有两个非常重要的设置:种子地址和初始主节点列表。

1. 种子地址

当在生产环境中组成群集时,必须使用discovery.seed_hosts设置提供群集中其他节点的列表。这些节点应为候选主节点,并且是活动的和可联系的,以便为发现过程设定种子。此设置通常应包含群集中所有候选主节点的地址。支持的格式有ip:port、ip、hostname。当省略端口号时,将采用默认端口transport.profiles.default.port,如果未设置,则返回transport.port。请注意,IPv6主机必须加括号。此设置的默认值为127.0.0.1,[:1]。配置方式如下:

```
discovery.seed_hosts:
    -192.168.1.10:9300
    -192.168.1.11
    -seeds.mydomain.com
```

2. 初始主节点列表

当第一次启动一个全新的Elasticsearch集群时,有一个集群引导步骤,它确定在第一次选举中计票的候选主节点列表。在开发模式下,在没有配置发现设置的情况下,此步骤由节点本身自动执行。由于这种自动引导固有的不安全性,当在生产模式下启动一个全新集群时,必须明确列出候选主节点。此列表是使用cluster.initial_master_nodes设置配置的,配置方式如下:

```
cluster.initial_master_nodes:
    -192.168.1.10:9300
    -192.168.1.11
    -seeds.mydomain.com
```

第13章 Kibana入门介绍

Kibana是一个开源的数据分析和可视化平台，可与Elasticsearch完美结合。Kibana可以用来搜索、查看以及与存储在Elasticsearch中的数据交互。通过Kibana可以轻松地执行高级数据分析，并使用各种图表、表格和地图对数据进行可视化。

Kibana使理解大量数据变得容易。其基于浏览器的简单界面使用户能够快速创建和分享动态仪表盘(Dashboard)，这些仪表盘实时地以图标的形式显示Elasticsearch中数据的分布情况，也可以实时地对大数据集进行分析，并产出BI报表。

本章介绍Kibana相关基础内容。

13.1 安装Kibana

Kibana软件包目前支持Linux、Darwin和Windows平台。由于Kibana在node.js上运行，因此这些平台的软件包都内置了必要的node.js二进制文件，用户不需要再额外安装，下载、解压后可直接启动运行。Kibana的版本要和Elasticsearch保持一致。这是官方支持和建议的，作者亲测即使不一致也是可以运行的，但生产环境中还是要遵守版本一致的原则，以免出现难以预料的错误。根据现实中的使用场景，本节介绍Linux环境下的安装和配置。

13.1.1 下载Kibana

下载方式有多种，可以到Elastic官网下载对应版本的Kibana，再传到Linux服务器上，也可以直接在Linux服务器上下载，这里采用后者。

进入到准备安装的目录下，执行如下命令：

```
wget https://artifacts.elastic.co/downloads/kibana/kibana-7.1.0-linux-x86_64.tar.gz
```

解压文件：

```
tar -xzf kibana-7.1.0-linux-x86_64.tar.gz
```

13.1.2 简单配置Kibana

在启动前需要修改Elasticsearch集群的配置，打开config/elasticsearch.yml，增加如下两行代码并重新启动：

```
http.cors.enabled: true
http.cors.allow-origin: "*"
```

启动 Kibana 前，同样需要简单配置，打开 kibana-7.1.0-linux-x86_64/config/kibana.yml，把 server.host 属性设为本机 IP 地址，如 server.host："10.21.207.77"，把 elasticsearch.hosts 属性设为 Elasticsearch 集群的一台或多台 URL，如 elasticsearch.hosts：["http://10.22.207.77：9200"]，然后保存文件。

13.1.3　启动 Kibana

现在可以启动 Kibana 了：

```
cd kibana-7.1.1-darwin-x86_64/
./bin/kibana
./bin/kibana & (后台运行)
```

现在在浏览器地址栏里输入 http://10.21.207.77：5601，将会看到如图 13-1 所示界面。

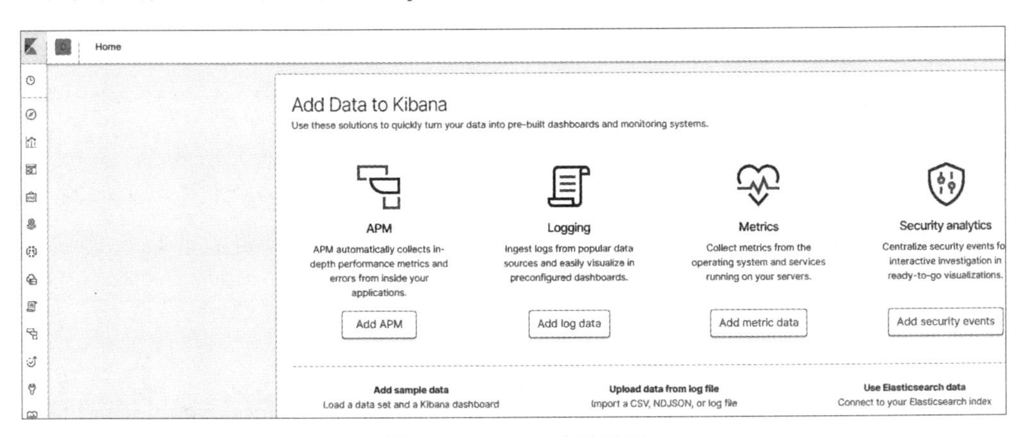

图 13-1　Kibana 启动界面

13.2　基础操作

有两种方法可以快速体验 Kibana：

• 使用预置仪表盘体验 Kibana。

只需单击一下页面上相应数据集或仪表盘对应名称的标签，就可以加载预置的样本数据和仪表盘，并在几秒钟内开始与 Kibana 进行可视化交互。

• 构建自己的仪表板。

手动加载数据集并构建自己的可视化组件和仪表板。

13.2.1　加载样例数据集

Kibana 有几个示例数据集，本节使用它们来探索和体验 Kibana。示例数据集加载完成后，Kibana 自动生成一些可视化组件、仪表板、图标和地图，下面的学习中将会一一分析。

示例数据集展示了各种用例场景：

- 电子商务订单数据集展示产品相关信息的可视化，如成本、收入和价格。
- Web 日志数据集分析网站流量。
- 航行数据集查看四家航空公司的飞行路线并与之交互。

现在打开 Kibana 主页并单击 Add sample data 旁边的链接，如图 13-2 所示。

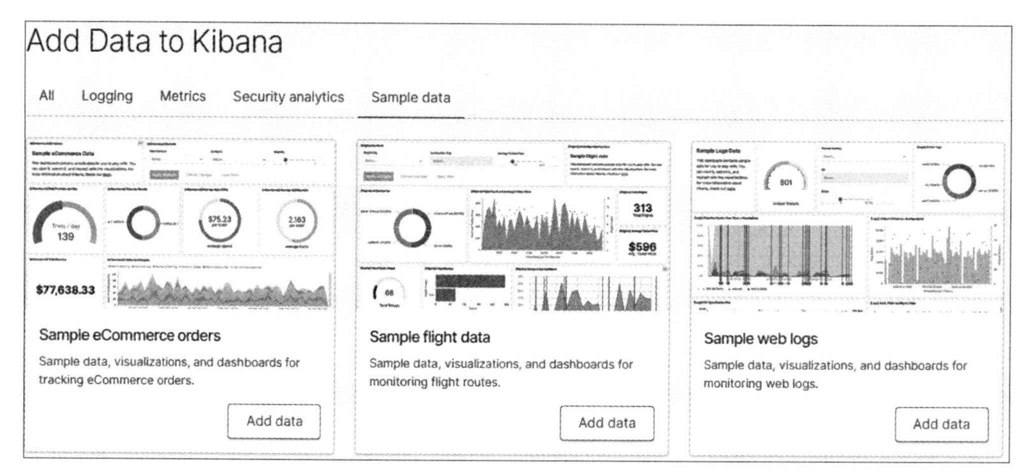

图 13-2 添加样例数据

加载数据集后，单击 View data 按钮以在仪表板中查看可视化效果。示例数据集中的时间戳与安装时间相关。如果卸载并重新安装数据集，时间戳将更改以反映最新的安装。

13.2.2 探索航班数据集

上节我们已经加载好了三个数据集：Sample eCommerce orders、Sample flight data、Sample web logs，现在单击 Sample flight data 下方的 View data 按钮就可以看到对应的仪表盘了。图 13-3 是对 Elasticsearch 索引 kibana_sample_data_flights 的数据可视化展示。

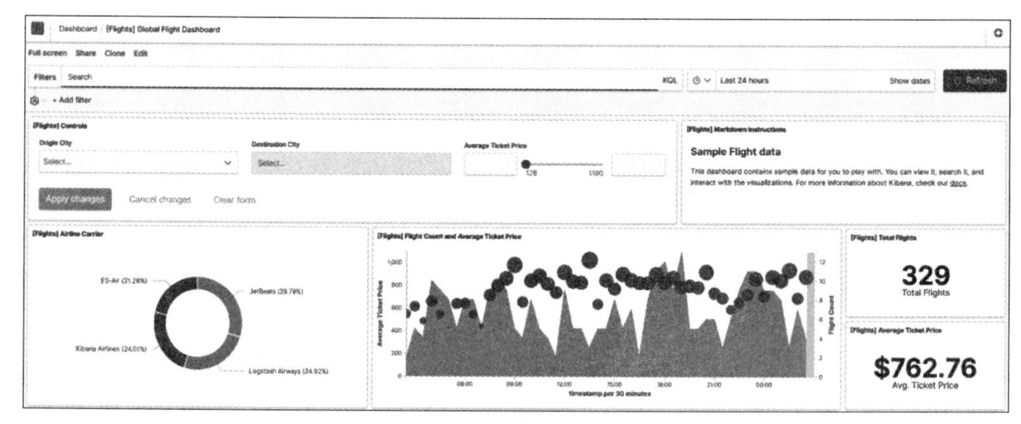

图 13-3 航班 Dashboard

13.2.3 过滤数据

全球航班仪表盘中的许多可视化组件都是交互式的(可编辑的)。可以对所有的可视化组件应用过滤器来达到修改想要的可视化效果,如图 13-4 所示。

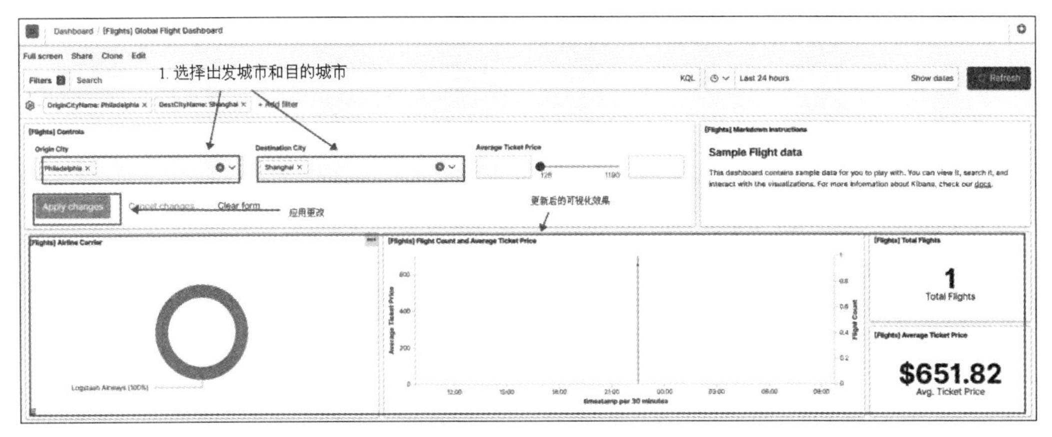

图 13-4 过滤数据

① 在 Controls 可视化组件中,设置 Origin City(起始城市)和 Destination City(目标城市)。

② 单击 Apply changes(应用更改)按钮。

13.2.4 查询数据

查询数据和过滤数据的目的是相同的,都是筛选出符合条件的数据,但执行的原理不一样,过滤器更快。

在 Search 文本框中输入查询条件即可完成数据的筛选。

① 要查找所有从罗马出发的航班,请提交此查询,如图 13-5 所示。

```
OriginCityName: Rome
```

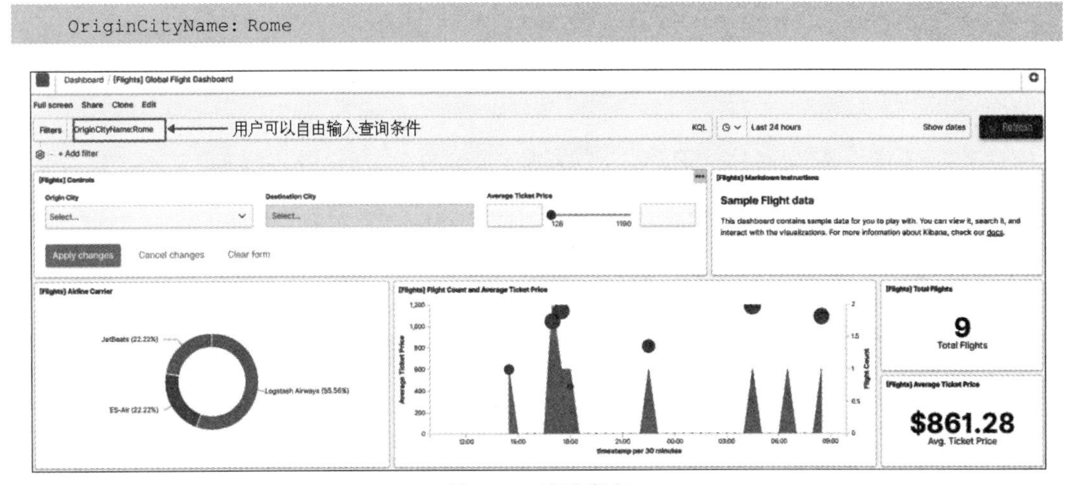

图 13-5 查询数据

② 当然可以执行复合查询：

```
OriginCityName: Rome AND (Carrier: JetBeats OR "Kibana Airlines")
```

13.2.5　探索数据

在探索(discovery)功能中，航班数据以表格形式显示。用户可以交互地浏览数据，包括搜索和筛选。

在侧边导航中，选择 Discover。

当前索引模式显示在过滤器栏下方。索引模式告诉 Kibana 想要探索的 Elasticsearch 索引。

kibana_sample_data_flights 索引包含一个时间字段。柱状图显示文档随时间的分布，如图 13-6 所示。

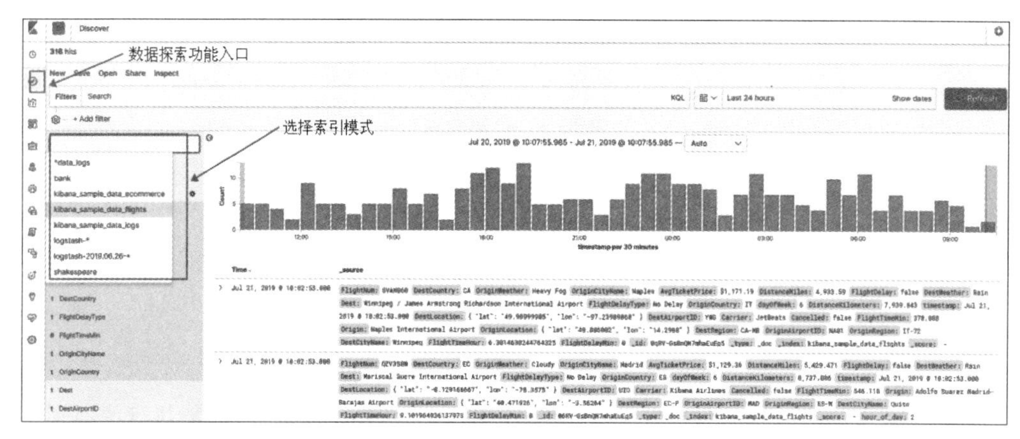

图 13-6　探索数据

默认情况下，会显示每个匹配的文档的所有字段。可以选择要显示的字段，请将指针悬停在 Available Fields 下方的下拉列表框上，然后单击需要显示字段旁边的 add 按钮。例如，如果需要显示 DestAirportID 和 DestWeather 字段，则结果如图 13-7 所示。

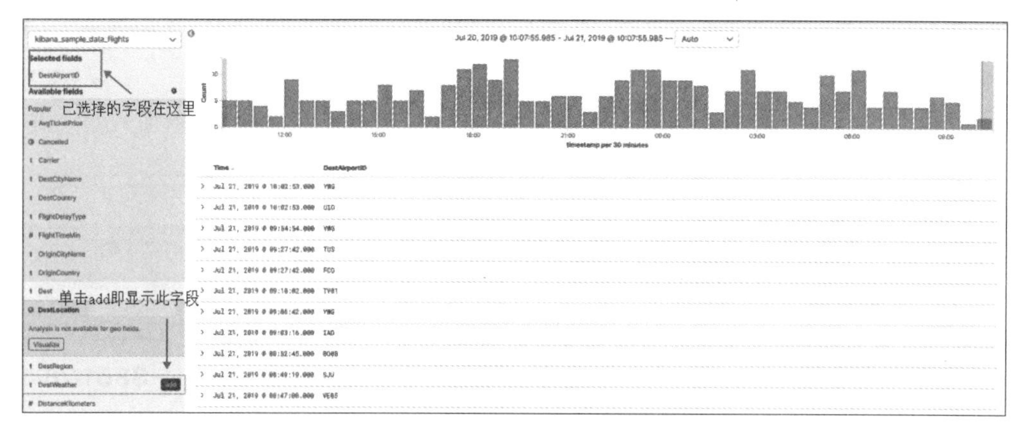

图 13-7　选择显示字段

13.2.6　编辑可视化组件

首先需要拥有对应组件的编辑权限，内置的几个样例都没有设置特定的权限，因此可以进行编辑以更改可视化组件效果的外观和行为。例如，想看看哪个航空公司的平均票价最低：

① 打开 Global Flight Dashboard。

② 在顶部菜单栏中，单击 edit 按钮，进入编辑状态，如图 13-8 所示。

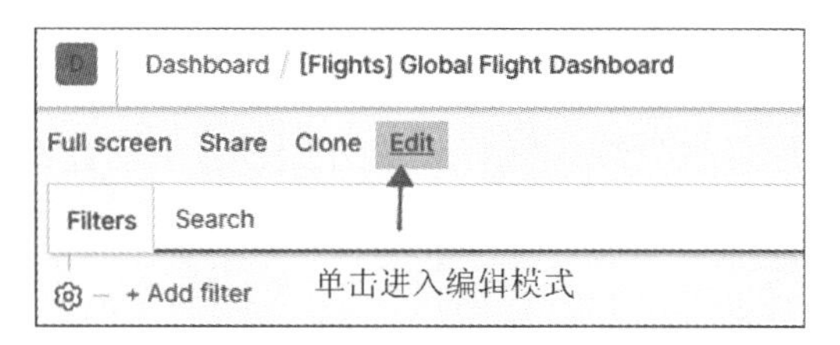

图 13-8　编辑模式入口

③ 在 Average Ticket Price 可视化组件中，单击右上角的齿轮图标，如图 13-9 所示。

④ 从 Options 菜单中，选择 Edit visualization，如图 13-10 所示。

图 13-9　编辑菜单

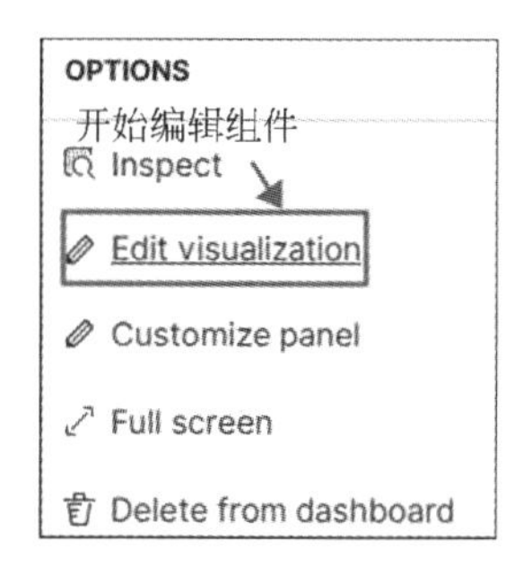

图 13-10　编辑组件选择菜单

Average Ticket Price（平均票价）是一个基于度量的可视化组件。要指定在此组件中显示的组聚合值，可以使用 Elasticsearch 存储桶聚合。此聚合将符合搜索条件的文档分类为不同的类别（或称为存储桶）。操作步骤和结果如下，参考图 13-11。

图 13-11　平均票价排名

① 在 Buckets 对话框中，选择 Split Group。
② 在 Aggregation 下拉列表框中，选择 Terms。
③ 在 Field（选择聚合的字段）下拉列表框中，选择 Carrier。
④ 将 Descending（降序）设置为 4。按照降序取前 4 个结果。
⑤ 单击 Apply changes（应用更改）按钮。

13.3 构建 Dashboard

本节讲解如何将数据集加载到 Elasticsearch 中、定义索引模式、发现和探索数据、可视化数据、向 Dashboard 添加可视化组件、查看可视化组件背后的数据。

13.3.1 导入样例数据

本节将用到三个样例数据：

- 威廉·莎士比亚的完整作品，恰当地解析到对应 mapping。
- 一组随机生成的虚拟账户。
- 一组随机生成的日志文。

在 Linux 服务器上下载数据集（当然也可以在 Windows 上下载，然后再上传到服务器）：

```
curl -O https://download.elastic.co/demos/kibana/gettingstarted/7.x/shakespeare.json
curl -O https://download.elastic.co/demos/kibana/gettingstarted/7.x/accounts.zip
curl -O https://download.elastic.co/demos/kibana/gettingstarted/7.x/logs.jsonl.gz
```

其中两个数据集被压缩。要提取文件，请使用以下命令：

```
unzip accounts.zip
gunzip logs.jsonl.gz
```

数据集的结构如下：

- 莎士比亚数据集：

```
{
    "line_id": INT,
    "play_name": "String",
    "speech_number": INT,
    "line_number": "String",
    "speaker": "String",
    "text_entry": "String",
}
```

- 虚拟账户数据集

```
{
    "account_number": INT,
    "balance": INT,
    "firstname": "String",
```

```
    "lastname": "String",
    "age": INT,
    "gender": "M or F",
    "address": "String",
    "employer": "String",
    "email": "String",
    "city": "String",
    "state": "String"
}
```

- 日志数据集有几十个不同的字段。以下是值得注意的字段：

```
{
    "memory": INT,
    "geo.coordinates": "geo_point"
    "@timestamp": "date"
}
```

在加载莎士比亚和日志数据集之前，必须设置映射(mapping)。有多种方式可以建立映射，CURL、postman、Java 程序等，这里采用 Kibana 来实现。

在 Kibana 中，打开 dev tools>console，设置莎士比亚数据集的映射：

```
PUT /shakespeare
{
  "mappings": {
    "properties": {
    "speaker": {"type": "keyword"},
    "play_name": {"type": "keyword"},
    "line_id": {"type": "integer"},
    "speech_number": {"type": "integer"}
    }
  }
}
```

设置日志数据集的映射，建立三个索引：

```
PUT /logstash-2015.05.18
{
  "mappings": {
    "properties": {
      "geo": {
        "properties": {
          "coordinates": {
            "type": "geo_point"
          }
        }
      }
    }
  }
```

```
}

PUT /logstash-2015.05.19
{
  "mappings": {
    "properties": {
      "geo": {
        "properties": {
          "coordinates": {
            "type": "geo_point"
          }
        }
      }
    }
  }
}

PUT /logstash-2015.05.20
{
  "mappings": {
    "properties": {
      "geo": {
        "properties": {
          "coordinates": {
            "type": "geo_point"
          }
        }
      }
    }
  }
}
```

虚拟账户不需要先建立索引,在导入数据集时会自动建立。执行如下命令导入数据集:

```
curl -H 'Content-Type: application/x-ndjson' -XPOST 'localhost:9200/bank/account/_bulk?
pretty' --data-binary @accounts.json
curl -H 'Content-Type: application/x-ndjson' -XPOST 'localhost:9200/shakespeare/_bulk?
pretty' --data-binary @shakespeare.json
curl -H 'Content-Type: application/x-ndjson' -XPOST 'localhost:9200/_bulk?pretty' --data
-binary @logs.jsonl
```

执行这些命令可能需要一些时间,主要取决于 Elasticsearch 的集群资源。确认执行是否成功:

```
GET /_cat/indices?v
```

上述命令输出如图 13-12 所示,可以看到,需要的三个索引已经创建成功。

13.3.2 定义索引模式

索引模式告诉 Kibana 想要探索哪些 Elasticsearch 索引,因为 Elasticsearch 集群中存在着多个索引,存储着大量的数据,实际的业务需求一般是使用其中的某几个索引,因此需要先定义索引模式。索引模式可以匹配单个索引的名称,也可以包含通配符(*)来匹配多个索引。

1	health	status	index	uuid	pri	rep	docs.count	docs.deleted	store.size	pri.store.size
2	green	open	rollup-logstash	57fSVQF2SvmJAxk6UNv9Jg	1	1	0	0	566b	283b
3	green	open	twitter	nRK9y1loR62fH5CX5C_Eaw	1	0	2	0	7.2kb	7.2kb
4	green	open	kibana_sample_data_ecommerce	SjfPaYetSMKolSJIs7PkiQ	1	1	4675	0	9.8mb	4.9mb
5	green	open	library	LAMjhr-8SzCt697cwZWIrg	1	1	3	0	10.3kb	5.1kb
6	green	open	.kibana_1	Sv65ZlPAREaKVrYdQwRVkQ	1	1	188	59	4.1mb	2mb
7	green	open	.kibana_task_manager	AWDOLYTeStKf1NQURQEAIg	1	1	2	0	63.8kb	31.9kb
8	green	open	bank	hdHULVuESzOgroI9suWxwg	1	1	1000	0	828.7kb	414.3kb
9	green	open	kibana_sample_data_flights	48RJGZjWQb26oDejQtOy5A	1	1	13059	0	13.1mb	6.5mb
10	green	open	shakespeare	DLb5OlyNSey6Ppzc4h3Q8A	1	2	111396	0	58.9mb	19.5mb
11	green	open	test	B1XZowjkQMWjaQTea7toDw	1	1	5	0	9.5kb	4.7kb
12	green	open	logstash-2015.05.20	z34FltSUQyODnhoLLI6Aig	1	2	4750	0	43.8mb	14.6mb
13	green	open	logstash-2015.05.18	NznauVrYS1a69uq0H6ogFg	1	2	4631	0	42.7mb	14.2mb
14	green	open	logstash-2019.06.26-000001	s85wolRtTxuQtr_EA9-Odw	1	1	201	0	552.8kb	195.6kb
15	green	open	logstash-2015.05.19	eP6LNLnlS--YGuJeYShrKQ	1	2	4624	0	43.1mb	14.3mb
16	green	open	kibana_sample_data_logs	JKRvaptPS7KaypgN0JULaw	1	1	14005	0	23.6mb	11.7mb
17										

图 13-12　集群索引信息

例如,logstash(日志搜集和转换工具)通常以 logstash-YYYY.MMM.DD 格式创建一系列索引。若要查看 2018 年 5 月的所有日志数据,可以指定索引模式 logstash-2018.05 * 。

接下来,为 Shakespeare 数据集(它有一个名为 shakespeare 的索引)和 Accounts 数据集(它有一个名为 bank 的索引)创建索引模式。这些数据集不包含时间序列数据(没有时间相关的字段)。

① 在 Kibana 中,打开 Management,然后单击 Index Patterns(索引模式)按钮。如图 13-13 所示第一、第二步。

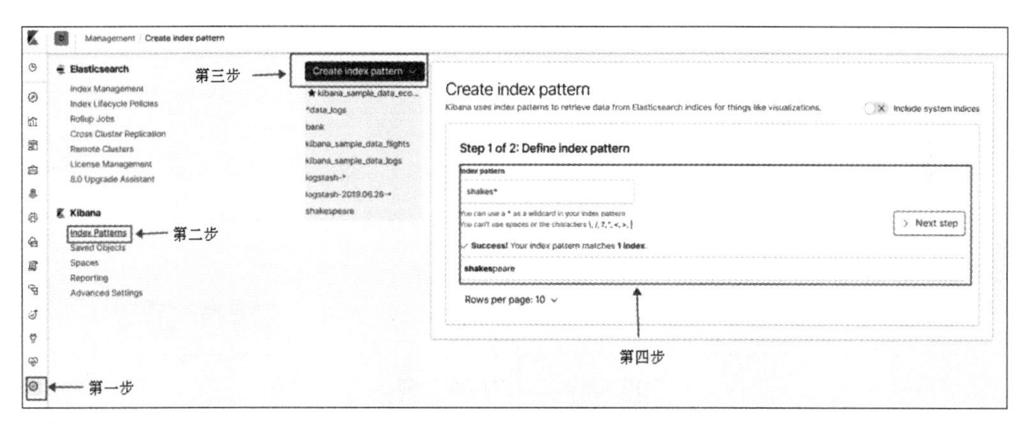

图 13-13　shakes * 索引模式创建

② 如果这是第一个索引模式,则 Create index pattern 页面将自动打开。否则,单击左上角的 Create index pattern 按钮,如图 13-13 所示第三步。

③ 在 Index pattern 文本框中输入 shakes * (因为只有一个索引,也可以不用通配符,直接定义为 shakespeare),如图 13-13 所示第四步。

④ 单击 Next step(下一步)按钮。如图 13-13 所示第五步。

⑤ 在 Configure settings 页面中,单击 Create index pattern 按钮。对于这个模式,不需要配置任何设置,如图 13-14 所示。

定义第二个名为 ba * 的索引模式,同样不需要为此模式配置任何设置,步骤与 shakes *

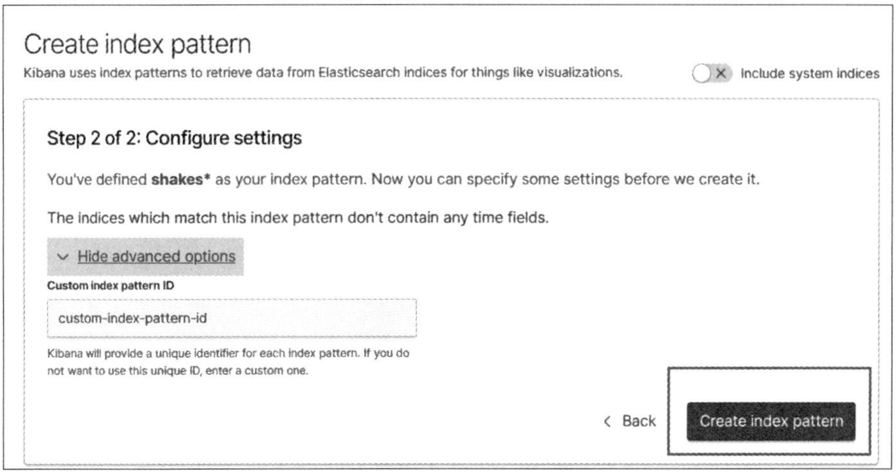

图 13-14 创建索引模式最后一步

相同。

为日志数据集创建一个索引模式的过程，不同的是此数据集包含时间序列数据，需要设置一个时间过滤器，如图 13-15 所示。

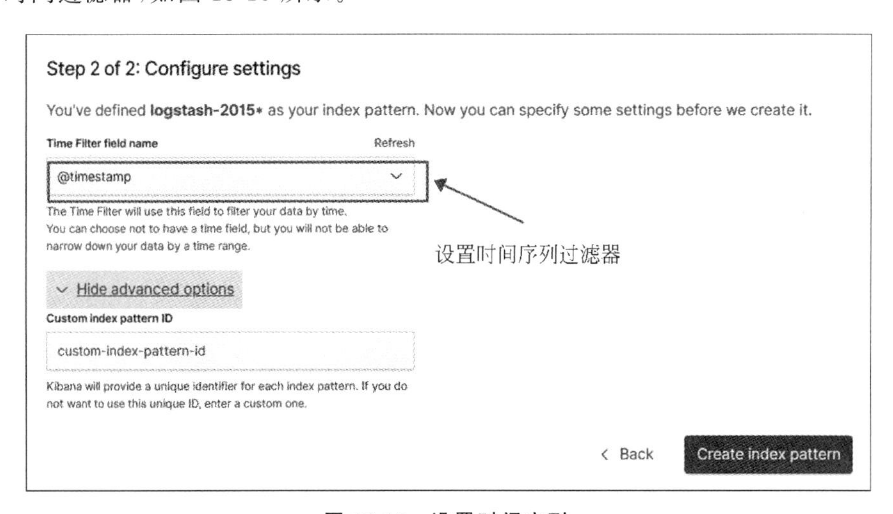

图 13-15 设置时间序列

13.3.3 可视化组件介绍

在可视化应用功能中，可以使用各种图表、表格和地图等来形象地展现数据。

① 打开 Visualize 页面。

② 单击 Create a visualization 或＋按钮，将看到 Kibana 中的所有可视化组件类型，如图 13-16 所示。

13.3.4 构建 Dashboard

Dashboard（中文译为仪表盘，但也不准确）是一系列可视化组件的集合。本节将介绍

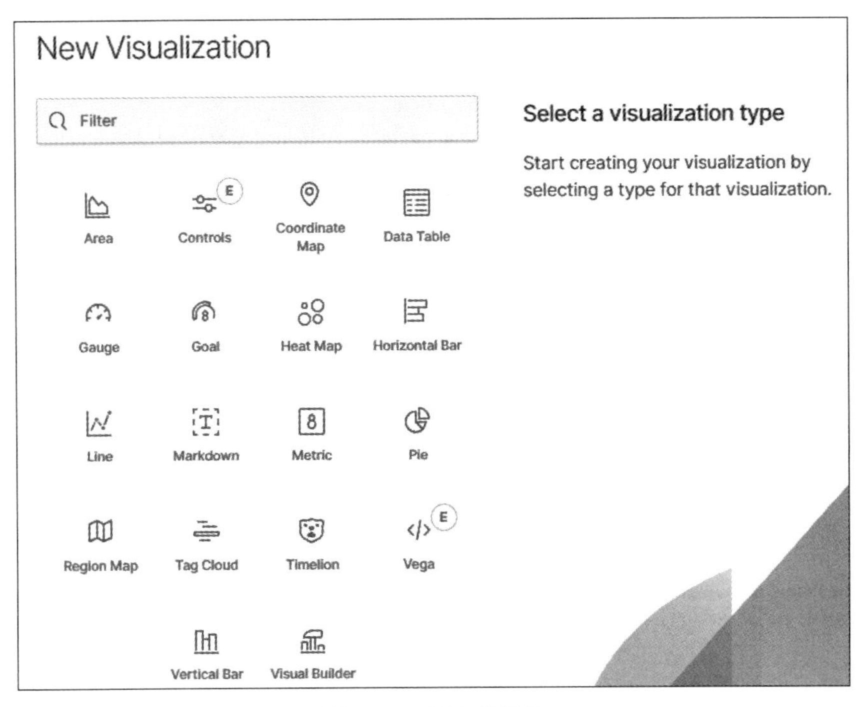

图 13-16　可视化组件

Dashboard 的构建过程。

① 打开 Dashboard 页面。

② 单击 Create new dashboard(创建新仪表板)按钮。

③ 单击顶部菜单中的 add(添加可视化组件)按钮。

④ 从列表中选择添加之前保存的可视化组件，如 Bar Example、Map Example、Markdown Example 和 Pie Example 等可视化组件，如图 13-17 所示。

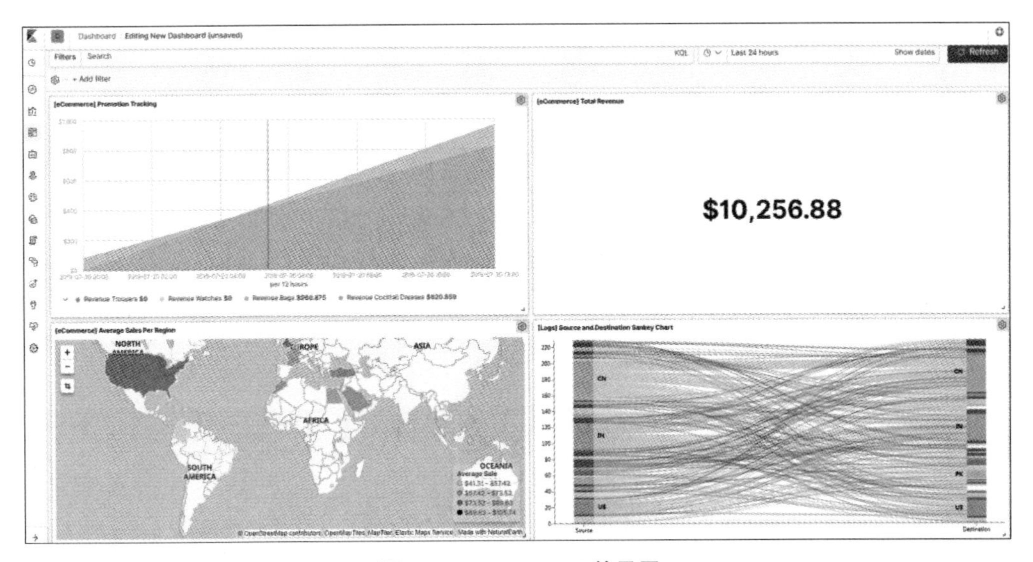

图 13-17　Dashboard 效果图

可以通过单击可视化组件的标题并拖动来重新排列这些组件。可视化组件右上角的齿轮图标显示用于编辑和删除的控件，右下角有一个调整大小的控件。

若要获取用于共享的链接按钮或用于将仪表板嵌入网页的 HTML 代码，请保存仪表板并单击 share 按钮。单击 share 按钮之后有多种方式可以复制出对应的 HTML 源码，之后可以嵌入自己的页面中，这样会节省很多的开发成本。

第14章 构建集约化日志管理平台

作为本书的最后一章，向读者介绍一下作者曾经主导和架构设计的一个实际项目：基于 ELK 的集约化日志管理平台。本章的目的是让读者进一步理解和掌握如何运用 Elasticsearch 来架构和开发实战项目，达到学以致用的效果。

14.1 Elastic Stack 介绍

Elastic Stack 是由 Elasticsearch、Kibana、Logstash 和 Beats 等项目组成的一个家族，也简称为 ELK。可以说它为大数据的采集、存储、搜索、分析、可视化提供了一体式的解决方案。

各组件扮演的功能和地位如下：

- Elasticsearch：

负责存储、搜索、分析数据，是 Elastic Stack 的心脏。

- Logstash/Beats：

负责采集、清洗、格式化数据，是 Elastic Stack 的触角。

- Kibana：

负载数据的可视化，是 Elastic Stack 的仪表盘。

14.2 日志的特征

计算机生态系统的日志种类繁多，常见的有系统日志、埋点日志、应用日志和安全日志等。

14.2.1 日志的重要性

每种类型的日志都有不可替代的作用。

- 系统日志。

系统日志是系统运维人员日常了解服务器软硬件信息、配置参数的错误与否、系统性能、安全等方面的重要参考数据。良好的分析日志的习惯是系统运维人员必备的素质，分析日志可以及时了解和发现服务器的负载、应用的性能、系统的安全性等方面的隐患，从而及时采取防范措施，有效避免潜在事故的发生。

- 应用日志。

应用日志是我们分析流量、请求响应性能、故障排除等方面最主要最直接的参考数据。

- 埋点日志。

埋点日志是我们分析用户行为、构建用户画像的主要依据。

14.2.2 日志的特征

日志的特征如下：

- 源头是多样的。

几乎所有的计算机程序都会产生各种各样的日志，如数据库慢查询日志、JVM 的 GC 日志、应用程序的运行日志等。

- 存储是分散的。

毫无疑问，各种程序产生的日志都是在各自本地分散存储的。

- 量级是庞大的。

一个好的计算机程序，时刻都在生产数据，像淘宝的用户访问日志每天都是 PB 级的。

- 格式是不规范的。

不同的计算机生产的日志格式几乎是完全不同的，如 MySQL 的 binlog 是二进制格式，Kafka 和 MQ 的格式也是不同的。

14.2.3 日志的复杂性

上节介绍的日志的特征决定了日志的管理是相当复杂的。可以从以下几个方面来理解。

- 管理复杂。

一般情况下，无论是查看还是统计日志，都是登录到每台机器进行的。如果有成百上千台服务器，这几乎是不可接受的。

- 权限复杂。

出于安全考虑，不同的用户对不同的日志的访问权限是不同的，这就对权限管理产生了极大的挑战，尤其是手工管理权限。

- 检索复杂。

一般情况下，都是使用 grep、awk 和 wc 等 Linux 命令实现日志的检索和统计。日志的格式不同就需要不同的命令才能完成，熟悉正则表达式的读者应该可以理解这是一件痛苦的事情。

- 统计复杂。

单纯使用 grep、awk 和 wc 等 Linux 命令，对高级聚合、排序和统计需求几乎难以实现。

14.3 集约化解决方案

针对上节介绍的日志的复杂性，本节介绍基于 ELK 实现的集约化日志管理平台方案。系统整体架构如图 14-1 所示。

各模块负责的功能如下：

- Filebeat。

Filebeat 是一种轻量级的转发和集中日志、文件的工具，在需要搜集日志的每台服务器上部署。

- Logstash。

Logstash 是一个开源的数据收集引擎，具有实时流水线功能。Logstash 可以动态地统一化来自不同源的数据，并将数据规范化后输送到选择的目标。在这个系统里负责清洗和

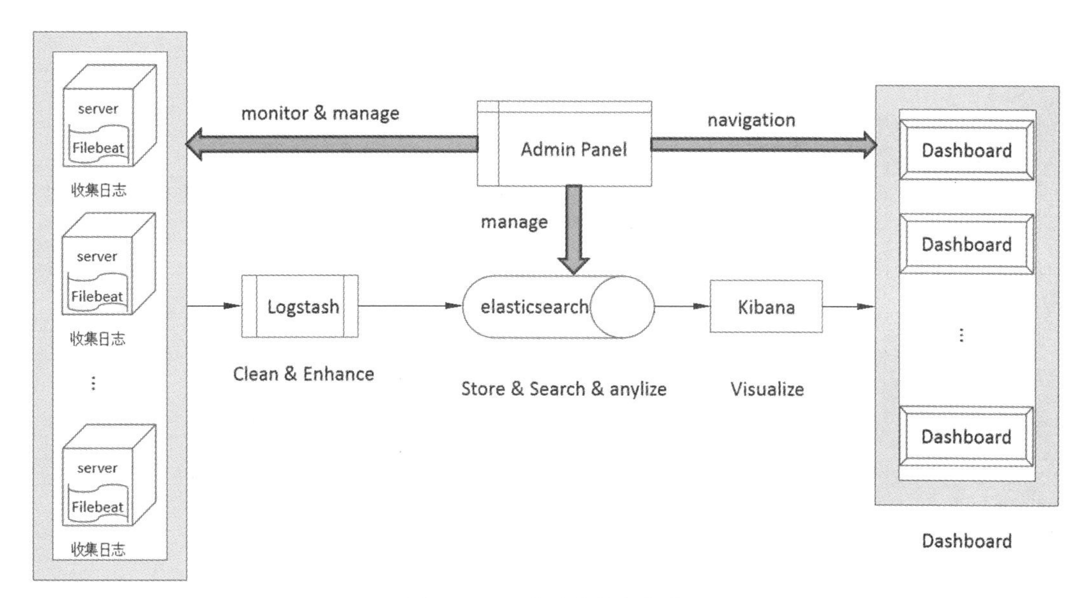

图 14-1　日志平台整体架构

格式化来自 Filebeat 的日志数据，并收到 Elasticsearch。

• Elasticsearch。

存储经过 Logstash 格式化的日志数据，并提供搜索和分析功能。

• Kibana。

通过 Kibana 对不同的业务不同的用户构建 Dashboard，最终用户看到的是 Kibana 的可视化数据。

• Admin Panel。

Admin Panel 是自行开发的统一管理平台，可以实现对服务器的监控、管理，对 Elasticsearch 集群的统一管理（删除历史数据、导入增量等），对 Dashboard 页面进行统一管理、导航。

图 14-2 是项目的日志 Dashboard 效果图，可以方便、高效地查看项目的日志、分析日志等。

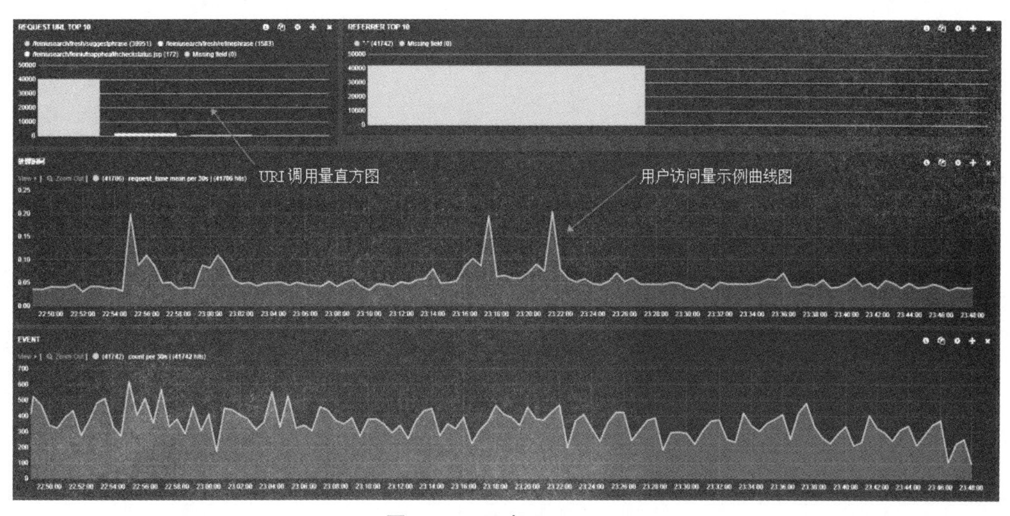

图 14-2　日志 Dashboard

图 14-3 是 Admin Panel 的主页，可以导航各项目的 Dashboard，查看服务器的负载、管理索引等。

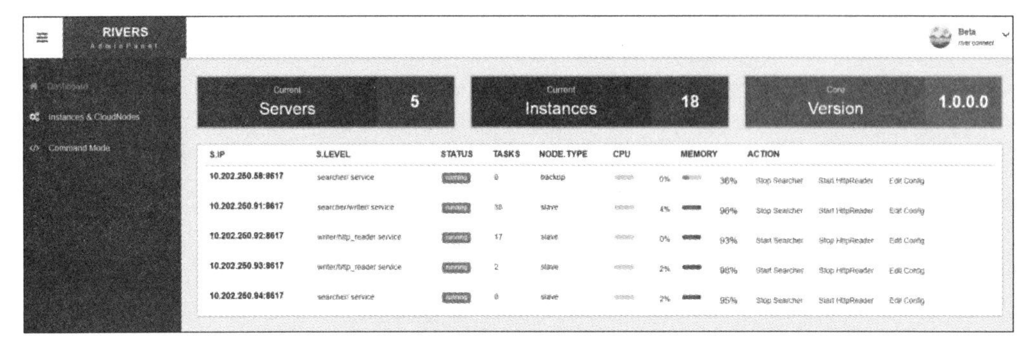

图 14-3　Admin Panel 主页

附录A 参考资料及网址

账户数据集（accounts.json）下载地址：

```
https://download.elastic.co/demos/kibana/gettingstarted/7.x/accounts.zip
```

莎士比亚数据集（shakespeare.json）下载地址：

```
https://download.elastic.co/demos/kibana/gettingstarted/shakespeare_6.0.json
```

日志数据集（logs.jsonl）下载地址：

```
https://download.elastic.co/demos/kibana/gettingstarted/7.x/logs.jsonl.gz
```

Elastic stack 文档参考地址：

```
https://www.elastic.co
```

附录B 中文分词算法介绍

中文分词算法实现的形式有多种，例如词典分词算法、统计分词算法，还有基于机器学习和深度学习的分词算法等。本附录介绍比较简单的一种基于词典的分词算法：IK 分词器。

IK 分词器是基于正向匹配的分词算法。其基本上可分为两种模式，一种为 smart 模式，一种为非 smart 模式。非 smart 模式所做的就是将能够分出来的词全部输出；smart 模式下，IK 分词器则会根据歧义判断方法输出一个认为最合理的分词结果。

IK 分词器涉及两个概念：Lexeme（词元）、LexemePath（词元链）。Lexeme 就是词典中的一个词，LexemePath 表示一种可能的分词结果。

现在有待分词文本：张三说的确实在理。通过 IK 分词器切分后的结果如下：

```
L1:{张三,张,三}
L2:{说}
L3:{的确,的,确实,确,实在,实,在理,在,理}
```

其中 L1、L2、L3 是词元链，“张三”“的确”等是词元。根据 IK 分词器的规则，LexemePath 之间是不交叉的，LexemePath 内部的词元间是交叉的。

如果是非 smart 模式，分词到此结束，把所有的词元全部返回即可，在 smart 模式下需进行消除歧义。消除歧义的算法和步骤如下：

① 取 LexemePath 中不交叉词元组成新的 LexemePath。

- L1 对应的词元链如下：

```
L11:{张三}
L12:{张}
L13:{三}
```

- L3 对应的词元链如下：

```
L31:{的,确实,在理}
L32:{的确,实,在理}
L33:{的确,实在,理}
L34:{的确,实在}
L35:{确实,在理}
L36:{确实}
等
```

② 比较有效文本长度：

```
L31:{的,确实,在理}
L32:{的确,实,在理}
L33:{的确,实在,理}
```

③ 比较词元个数，越少越好。
④ 路径跨度越大越好。
⑤ 根据统计学结论，逆向切分概率高于正向切分，因此位置越靠后的越优先。
⑥ 词长越平均越好(词元长度相乘)。
⑦ 词元位置权重比较(词元长度积)，含义是选取长的词元位置在后的集合。

```
L31:{的,确实,在理} 1*1+2*2+3*2=11
L32:{的确,实,在理} 1*2+2*1+3*2=10
L33:{的确,实在,理} 1*2+2*2+3*1=9
```

最后的分词结果为，张三、说、的、确实、在理。

附录 C
Head 安装

1. 安装 nodejs

① 从官网 https://nodejs.org/en/download/下载 node-v8.11.3-linux-x64.tar.xz。

② 解压 tar -xvf node-v8.11.3-linux-x64.tar.xz。

③ 设置环境变量 vi /etc/profile,增加或修改如下两行:

```
export NODEJS_HOME=/opt/nodejs/node-v8.11.3-linux-x64
export PATH=$PATH:$NODEJS_HOME/bin
```

2. 安装 grunt

grunt 是一个方便的构建工具,可以用来进行打包压缩、测试、执行等工作,确认目前在 elasticsearch-head-master 目录下。

① 执行 npm install -g grunt-cli,如安装不成功,把镜像换成国内的,执行 npm install -g grunt-cli --registry=https://registry.npm.taobao.org。

② 然后执行 npm install --registry=https://registry.npm.taobao.org,如出现 error phantomjs-prebuilt@2.1.16 install: node install.js 错误,执行命令 npm install phantomjs-prebuilt@2.1.16 --ignore-scripts。

③ 最后执行 grunt server(npm run start & 后台运行)。

④ 现在可以打开 http://ip: 9100/。

图书资源支持

感谢您一直以来对清华版图书的支持和爱护。为了配合本书的使用，本书提供配套的资源，有需求的读者请扫描下方的"书圈"微信公众号二维码，在图书专区下载，也可以拨打电话或发送电子邮件咨询。

如果您在使用本书的过程中遇到了什么问题，或者有相关图书出版计划，也请您发邮件告诉我们，以便我们更好地为您服务。

我们的联系方式：

地　　址：北京市海淀区双清路学研大厦 A 座 701

邮　　编：100084

电　　话：010-83470236　010-83470237

资源下载：http://www.tup.com.cn

客服邮箱：2301891038@qq.com

QQ：2301891038（请写明您的单位和姓名）

资源下载、样书申请

书圈

扫一扫，获取最新目录

课 程 直 播

用微信扫一扫右边的二维码，即可关注清华大学出版社公众号"书圈"。